Leitfäden der Informatik

Vollmar / Worsch
Modelle der
Parallelverarbeitung

Leitfäden der Informatik

Herausgegeben von

Prof. Dr. Hans-Jürgen Appelrath, Oldenburg
Prof. Dr. Volker Claus, Stuttgart
Prof. Dr. Günter Hotz, Saarbrücken
Prof. Dr. Lutz Richter, Zürich
Prof. Dr. Wolffried Stucky, Karlsruhe
Prof. Dr. Klaus Waldschmidt, Frankfurt

Die Leitfäden der Informatik behandeln
- Themen aus der Theoretischen, Praktischen und Technischen Informatik entsprechend dem aktuellen Stand der Wissenschaft in einer systematischen und fundierten Darstellung des jeweiligen Gebietes.
- Methoden und Ergebnisse der Informatik, aufgearbeitet und dargestellt aus Sicht der Anwendungen in einer für Anwender verständlichen, exakten und präzisen Form.

Die Bände der Reihe wenden sich zum einen als Grundlage und Ergänzung zu Vorlesungen der Informatik an Studierende und Lehrende in Informatik-Studiengängen an Hochschulen, zum anderen an „Praktiker", die sich einen Überblick über die Anwendungen der Informatik(-Methoden) verschaffen wollen; sie dienen aber auch in Wirtschaft, Industrie und Verwaltung tätigen Informatikern und Informatikerinnen zur Fortbildung in praxisrelevanten Fragestellungen ihres Faches.

Modelle der Parallelverarbeitung

Eine Einführung

Von Prof. Dr.-Ing. Roland Vollmar
und Dr. rer. nat. Thomas Worsch
Universität Karlsruhe

Mit 68 Abbildungen und 5 Tabellen

B. G. Teubner Stuttgart 1995

Prof. Dr.-Ing. Roland Vollmar

Geboren 1939 in Braubach/Rh. Studium der Mathematik an den Universitäten Heidelberg und Saarbrücken. 1964 Diplom. Von 1965 bis 1969 und von 1972 bis 1974 Mitarbeiter an Informatik-Instituten der TU Hannover und der Universität Erlangen-Nürnberg; dort 1968 Promotion zum Dr.-Ing. Von 1970 bis 1971 Buderus'sche Eisenwerke Wetzlar. Von 1974 bis 1989 Lehrstuhl für Theoretische Informatik der TU Braunschweig. Seit 1989 Inhaber des Lehrstuhles Informatik für Ingenieure und Naturwissenschaftler der Universität Karlsruhe (TH).

Dr. rer. nat. Thomas Worsch

Geboren 1958 in Selb. Von 1978 bis 1985 Studium der Informatik an der Universität Erlangen-Nürnberg und an der TU Braunschweig. 1985 bis 1989 wiss. Mitarbeiter am Lehrstuhl für Theoretische Informatik der TU Braunschweig. Seit 1989 wiss. Mitarbeiter am Lehrstuhl Informatik für Ingenieure und Naturwissenschaftler der Universität Karlsruhe (TH). 1990 Promotion. 1993 kommissarische Wahrnehmung einer Professur für Informatik an der Universität Gießen.

Die Deutsche Bibliothek – CIP-Einheitsaufnahme

Vollmar, Roland:
Modelle der Parallelverarbeitung : eine Einführung /
von Roland Vollmar und Thomas Worsch. –
Stuttgart : Teubner, 1995
    (Leitfäden der Informatik)
    ISBN 3-519-02138-2
NE: Worsch, Thomas:

© B. G. Teubner Stuttgart 1995
Printed in Germany
Gesamtherstellung: Zechnersche Buchdruckerei GmbH, Speyer

Vorwort

Motivationen für das Verfassen von Büchern gibt es zweifellos viele. Wodurch aber wird die Wahl eines Themas bestimmt? Kenntnisse und Vorlieben spielen sicherlich eine Rolle, aber es muß doch noch die Überzeugung hinzukommen, daß das behandelte Gebiet nicht nur für die Autoren von Bedeutung sei. Und so geht es uns mit „Parallelverarbeitung". Einzelne Gründe dafür sind im Buch aufgeführt, kurz gesagt glauben wir, daß sich eine Begegnung mit ihr nicht vermeiden läßt und daß darüberhinaus zumindest einige ihrer Prinzipien genügend Interesse beanspruchen dürfen.

Daher haben wir eine Einführung verfaßt, die zu einem Einstieg in dieses Gebiet verhelfen soll. Unter dem Aspekt des Erkennens gewisser (einfacher) Musterklassen werden im ersten Teil verschiedene Modelle von Automaten, die unterschiedliche Modi der Parallelverarbeitung repräsentieren, eingeführt, und sie werden mit dem „Referenzmodell" der (sequentiellen) Turingmaschine sowie teilweise untereinander verglichen. Im zweiten Teil wird dargestellt, welche Bezüge diese Modelle zu Rechnerarchitekturen besitzen.

Da es uns darauf ankam, die Konzepte herauszuarbeiten, werden ein Teil des Stoffes informell vorgestellt und „technisch aufwendige" Beweise oft nur skizziert. Personen mit Grundkenntnissen aus den Bereichen Formale Sprachen, Komplexitätstheorie und Rechnerarchitektur, wie sie üblicherweise zum Ende des Informatik-Grundstudiums zu erwarten sind, sollte die Lektüre keine Schwierigkeiten bereiten.

Dieses Buch entstand aus Vorlesungen, die die Autoren an den Universitäten Braunschweig, Karlsruhe und Gießen gehalten haben. Viele Kollegen und Studierende haben uns Hinweise auf Unzulänglichkeiten und Inkorrektheiten und Verbesserungsvorschläge dafür zukommen lassen. Namentlich sei an dieser Stelle Rainer Barton, Jozef Gruska, Ernst Heinz, Birgit Klein, Arnold Klinger, Matthias Nolle, Michael Philippsen, Markus Roggenbach, Heinrich Rust, Peter Sanders, Michael Schubert, Alexander Siebert und Rainer Trier ganz herzlich für ihre zum Teil außerordentlich große Mühe und Sorgfalt gedankt. Es versteht sich von selbst, daß für die verbliebenen Ungenauigkeiten und Fehler die Autoren verantwortlich sind.

Grundsätzlich sind Warenzeichen nicht explizit angegeben; es sei deshalb ausdrücklich darauf hingewiesen, daß zahlreiche Produkte einem entsprechenden Schutz unterliegen.

Dieser Text wurde mit LaTeX gesetzt. Die Bilder wurden mit Hilfe der Makro-Pakete **texdraw** von Peter Kabal und vor allem **pstricks** von Timothy van Zandt erstellt.

Karlsruhe, im Dezember 1994   R. Vollmar und Th. Worsch

Inhaltsverzeichnis

Einleitung

Auf die Frage nach dem Motiv zur Beschäftigung mit Parallelverarbeitung liegt die Antwort nahe, daß die Wirklichkeit durch Parallelität bestimmt sei. So banal dies auf den ersten Blick scheinen mag, steckt doch dahinter durchaus ein Grund für den Einsatz von Parallelrechnern: Zumindest im Prinzip ist die Übertragung von Modellen realer Systeme auf sie naheliegender. Und dies ist nicht nur von akademischem Interesse, vielmehr besteht die Hoffnung, durch adäquate Modellierungsmöglichkeiten die Produktivität beim Entwurf zuverlässiger Programme steigern zu können bzw. deren Qualität erhöhen zu können.

Auch ein zweiter Grund, Parallelkonstruktionen den Vorzug zu geben, tritt bei der Betrachtung von Lebewesen zutage: Durch paralleles Auslegen von Systemen in ihnen wird eine zum Teil erstaunliche Fehlertoleranz und Ausfallsicherheit erreicht, ein Ziel, das auch für Rechner anzustreben ist.

Diese Gründe werden im allgemeinen aber erst an nachgeordneter Stelle genannt werden: Von überragender Bedeutung ist der Wunsch, durch den Einsatz von Parallelrechnern Geschwindigkeitssteigerungen erzielen zu können. Auch hier ist die Natur wieder Vorbild: Die angesichts langer Neuronenschaltzeiten und langsamer Nervenleitungen beeindruckende Geschwindigkeit, mit der in Lebewesen z.B. Mustererkennung durchgeführt wird, ist nur durch Parallelverarbeitung erreichbar.

Ist die Forderung nach Steigerung der Rechenleistung angesichts des ungeheuren Fortschrittes bei den herkömmlichen, sequentiellen Rechnern aber überhaupt berechtigt?

Als pauschale Antwort könnte allein schon der Verweis auf die NP-vollständigen Probleme ausreichen, unter denen sich ja (leider) sehr viele mit unmittelbarem Anwendungsbezug befinden und die sich nach unseren heutigen Kenntnissen nur mit exponentiellem Aufwand lösen lassen. Um einen sinnlichen Eindruck zu vermitteln, seien aber noch einige Aufgabenstellungen explizit genannt, für deren Bearbeitung schnellere Rechner dringend notwendig sind. Die folgenden (nicht unbedingt repräsentativen, aber wohl einsichtigen) Beispiele werden durchaus erfolgreich bearbeitet, wünschenswert ist aber häufig eine Kombination von Beschleunigung, Genauigkeitserhöhung (meist einhergehend mit der Betrachtung größerer Probleminstanzen) und gleichzeitiger Berechnung vieler Varianten.

Wettervorhersage: Da neben den Landwirten auch das Militär auf möglichst gute
  Wettervorhersagen Wert legt, führten die besonderen Anstrengungen in diesem Bereich relativ früh zu guten Modellen, deren Lösungen in tolerierbarer
  Zeit den Einsatz der jeweils modernsten Computer verlangten. Das Hinzu-
  nehmen weiterer Meßstationen und eine feinere Maschenauslegung erfordern
  weitere Geschwindigkeitssteigerungen.

Lagerstättenexploration: Insbesondere über Bedingungen für die Existenz von Erd-
  öllagerstätten liegen zahlreiche Erkenntnisse vor, die in Interaktion mit geziel-
  ten Experimenten und der entsprechenden aufwendigen Computerauswertung
  einen Teil der (teuren) Probebohrungen überflüssig machen können.

Windkanalsimulationen: Bekanntlich sind beim Entwurf von Verkehrsmitteln Wind-
  kanaluntersuchungen der Modelle üblich (und in einem gewissen Grade auch
  notwendig). Da aber der Bau von Modellen und die Benutzung eines Wind-
  kanals teuer sind, die Daten – durch den Einsatz von CAD – ohnehin im
  Rechner vorliegen und die dazugehörenden physikalischen Theorien gut be-
  herrscht werden, sind Simulationen naheliegend, bieten sie doch überdies die
  Möglichkeit, Entwurfsvarianten ohne den Umweg über den Bau von Modellen
  überprüfen zu können.

Verbrennungskammergestaltung: Die Effizienz von Verbrennungsmotoren mit geringen Schadstoffemissionen wird u.a. wesentlich durch die Form der Brenn-
  kammern bestimmt. Die Vielzahl in Frage kommender Auslegungen ist nur
  durch den Einsatz von Rechnern beherrschbar.

Crashtests: Für die mechanische Verformung von Karosserien wurden hinreichend
  gute Berechnungsverfahren entwickelt, so daß man die Zahl physischer Expe-
  rimente durch Simulationen entsprechender Versuche reduzieren kann.

Fahr- und Flugsimulatoren: Zu Trainingszwecken und Verhaltensuntersuchungen
  (z.B. über den Einfluß von Alkoholkonsum) werden stationäre Simulatoren
  eingesetzt. Sollen diese einen möglichst realistischen Eindruck vermitteln,
  müssen komplexe Umgebungsinformationen angeboten werden, die sich zudem in Realzeit in Abhängigkeit vom Verhalten der Versuchspersonen ändern
  müssen. Allein zur Abdeckung einer solchen Forderung werden sehr hohe
  Rechnerleistungen notwendig.

An diesen Beispielen wird auch sichtbar, daß der Einsatz von schnellsten und damit
auch teuersten Rechnern mit Vorrang – was ja auch zu erwarten ist – für solche
Probleme erfolgt, die auch von entsprechender wirtschaftlicher Bedeutung sind.

Wenn wir naiv von Parallelverarbeitung sprechen, steht die Auffassung dahinter,
daß nicht ein Prozessor eine Aufgabe bearbeitet, sondern daß gleichzeitig mehrere

tätig sind. Dann stellt sich aber unmittelbar die Frage nach der Organisation eines solchen Systems:

- Sollen sie spezialisiert sein und in einer gewissen Reihenfolge angeordnet sein, so daß sie in einer fließbandartigen Weise genutzt werden können?
- Werden sie zentral von einer Steuereinheit beeinflußt und bearbeiten unterschiedliche Daten nach einem gleichen Befehlsstrom?
- Sind sie mehr oder weniger unabhängig voneinander mit der Bearbeitung von Problemen befaßt?

Diese angedeuteten Prinzipien bestimmen jeweils eine Klasse von Rechnern, nämlich Pipeline- oder Vektorrechner, SIMD- und MIMD-Rechner. Während solche vom ersten Typ schon seit vielen Jahren verfügbar sind, setzte die *kommerzielle* Verbreitung von Typen der anderen Klassen später ein, wenn auch bereits sehr früh entsprechende Konzeptionen in Betracht gezogen wurden.

Bis heute kann man nicht davon sprechen, daß ein bestimmter Typ von Parallelrechnern die anderen verdrängt hätte. Unseres Erachtens wird dies auch nicht geschehen. Vielmehr gibt es für jeden dieser Typen Aufgabenklassen, die damit besonders gut bearbeitet werden können und solche, für die das Gegenteil gilt. Deshalb sind wir der Ansicht, daß es nicht *einen* Typ von Parallelrechnern geben wird und erst recht keinen, der als Universalrechner eingesetzt würde, sondern daß vielmehr eine Koexistenz oder genauer eine Kooperation von sequentiellen Rechnern mit *unterschiedlichen* Typen von Parallelrechnern zu beobachten sein wird.

Dies ist auch der Grund, warum wir im ersten Teil dieses Buches einige Modelle vorstellen, bei denen auf die eine oder andere Weise Möglichkeiten zur Parallelverarbeitung vorhanden sind und die die verschiedenen oben skizzierten Prinzipien repräsentieren. Dem werden im zweiten Teil des Buches die Architekturen einiger Parallelrechner gegenübergestellt.

Die in diesem Buch benutzten mathematischen Schreibweisen können bei Bedarf im Anhang nachgeschlagen werden. Jedes Kapitel endet mit einer Liste der Bücher, Artikel usw. auf die verwiesen wurde. Eine Liste *aller* Literaturangaben findet sich im Anhang.

Teil I: Modelle

In diesem ersten Teil beschäftigen wir uns mit verschiedenen Modellen für Parallel-verarbeitung und ihrem Vergleich. Dazu werden wir häufig als eher „theoretisches" Beispiel die Erkennung der formalen Sprache der Palindrome benutzen. Dadurch kann man erste Hinweise auf die „Leistungsfähigkeit" des jeweils gerade betrachteten Modelles erhalten und darauf, in welcher Beziehung es zu anderen, die bereits behandelt wurden, steht.

Als sequentielles „Referenzmodell" werden wir die Turingmaschinen benutzen, die Gegenstand des ersten Kapitels sind.

Daran schließen sich zwei Kapitel an, die sich mit Zellularräumen und einem verwandten, etwas allgemeineren Modell beschäftigen. Beide verwenden als Verarbeitungselemente endliche Automaten, also ein recht einfaches Konzept. Ebenso einfach sind die Kommunikationsmöglichkeiten zwischen ihnen gehalten.

Es folgt im vierten Kapitel die Betrachtung paralleler Registermaschinen. Dabei gehen wir zunächst auf eine deterministische Version ein, wie sie heute bereits vielfach betrachtet wird, und anschließend auf eine etwas exotische nichtdeterministische Version. Beide sind in einem mehr oder weniger strengen Sinne bei gleicher Zeitkomplexität deutlich mächtiger als die vorher behandelten Modelle.

Dies gilt auch für die im fünften Kapitel behandelten uniformen Schaltkreisfamilien.

Im sechsten Kapitel wird unter dem Aspekt der Pipeline-Verarbeitung noch einmal auf die Zellularautomaten zurückgegriffen, und es wird das verwandte Modell der systolischen Trellisautomaten erläutert.

Den Abschluß des ersten Teiles bilden einige allgemeine Überlegungen über den Sinn und die Realisierbarkeit gewisser Modelle der Parallelverarbeitung.

1 Turingmaschinen

Überblick

Das älteste berechnungsuniverselle Automatenmodell ist wohl die von Alan Turing 1936 in seinem Aufsatz „On computable numbers, with an application to the Entscheidungsproblem" eingeführte und mittlerweile nach ihm benannte Maschine [Tur36]. Heute gibt es eine ganze Reihe von Modellen, die Turingmaschinen heißen, und die gegebenenfalls durch vorangestellte Adjektive o.ä. unterschieden werden: on-line, off-line, rekursiv, parallel, alternierend. Die beiden ersten Arten arbeiten sequentiell, die anderen bieten mehr oder weniger offensichtliche Möglichkeiten zur Parallelverarbeitung.

In diesem Kapitel sollen nur die sequentiell arbeitenden Versionen betrachtet werden. Auf die anderen werden wir in diesem Buch überhaupt nicht eingehen. Deshalb erlauben wir es uns von nun an, einfach nur von Turingmaschinen zu sprechen.

Turingmaschinen kann man unter anderem danach unterscheiden, in welcher Form jeweils die Eingabe(n) für eine Berechnung zur Verfügung gestellt werden. Dementsprechend werden in den ersten beiden Abschnitten O-Turingmaschinen (ohne separates Eingabeband) und E-Turingmaschinen (mit separatem Eingabeband) behandelt. In beiden Fällen wird gleich die allgemeine Version mit mehreren Köpfen und Bändern eingeführt.

Für die Beispielsprache der Palindrome, die sich wie ein roter Faden durch den ersten Teil dieses Buches ziehen wird, werden jeweils Turingmaschinen mit nur einem Arbeitskopf bzw. mehreren Arbeitsköpfen beschrieben. Dabei wird man gewisse Unterschiede feststellen, die sich mit Hilfe der eingeführten Komplexitätsmaße präzisieren lassen.

Im letzten Abschnitt werden daher einige allgemeine Aussagen über den Zusammenhang der verschiedenen Turingmaschinenmodelle zitiert.

1.1   O-Turingmaschinen: ohne separates Eingabeband

Aufbau und Arbeitsweise

Die Darstellung einer Turingmaschine mit einer Steuereinheit, einem oder mehreren Bändern und einem oder mehreren Köpfen auf jedem Band, wie etwa in Abbildung 1.1, haben Sie wohl bereits einmal irgendwo gesehen. (Darin sind Felder, die eigentlich mit einem Leersymbol beschriftet sein müßten, frei gelassen. Dies werden wir noch öfter tun.)

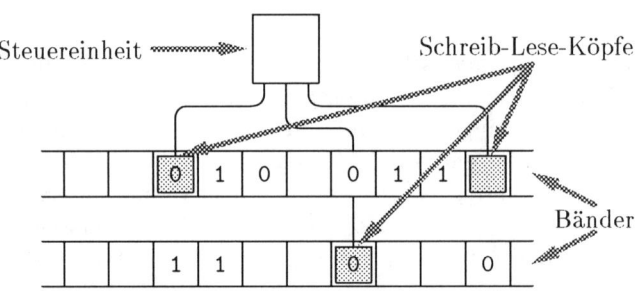

Abbildung 1.1: Eine $(2, 1)$-O-Turingmaschine.

Wir beginnen daher gleich mit der Definition von O-Turingmaschinen. Eine Präzisierung ist allemal notwendig, da sich in der Literatur (noch?) keine einheitliche Form durchgesetzt hat, und man in dem einen oder anderen Zusammenhang vielleicht doch einmal ein Detail nachschlagen muß. Da man bei einer umgangssprachlichen Beschreibung aber immer Gefahr läuft, lückenhaft zu bleiben, ziehen wir es hier und in vergleichbaren Situationen vor, formal vorzugehen.

1.1 Definition (Bestandteile einer O-Turingmaschine)
*Eine **O-Turingmaschine** wird durch ein Tupel der Form $T = (S, s_0, F_+, F_-, A, B,$ $\square, \sqcup, \delta, (h_1, \ldots, h_k), 0)$ beschrieben (und wir sprechen dann gelegentlich auch genauer von einer $(h_1, \ldots, h_k)$-O-Turingmaschine).*

- *Die Steuereinheit befindet sich stets in einem der Zustände aus der endlichen, nichtleeren **Zustandsmenge** S. $s_0 \in S$ ist der **Anfangszustand**. Die Mengen der **akzeptierenden** bzw. der **ablehnenden Endzustände** $F_+ \subseteq S \setminus \{s_0\}$ resp. $F_- \subseteq S \setminus \{s_0\}$ sind disjunkt. (vgl. Definition 1.6)*
- *Die Turingmaschine besitzt $k \geq 1$ Bänder, auf denen sich $h_1, \ldots,$ resp. h_k Schreib-Lese-Köpfe befinden ($\forall 1 \leq i \leq k : h_i \geq 1$). Jedes Feld eines jeden Bandes ist mit einem Symbol des endlichen **Bandalphabetes** B beschriftet.*

Eine Teilmenge $A \subseteq B$ ist als **Eingabealphabet** ausgezeichnet. Ein Bandsymbol, das sogenannte **Blanksymbol** $\square \in B \smallsetminus A$, ist ausgezeichnet. Man beachte, daß $\sqcup$ nicht zum Bandalphabet gehört. Es wird aber bei der Festlegung von δ benutzt (siehe auch Definition 1.4).

• Die Arbeitsweise einer Turingmaschine ist durch die **Überführungsfunktion** δ festgelegt. Mit den Vereinbarungen $h := h_1 + \cdots + h_k$ und $D := \{-1, 0, 1\}$ ist $\delta : S \times B^h \to S \times (B \cup \{\sqcup\})^h \times D^h$. Man verlangt, daß δ der folgenden Bedingung genügt: $\forall\, s \in F_+ \cup F_- : \forall\, a_{1,1}, \ldots, a_{k,h_k} \in B : \delta(s, a_{1,1}, \ldots, a_{k,h_k}) = (s, \underbrace{\sqcup, \ldots, \sqcup}_{h\ mal}, \underbrace{0, \ldots, 0}_{h\ mal})$. Wie man bei der Definition 1.4 der Arbeitsweise einer Turingmaschine sehen wird, entspricht diese Forderung der Vorstellung, daß eine Turingmaschine, die einen Endzustand erreicht hat, „angehalten" habe, d.h. daß sie in diesem Zustand bleibt, die Bandbeschriftungen nicht mehr ändert und ihre Köpfe nicht mehr bewegt.

• Die letzte Komponente 0 in der Definition von T soll andeuten, daß es sich um eine Turingmaschine ohne getrennt betrachtetes Eingabeband handelt. Wenn dies besonders herausgestellt werden soll, sprechen wir mitunter von O-Turingmaschinen. Ist die Unterscheidung von E-Turingmaschinen nicht wichtig, lassen wir das Präfix auch weg.

1.2 Vereinbarung

• Damit die Übersichtlichkeit im folgenden nicht allzu sehr leidet, erlauben wir uns, statt $T = (S, s_0, F_+, F_-, A, B, \square, \sqcup, \delta, (h_1, \ldots, h_k), 0)$ kurz $T = (S, \ldots)$ zu schreiben (und trotzdem zum Beispiel von δ zu reden). Gegentlich kommen in einem Zusammenhang mehrere (z.B. Turing-)Maschinen, etwa T und M, vor. Dann schreiben wir zur Unterscheidung auch S_T, δ_T, S_M, δ_M usw.

• Im Zusammenhang mit einer Turingmaschine $T = (S, \ldots)$ ist im folgenden stets $h = h_1 + \cdots + h_k$.

• Außerdem vereinbaren wir noch die Bezeichnung $F := F_+ \cup F_-$. Sie werden wir auch in den weiteren Kapiteln für die entsprechende Größe verwenden, dann aber ohne sie jedes Mal neu zu definieren.

1.3 Definition (O-Turingmaschinen-Konfigurationen)
Es sei $T = (S, \ldots)$ eine O-Turingmaschine.

• Die Beschriftung eines Bandes formalisieren wir als Abbildung $b : \mathbb{Z} \to B$ (mit anderen Worten $b \in B^{\mathbb{Z}}$) und die Beschriftung von $k \geq 1$ Bändern durch $b \in B^{\mathbb{N}_k \times \mathbb{Z}}$. Wie sich implizit auch aus Definition 1.4 ergeben wird, wollen wir uns die Felder jedes Bandes von links nach rechts aufsteigend durchnumeriert vorstellen.

• Der „Gesamtzustand" einer O-Turingmaschine zu einem Zeitpunkt oder auch die **Konfiguration** ist durch den momentanen Zustand der Steuereinheit, die Beschriftungen der Bänder und die Positionen der Köpfe auf ihnen festgelegt.

Wir formalisieren das als Tripel $c = (s, b, p) \in S \times B^{\mathbb{N}_k \times \mathbb{Z}} \times (\mathbb{N}_k \times \mathbb{Z})^h$. Dabei wollen wir ohne Beschränkung der Allgemeinheit annehmen, daß bei den Kopfpositionen zuerst die auf Band 1 aufgeführt seien, dann die auf Band 2, usw. und als letztes die auf Band k. (An dieser Stelle sei auch auf Definition A.11 verwiesen. In Anhang A finden sich kurz zusammengefaßt die Bedeutungen (hoffentlich) aller nicht allgemein einheitlich benutzten Schreibweisen, auf die wir zurückgreifen.)

Die Beschriftung eines Bandes wurde eben so definiert, daß *jedes* seiner Felder mit einem Symbol des Bandalphabetes versehen ist. Wie bei dem Speicher einer realen Maschine ist aber „eigentlich" immer nur ein endlicher Ausschnitt daraus „von Interesse", der Rest ist „leer". Zur einfachen Formalisierung dieser Tatsache wurde das Blanksymbol in das Bandalphabet mit aufgenommen. Felder eines Turingmaschinen-Bandes, die mit $\square$ beschriftet sind, werden wir synonym auch als „leer" bezeichnen.

1.4 Definition (Arbeitsweise von O-Turingmaschinen)

- *Ein Schritt einer O-Turingmaschine T wird durch die partielle **Konfigurationsüberführungsfunktion** Δ_T beschrieben. Es gelte $\Delta((s, b, p)) = (s', b', p')$ genau dann, wenn die folgenden Bedingungen erfüllt sind. Dabei benutzen wir die Abkürzung $u := \delta(s, b(p[1]), \ldots, b(p[h]))$ mit $u[1] \in S$, $u[2] \in (B \cup \{\square\})^h$ und $u[3] \in D^h$:*
  - *Falls sich verschiedene Köpfe in der gleichen Konfiguration (s, b, p) auf dem gleichen Feld befinden und gemäß der Überführungsfunktion verschiedene Bandsymbole schreiben müßten, ist die **Nachfolgekonfiguration** $\Delta(s, b, p)$ undefiniert.*
  - *Spezifiziert δ für einen Kopf als neu zu schreibendes „Symbol" $\square$, so bedeute dies, daß er keinen Einfluß auf die Beschriftung seines Feldes nimmt. Felder, die von keinem Kopf beschrieben werden, bleiben natürlich unverändert. Befindet sich auf einem Feld nur ein Kopf, der das Symbol a schreiben soll, oder stehen mehrere Köpfe auf einem Feld und sollen alle das gleiche Symbol a schreiben, so wird dies getan. Für alle $(i, j) \in \mathbb{N}_k \times \mathbb{Z}$ ist also*

$$b'(i, j) = \begin{cases} b(i, j) & \text{falls } \{a' \in B \mid \exists l \in \mathbb{N}_h : p[l] = (i, j) \wedge u[2][l] = a'\} = \emptyset \\ a & \text{falls } \{a' \in B \mid \exists l \in \mathbb{N}_h : p[l] = (i, j) \wedge u[2][l] = a'\} = \{a\} \\ \text{undef.} & \text{sonst} \end{cases}$$

  - *Nachdem die Bänder neu beschriftet wurden, werden die Köpfe gemäß den Angaben in der dritten Komponente von u bewegt. Für $1 \leq l \leq h$ muß daher $p'[l] = p[l] + (0, u[3][l])$ sein.*
  - *Außerdem geht die Steuereinheit in einen neuen Zustand über: $s' = u[1]$.*

- *Statt Δ_T schreiben wir gelegentlich kurz Δ und statt $\Delta_T(c_1) = c_2$ auch $c_1 \vdash_T c_2$ oder kurz $c_1 \vdash c_2$.*

1.5 Beispiel („Mitschleppen" eines Zählers)

Es gibt eine ganze Reihe von Standard-Programmen und Standard-Programmier-techniken für Turingmaschinen, deren Kenntnis die Konstruktion von konkreten Maschinen erleichtert und es erspart, (Turing-)Maschinenprogrammierung zu be-treiben. Im ersten Kapitel des Buches von Reischuk ([Rei90]) werden etliche dieser Techniken dargestellt. Sie sollen daher hier nicht alle im Detail wiederholt werden, zumal wir hoffen, daß Sie bereits damit vertraut sind.

Ein erstes Beispiel für die Arbeitsweise einer Turingmaschine wollen wir doch geben, zumal wir bei den Zellularräumen von einer ähnlichen Vorgehensweise Gebrauch machen werden.

Die Aufgabe besteht darin, eine Turingmaschine zu konstruieren, die „einen Zähler über das Band schleppt". Der Einfachheit halber wollen wir von einer Turingma-schine ausgehen, die nur ein Band und auf diesem nur einen Schreib-Lese-Kopf hat. Das Bandalphabet enthalte die Symbole 1 und 2. Wir gehen von Konfigurationen aus, in denen sich auf dem Band die dyadische Zahldarstellung einer natürlichen Zahl befindet, die auf beiden Seiten von mindestens einem Blanksymbol begrenzt wird, und in der sich der Kopf der Turingmaschine auf dem („rechten") niedrigst-wertigen „Bit" der Zahl befindet.

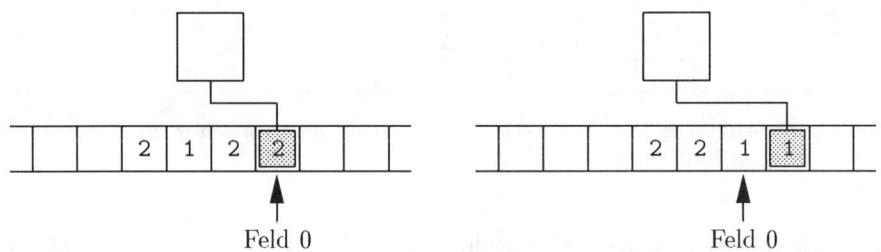

Abbildung 1.2: Konfigurationen vor und nach dem Erhöhen und Verschieben eines Zählers um ein Feld nach rechts (vgl. Definition A.12).

Wenn die Turingmaschine in einer solchen Konfiguration gestartet wird, dann soll sie eine Reihe von Schritten durchführen, an deren Ende sie sich wieder in einer solchen Konfiguration befindet, aber mit dem Unterschied, daß die Zahl um eins erhöht wurde und alle Bits ihrer Darstellung um ein Feld nach rechts verschoben sind. Der Kopf der Turingmaschine soll sich wieder auf dem niedrigstwertigen Bit befinden. In Abbildung 1.2 sind Beispielkonfigurationen vor und nach einem solchen „Zählschritt" dargestellt.

Natürlich kann man immer verschiedene Turingmaschinen konstruieren, die ein vorgegebenes Problem lösen. Wir wollen hier die folgende Möglichkeit näher betrachten: Die Turingmaschine arbeitet in zwei Phasen. In der ersten bewegt sie ihren Kopf einmal nach links über den Zähler und erhöht ihn um eins. Dabei wird der Zustand der Steuereinheit benutzt, um den Übertrag von einem Feld zum nächsten zu „transportieren". In der zweiten Phase wird der Kopf wieder zurückbewegt und dabei jedes Bit um ein Feld nach rechts verschoben.

alter Zustand	gelesenes Symbol	neuer Zustand	neues „Symbol"	Kopf-bewegung	Bemerkung
a_0	1	a_0	1	-1	
a_0	2	a_0	2	-1	
a_0	□	s	␣	1	
a_1	1	a_0	2	-1	in diesem Zustand
a_1	2	a_1	1	-1	sei anfangs die
a_1	□	a_0	1	-1	Turingmaschine
s	1	s_1	□	1	
s	2	s_2	□	1	
s	□				unmöglich
s_1	1	s_1	1	1	
s_1	2	s_2	1	1	
s_1	□		1	0	fertig
s_2	1	s_1	2	1	
s_2	2	s_2	2	1	
s_2	□		2	0	fertig

Tabelle 1.1: Überführungsfunktion für eine Turingmaschine, die einen Zähler erhöht und auf dem Band verschiebt.

In Tabelle 1.1 ist eine mögliche Überführungsfunktion abgebildet. In den Zuständen a_0 und a_1 befindet sich die Turingmaschine während der ersten Phase. Dabei gibt der Index an, ob der Übertrag von einem Bit zum nächsthöherwertigen 1 oder 0 ist. Der Anfangszustand ist also a_1. Das Verschieben des Zählers wird mit Hilfe der Zustände s_1 und s_2 vorgenommen. Hierbei wird jeweils ein Bit überschrieben, „im Index des Zustandes gemerkt" und ein Feld weiter rechts wieder auf dem Band notiert. In der Zeile mit der Bemerkung „unmöglich" können die Lücken mit beliebigen Werten aus den entsprechenden Mengen gefüllt werden, ohne etwas an der Arbeitsweise der Maschine zu ändern, da die Kombination von aktuellem Zustand und gelesenem Bandsymbol nicht auftreten kann. Die beiden frei gebliebenen Zustandsstellen in den Zeilen mit der Bemerkung „fertig" werden je nachdem, ob die Tabelle 1.1 einen Ausschnitt aus einer Überführungsfunktion oder eine vollständige Überführungsfunktion repräsentieren soll, mit geeigneten Zuständen oder mit Endzuständen aufgefüllt.

Determinismus und Nichtdeterminismus

Sieht man sich die obigen Definitionen noch einmal an, so stellt man fest, daß wir uns auf Turingmaschinen beschränkt haben, bei denen es immer höchstens *eine* Nachfolgekonfiguration zu einer Konfiguration gibt. Solche Maschinen heißen *deterministisch*. Auf Nichtdeterminismus werden wir bei Turingmaschinen nicht näher eingehen.[1] Diese Unterlassung muß gerechtfertigt werden.

Denn es ist nicht etwa so, daß Nichtdeterminismus überhaupt nichts mit Parallelismus zu tun hätte: Eine weitere Verallgemeinerung von nichtdeterministischen Turingmaschinen sind die sogenannten *alternierenden Turingmaschinen* [CKS81], die – wenn auch vielleicht nicht auf den ersten Blick – ein Modell für Parallelverarbeitung darstellen, das man auch im Vergleich zu anderen Modellen einzuordnen weiß (vgl. Kapitel 7). Es ist also eine durchaus berechtigte Frage, wieviel von den Fähigkeiten der alternierenden Turingmaschinen zur Parallelverarbeitung auch schon in den nichtdeterministischen Turingmaschinen steckt.

Wie man aus den seit langem durchgeführten Untersuchungen über den Zusammenhang zwischen deterministischen (sequentiell arbeitenden) und nichtdeterministischen Turingmaschinen weiß, ist dies aber ein sehr schwieriges und umfangreiches Thema, auf das wir aus diesen Gründen nicht näher eingehen wollen.

Die Erkennung formaler Sprachen mit O-Turingmaschinen

O-Turingmaschinen werden in diesem Buch vornehmlich als Spracherkenner eingesetzt. Bevor eine erste Beispielmaschine konstruiert wird, soll zunächst definiert werden, wie wir uns bei ihnen die Ein- und Ausgabe vorstellen.

Von nun an benutzen wir des öfteren die Abkürzung TM für Turingmaschine.

1.6 Definition (Anfangs- und Endkonfigurationen von O–TM)
Es sei $T = (S, \ldots)$ eine $(h_1, \ldots, h_k)$-O-Turingmaschine.
a) *Die „Eingabe" eines nichtleeren Wortes $w \in A^+$ wird bewerkstelligt, indem es auf das erste Band ab dem Feld mit der Nummer 1 geschrieben wird. Alle anderen unter Umständen noch vorhandenen Bänder sind „leer". Alle Köpfe der Turingmaschine stehen auf Feld 1 ihres jeweiligen Bandes. Die **Anfangskon-***

---

[1] Gleichwohl hoffen wir, daß Sie etwa mit der Bezeichnung NP vertraut sind.

figuration c_w *für* $w \in A^+$ *ist genauer* $c_w = (s_0, b_w, (\underbrace{(1,1), \dots, (k,1)}_{h\ Paare}))$, *wobei*

für alle $(i,j) \in \mathbb{N}_k \times \mathbb{Z}$

$$b_w(i,j) = \begin{cases} w[j] & \text{falls } i = 1 \wedge 1 \leq j \leq |w|, \\ \square & \text{sonst.} \end{cases}$$

b) *Eine Konfiguration* $c = (s, b, p)$ *heiße* **final** *oder* **Endkonfiguration**, *falls* $s \in F$ *ist (vgl. Definition 1.2). Je nachdem, ob* $s \in F_+$ *oder* $s \in F_-$ *ist, werden wir auch von* **akzeptierenden** *bzw.* **ablehnenden** *Endkonfigurationen sprechen.*

1.7 (eine Anmerkung zum leeren Wort) Das leere Wort ist bei dieser Definition als Eingabe ausgeschlossen. Es wird in diesem Buch nie berücksichtigt werden. Das erspart gelegentlich unangenehme zusätzliche technische Details (man denke etwa an $\log |w|$). Andererseits macht man sich die Arbeit dadurch nicht über Gebühr einfach. Anders als bei Erzeugungssystemen für formale Sprachen (z.B. Lindenmayersystemen) ändert bei Erkennungssystemen, sprich den hier betrachteten Automaten, die Zugehörigkeit oder Nichtzugehörigkeit des leeren Wortes zu einer Sprache nichts an deren prinzipieller Erkennbarkeit oder den dafür benötigten Ressourcen.

1.8 Definition
Die von einer Turingmaschine T **erkannte Sprache** *ist die Menge derjenigen Eingabewörter* w, *für die* T *ausgehend von* c_w *nach endlich vielen Schritten eine akzeptierende Endkonfiguration erreicht:*

$$L(T) := \{w \in A^+ \mid \exists t \in \mathbb{N}_+ : {}^t\Delta_T(c_w) \text{ ist akzeptierende Endkonfiguration}\}$$

(Für die Bedeutung von ${}^t\Delta_T$ *siehe Definition A.7.)*

1.9 Beispiel (Palindromerkennung mit einer (1)–O–TM**)**
Als erstes wollen wir eine O-Turingmaschine mit einem Band und einem Kopf beschreiben, die die folgende Sprache erkennt:

$$L_{pal} := \{w \in \{1,2\}^+ \mid w = w^R\}$$

Dabei bezeichne w^R das Spiegelbild von w. Zu L_{pal} gehören also gerade die sogenannten Palindrome über dem Alphabet $\{1,2\}$. Die Vorgehensweise entspricht genau der, die man bei einem hinreichend langen Wort naiverweise benutzen würde: Man beginnt ganz außen, und vergleicht zuerst das erste und das letzte Symbol. Sind sie gleich, streicht man sie weg; oder für eine Turingmaschine formuliert: das Symbol wird mit einem $\square$ überschrieben. Als nächstes vergleicht man das zweite und das vorletzte Symbol. Sie sind leicht zu finden, weil es sich dabei (wieder) um das erste und das letzte noch nicht gestrichene Symbol handelt. Sind auch sie gleich, werden sie gestrichen, und man fährt mit den nächsten Symbolen fort. Dies geht solange gut, bis einer der drei folgenden Fälle eintritt:

1. Die beiden verglichenen Symbole sind verschieden. Dann ist das Wort kein Palindrom und wird abgelehnt.

2. Es ist kein einziges Symbol des Eingabewortes mehr vorhanden. Dann hatte das Wort gerade Länge. Da alle Vergleiche positiv ausfielen, war das Wort folglich ein Palindrom und wird akzeptiert.

3. Es bleibt genau ein Symbol des Eingabewortes übrig. Dann hatte das Eingabewort ungerade Länge. Da alle Vergleiche positiv ausfielen, wird es akzeptiert.

Da es sich hier noch um eine recht einfache Turingmaschine handelt, sei ihre Überführungsfunktion ausführlich angegeben. Dies ist im allgemeinen eine sehr langwierige Aufgabe. Wir beschränken uns daher immer auf die für den gerade betrachteten Aspekt relevanten „Teile". Zum Beispiel ist in der folgenden Tabelle nicht festgelegt, welche Aktionen die Turingmaschine in den Endzuständen ausführt. Die Zustandsmenge ist $S = \{r, r_1, r_2, 1, 1_1, 1_2, f_+, f_-\}$ mit dem Anfangszustand r und den Endzustandsmengen $F_+ = \{f_+\}$ und $F_- = \{f_-\}$. Es ist $A = \{1, 2\}$ und $B = A \cup \{\square\}$.

alter Zustand	gelesenes Symbol	neuer Zustand	neues „Symbol"	Kopf- bewegung	Bemerkung
r	1	r_1	$\square$	1	Symbol am linken
r	2	r_2	$\square$	1	Ende merken
r	$\square$	f_+	␣	0	Palindrom gerader Länge erkannt
r_1	1	r_1	␣	1	erstes Blanksymbol
r_1	2	r_1	␣	1	rechts der Ein-
r_1	$\square$	1_1	␣	-1	gabe suchen
r_2	1	r_2	␣	1	erstes Blanksymbol
r_2	2	r_2	␣	1	rechts der Ein-
r_2	$\square$	1_2	␣	-1	gabe suchen
1_1	1	1	$\square$	-1	Symbole gleich
1_1	2	f_-	␣	0	Symbole ungleich
1_1	$\square$	f_+	␣	0	Palindrom ungerader Länge erkannt
1_2	1	f_-	␣	0	Symbole ungleich

Fortsetzung auf der nächsten Seite

alter Zustand	gelesenes Symbol	neuer Zustand	neues „Symbol"	Kopf-bewegung	Bemerkung
1_2	2	1	⊡	-1	Symbole gleich
1_2	⊡	f_+	⊔	0	Palindrom ungera-der Länge erkannt
1	1	1	⊔	-1	erstes Blanksymbol
1	2	1	⊔	-1	links der Ein-
1	⊡	r	⊔	1	gabe suchen

Tabelle 1.2: Die wesentlichen Teile der Überführungsfunktion für eine (1)–O–TM, die L_{pal} erkennt.

Abbildung 1.3 gibt einen Eindruck von den Kopfbewegungen, die die Turingma-schine macht, um alle Vergleiche durchzuführen.

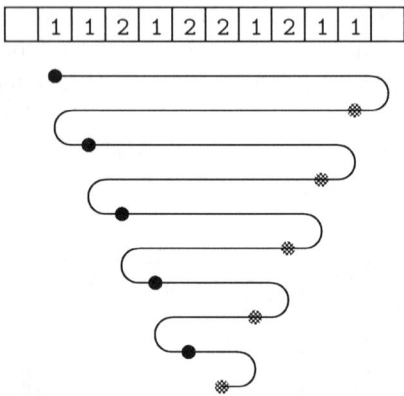

Abbildung 1.3: Arbeitsweise einer (1)-O-Turingmaschine für L_{pal}. An den schwarz gekennzeich-neten Punkten löscht die Turingmaschine jeweils das am weitesten links gelegene Symbol i und merkt es sich im Zustand r_i. An den grau gekennzeichneten Punkten wird es mit dem am weitesten rechts gelegenen Symbol verglichen.

1.10 Bei der Definition von „erkannter Sprache" wurde lediglich auf den Begriff „Konfiguration" zurückgegriffen. Sie *kann* daher wortwörtlich auch für andere Au-tomatenmodelle benutzt werden kann. Gleiches gilt für alle weiteren Definitionen dieses Abschnittes. Wir werden daher zunächst gelegentlich noch einfach auf die Definitionen dieses Abschnittes verweisen. Später werden wir in offensichtlichen Fällen selbst auf diese Hinweise verzichten.

Komplexitätsmaße für O-Turingmaschinen

1.11 Definition (Berechnung)

a) *Eine Folge $c_0, c_1, \ldots$ von Konfigurationen heißt die zu einem Eingabewort $w \in A^+$ gehörende* **Berechnung**, *falls $c_0 = c_w$ die entsprechende Anfangskonfiguration ist, für alle $i \in \mathbb{N}_0$ $c_{i+1} = \Delta_T(c_i)$ gilt und*

- *entweder die Folge unendlich und keine Konfiguration final ist,*
- *oder die Folge endlich und lediglich ihre letzte Konfiguration final ist.*

b) *Wir sagen, eine Turingmaschine halte für eine Eingabe w, falls die zu w gehörende Berechnung endlich ist.*

1.12 Vereinbarung

Wir gehen im folgenden immer davon aus, daß alle betrachteten Maschinen für alle Eingaben anhalten! Dies erspart wieder den einen oder anderen technischen Hinweis und erleichtert daher hoffentlich das Verständnis. (Zum Beispiel sind die gleich zu definierenden Komplexitätsmaße unter dieser Voraussetzung immer totale Funktionen.)

1.13 Definition (Zeitkomplexität)

Es sei T eine Turingmaschine, die für jede Eingabe halte. Wir definieren zwei Funktionen:

$$
\begin{aligned}
time_T : \quad A^+ &\rightarrow \mathbb{R}_+ \\
w &\mapsto \min\{t \in \mathbb{N}_+ \mid {}^t\Delta_T(c_w) \text{ ist final}\} \\
Time_T : \quad \mathbb{N}_+ &\rightarrow \mathbb{R}_+ \\
n &\mapsto \max\{time_T(w) \mid w \in A^n\}
\end{aligned}
$$

Die Abbildung $Time_T$ wird als **Zeitkomplexität** *von T bezeichnet. Ist t eine Funktion $t : \mathbb{N}_+ \rightarrow \mathbb{R}_+$, so heißt T t-**zeitbeschränkt**, falls $Time_T \leq t$ ist.*

Man beachte, daß für die Bestimmung von $Time_T(n)$ alle Wörter aus A^n herangezogen werden und nicht nur die aus $A^n \cap L$ wie man es bei manchen anderen Autoren findet.

Die möglichen Funktionswerte von $Time_T$ sind offensichtlich die positiven ganzen Zahlen. Trotzdem haben wir (der Einheitlichkeit halber) als Zielbereich eben $\mathbb{R}_+$ angegeben, da später im Zusammenhang mit Komplexitätsschranken ohnehin auch reellwertige Funktionen auftreten werden.

1.14 Definition (Raumkomplexität)

Es sei T eine O–Turingmaschine, die für alle Eingaben halte. Für die Bestimmung der Raumkomplexität von T wird für jedes Band die Anzahl der verschiedenen Felder festgestellt, die im Laufe einer Berechnung jemals mit einem Symbol aus

$B \smallsetminus \{\square\}$ *beschriftet oder von mindestens einem Kopf betreten wurden, und dann die Summe über alle Bänder gebildet.*

$$
\begin{aligned}
\textit{left-end}_{T,i} : \quad & A^+ && \to && \mathbb{R} \\
& w && \mapsto && \min\{p \in \mathbb{Z} \mid \exists\, t \le \textit{time}_T(w)\, \exists\, j \in \mathsf{N}_h : \\
& && && \quad {}^t\Delta(c_w)[2](i,p) \neq \square \ \vee\ {}^t\Delta(c_w)[3][j] = (i,p)\} \\
\textit{right-end}_{T,i} : \quad & A^+ && \to && \mathbb{R} \\
& w && \mapsto && \max\{p \in \mathbb{Z} \mid \exists\, t \le \textit{time}_T(w)\, \exists\, j \in \mathsf{N}_h : \\
& && && \quad {}^t\Delta(c_w)[2](i,p) \neq \square \ \vee\ {}^t\Delta(c_w)[3][j] = (i,p)\} \\
\textit{space}_T : \quad & A^+ && \to && \mathbb{R}_+ \\
& w && \mapsto && \textstyle\sum_{i=1}^{k}\Big(\textit{right-end}_{T,i}(w) - \textit{left-end}_{T,i}(w) + 1\Big) \\
\textit{Space}_T : \quad & \mathsf{N}_+ && \to && \mathbb{R}_+ \\
& n && \mapsto && \max\{\textit{space}_T(w) \mid w \in A^n\}
\end{aligned}
$$

Die Abbildung $\textit{Space}_T$ wird als **Raumkomplexität** *oder* **Platzkomplexität** *von T bezeichnet. Ist s eine Funktion $s : \mathsf{N}_+ \to \mathbb{R}_+$, so heißt T s-**raumbeschränkt**, falls $\textit{Space}_T \le s$ ist.*

1.15   Es sei darauf hingewiesen, daß beide Komplexitätsmaße nie den Wert Null annehmen können. Bei der Zeitkomplexität ergibt sich dies aus der Tatsache, daß (gerade deshalb) verlangt wurde, der Anfangszustand dürfe kein Endzustand sein. Und da das leere Wort als Eingabe ausgeschlossen wurde, hat jede Turingmaschine schon von vornherein einen nicht verschwindenden Platzbedarf.

Man stellt sich vielleicht die Frage, wozu überhaupt die Raumkomplexität definiert wird. Schließlich soll es doch um Parallelverarbeitung gehen. Und dabei denkt man ja zunächst über Zeitkomplexität nach und die Möglichkeiten, sie zu minimieren. Erstaunlicherweise spielt in diesem Zusammenhang aber auch die Raumkomplexität eine Rolle. Genauer wird man das in Kapitel 4 sehen.

1.16 Beispiel
Betrachten wir noch einmal unsere Turingmaschine zur Palindromerkennung aus dem vorangegangenen Abschnitt. Da sie auf einem Feld höchstens eine 1 oder 2 durch ein $\square$ überschreibt, aber nie umgekehrt, ist die größte Anzahl während einer Rechnung beschriebener Felder gleich der Länge des jeweiligen Eingabewortes. Da aber auch das erste Feld rechts des Eingabewortes betreten wird, ist ihre Raumkomplexität gleich $\mathrm{id}_{\mathbb{N}} + 1$, kurz $\textit{Space}_T \in \Theta(\mathrm{id}_{\mathbb{N}})$. Wir verzichten darauf, die Zeitkomplexität ebenfalls exakt anzugeben. Jedenfalls liegt die Anzahl der für ein Wort der Länge n ausgeführten Schritte liegt unter $2n^2$. Und für Palindrome (die es für jede Wortlänge gibt) ist sie mindestens $\sum_{i=1}^{n} i$. Also ist $\textit{Time}_T \in \Theta(\mathrm{id}_{\mathbb{N}}^2)$. (Bezüglich O, Θ usw. siehe Definition A.9.)

Der oben beschriebene Algorithmus war sehr naheliegend. Es stellt sich daher die Frage, ob man nicht durch geschicktere Methoden kürzeren Erkennungszeiten erreichen kann. Zum Beispiel kann man einen Faktor von etwa 2 gewinnen, wenn man die „Rückwege" des Schreib-Lese-Kopfes ebenfalls für Vergleiche nutzt. Analog zu oben ergeben sich Berechnungen wie in Abbildung 1.4 dargestellt.

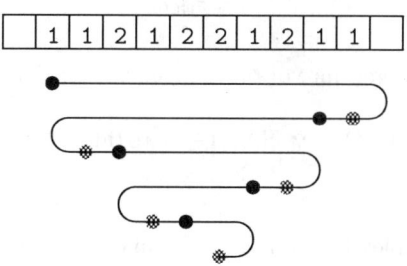

Abbildung 1.4: Eine schnellere (1)-O-Turingmaschine zur Erkennung von L_{pal}.

Wenn man aber einmal von konstanten Faktoren absieht, ist es tatsächlich so, daß die obigen Turingmaschinen zeitoptimal sind – jedenfalls, solange man sich auf O-Turingmaschinen mit einem einzigen Kopf beschränkt (siehe [WaW86, Theorem 8.13] und die dortigen Zitate, etwa [Hen65]).

1.17 Definition (Komplexitätsklassen)
Für Funktionen s und t von $\mathbb{N}_+$ in $\mathbb{R}_+$ wird festgelegt:

$$(h_1, \ldots, h_k)\text{-O-Tm-Space-Time}\,(s, t) :=$$
$$\{L \mid es \; existiert \; eine \; (h_1, \ldots, h_k)\text{-O-Tm} \; T$$
$$mit \; L(T) = L \wedge Space_T \leq s \wedge Time_T \leq t\}$$
$$(h_1, \ldots, h_k)\text{-O-Tm-Time}\,(t) :=$$
$$\{L \mid es \; existiert \; eine \; (h_1, \ldots, h_k)\text{-O-Tm} \; T$$
$$mit \; L(T) = L \wedge Time_T \leq t\}$$

Wenn wir für ein t die Vereinigung, genommen über alle Tupel $(h_1, \ldots, h_k)$, der entsprechenden Komplexitätsklassen bilden wollen, schreiben wir einfach O-Tm-Time (t).Wie man diese Notation auf andere Maschinenmodelle und/oder andere Komplexitätsmaße überträgt, ist wohl klar.

Allerdings ist sie nicht gerade standardisiert. Häufig trifft man zum Beispiel statt (1)-O-Tm-Time (t) die Schreibweise Dtime$_1(t)$ und statt O-Tm-Time (t) des öfteren Dtime (t).

Ist M ein Maschinentyp und sind zum Beispiel C_1 und C_2 zwei Komplexitätsmaße dafür, so notieren wir gelegentlich bei einer Komplexitätsklasse M–C_1–$C_2(\mathcal{F}, \mathcal{G})$ allgemeiner statt zweier Funktionen f und g ganze Mengen $\mathcal{F}$ und $\mathcal{G}$ von Funktionen. Damit meinen wir das folgende:

$$M\text{–}C_1\text{–}C_2(\mathcal{F}, \mathcal{G}) := \bigcup_{f \in \mathcal{F}} \bigcup_{g \in \mathcal{G}} M\text{–}C_1\text{–}C_2(f, g)$$

1.18 Aus den Überlegungen im vorangegangenen Beispiel ergibt sich also:

$$L_{pal} \in (1)\text{–}O\text{–}\textsc{Tm}\text{–}\textsc{Space}\text{–}\textsc{Time}\,(\mathrm{id}_{\mathbb{N}} +1, \Theta(\mathrm{id}_{\mathbb{N}}^2))$$

1.19 Beispiel
Daß man die Raumkomplexität von O-Turingmaschinen nicht unter $\mathrm{id}_{\mathbb{N}}$ drücken kann, wurde bereits erwähnt. Es stellt sich nun natürlich die Frage, inwieweit man bei der Zeitkomplexität für die Erkennung der Palindrome noch etwas gewinnen kann.

In Beispiel 1.16 hatten wir darauf hingewiesen, daß der vorgestellte Algorithmus für (1)-O-Turingmaschinen größenordnungsmäßig zeitoptimal ist. Als nächstes soll daher versucht werden, das Problem schneller zu lösen, indem ein zusätzlicher Schreib-Lese-Kopf verwendet wird. Bei einer (2)-O-Turingmaschine kann man wie folgt vorgehen:

1. Zunächst bewegt die Turingmaschine einen der Köpfe auf das letzte Symbol des Eingabewortes, der andere bleibt auf dem ersten Symbol stehen (Zustand s).

2. Dann bewegt sie synchron beide Köpfe aufeinander zu und vergleicht immer die beiden gelesenen Symbole. Werden dabei einmal verschiedene Symbole entdeckt, wird die Eingabe abgelehnt. Sonst werden sie mit je einem □ überschrieben. Kommt es nie zu einem Konflikt, befinden sich irgendwann beide Köpfe auf einem mit □ beschrifteten Feld. In diesem Fall kann die Turingmaschine das Eingabewort annehmen. (Zustand v).

Wir geben noch einmal den „wesentlichen" Teil der Überführungsfunktion in Tabellenform an. (Die nicht aufgeführten Kombinationen von Eingabesymbolen können nicht vorkommen.) Diese Turingmaschine arbeitet offensichtlich in sogenannter **Linearzeit**, und man erhält:

$$L_{pal} \in (2)\text{–}O\text{–}\textsc{Tm}\text{–}\textsc{Space}\text{–}\textsc{Time}\,(\Theta(\mathrm{id}_{\mathbb{N}}), \Theta(\mathrm{id}_{\mathbb{N}}))$$

alter Zustand	gelesene Symbole		neuer Zustand	neue „Symbole"		Kopf-bewegungen	
s	1	1	s	⊔	⊔	0	1
s	2	1	s	⊔	⊔	0	1
s	1	2	s	⊔	⊔	0	1
s	2	2	s	⊔	⊔	0	1
s	1	□	v	⊔	⊔	0	-1
s	2	□	v	⊔	⊔	0	-1
v	1	1	v	□	□	1	-1
v	2	2	v	□	□	1	-1
v	2	1	f_	⊔	⊔	0	0
v	1	2	f_	⊔	⊔	0	0
v	□	□	f_+	⊔	⊔	0	0

Tabelle 1.3: Die wesentlichen Teile der Überführungsfunktion für eine (2)–O–TM, die L_{pal} erkennt.

1.2 E-Turingmaschinen: mit separatem Eingabeband

Aufbau und Arbeitsweise

Bei Turingmaschinen mit einem separaten Eingabeband werden in der Literatur wiederum mehrere verschiedene Versionen betrachtet. So weit wollen wir hier nicht gehen und uns auf *ein* Modell beschränken. Wer Genaueres wissen möchte, kann etwa das Buch von Wagner und Wechsung [WaW86] zu Rate ziehen.

1.20 Definition (Bestandteile einer Turingmaschine mit Eingabeband)
*Eine **Turingmaschine mit Eingabeband** oder auch **E-Turingmaschine** wird durch ein Tupel $T = (S, s_0, F_+, F_-, A, B, \square, \sqcup, \delta, (h_1, \ldots, h_k), 1)$ beschrieben. Die Komponenten bedeuten weitgehend das gleiche wie bei O-Turingmaschinen. Es gibt jedoch die folgenden Unterschiede.*

- *Die letzte Komponente 1 soll andeuten, daß ein Eingabeband getrennt betrachtet wird.*
- *Die Turingmaschine besitzt $k \geq 1$ sogenannte **Arbeitsbänder**, auf denen sich $h_1, \ldots$, resp. h_k Schreib-Lese-Köpfe befinden ($\forall 1 \leq i \leq k : h_i \geq 1$). Außerdem besitzt die Turingmaschine ein **Eingabeband**, auf dem sie einen Kopf hat. Dabei handelt sich im Unterschied zu den anderen um einen reinen Lese-Kopf.*
- *Die Arbeitsweise einer Turingmaschine ist durch die **Überführungsfunktion** δ festgelegt. Dies ist eine Abbildung $\delta : S \times B^h \times (A \cup \{\square\}) \to S \times (B \cup \{\sqcup\})^h \times D^h \times D$. Der Definitionsbereich ist gegenüber O-Turingmaschinen um einen*

Faktor $(A \cup \{\square\})$ „vergrößert", da das Verhalten einer E-Turingmaschine natürlich auch von der Beschriftung des Eingabebandes abhängen können soll. Der Zielbereich ist erweitert, da die E-Turingmaschine den Kopf auf ihrem Eingabeband bewegen (es aber nicht beschriften) können soll.

- *Bei der Bestimmung der Raumkomplexität von E-Turingmaschinen soll das Eingabeband völlig ignoriert werden können. Von der Überführungsfunktion wird daher noch verlangt, daß sie garantiert, daß sich der Kopf auf dem Eingabeband immer auf einem Feld des Eingabewortes oder auf einem der beiden dazu unmittelbar benachbarten Felder befindet.*

1.21 Definition (Konfigurationen von E-Turingmaschinen)

Es sei $T = (S, \ldots)$ eine E-Turingmaschine. Ihr „Gesamtzustand" zu einem Zeitpunkt oder auch die Konfiguration ist durch den momentanen Zustand der Steuereinheit, die Beschriftungen der Arbeitsbänder und des Eingabebandes sowie durch die Positionen der Köpfe auf diesen Bändern festgelegt. Wir formalisieren das als Quintupel $c = (s, b, e, p, q) \in S \times B^{N_k \times \mathbb{Z}} \times (A \cup \{\square\})^{\mathbb{Z}} \times (N_k \times \mathbb{Z})^h \times \mathbb{Z}$. Wie bei O-Turingmaschinen wollen wir ohne Beschränkung der Allgemeinheit annehmen, daß bei den Kopfpositionen p zuerst die auf Arbeitsband 1 aufgeführt seien, dann die auf Arbeitsband 2, usw. und als letztes die auf Arbeitsband k. Die Position q des Kopfes auf dem Eingabeband wird getrennt aufgeführt.

1.22 Definition (Arbeitsweise von E-Turingmaschinen)

Ein Schritt einer E-Turingmaschine wird durch die partielle Konfigurationsüberführungsfunktion Δ_T beschrieben. Es gelte $\Delta_T((s,b,e,p,q)) = (s',b',e,p',q')$ genau dann, wenn die folgenden Bedingungen erfüllt sind. Dabei schreiben wir abkürzend u für $\delta(s, b(p[1]), \ldots, b(p[h]), e(q))$ mit $u[1] \in S$, $u[2] \in (B \cup \{\sqcup\})^h$, $u[3] \in D^h$ und $u[4] \in D$. (Vergleiche auch Definition 1.4.)

- *Für alle $(i,j) \in N_k \times \mathbb{Z}$ ist*

$$b'(i,j) = \begin{cases} b(i,j) & \text{falls } \{a' \in B \mid \exists l \in N_h : p[l] = (i,j) \wedge u[2][l] = a'\} = \emptyset \\ a & \text{falls } \{a' \in B \mid \exists l \in N_h : p[l] = (i,j) \wedge u[2][l] = a'\} = \{a\} \\ \text{undef.} & \text{sonst} \end{cases}$$

- *Für $1 \le l \le h$ muß $p'[l] = p[l] + (0, u[3][l])$ sein.*
- *$q' = q + u[4]$.*
- *Außerdem geht die Steuereinheit in einen neuen Zustand über: $s' = u[1]$.*
- *Wie man sieht, bleibt die Beschriftung des Eingabebandes unverändert. Darüber hinaus wird verlangt, daß der Kopf auf diesem Band immer auf einem Eingabesymbol steht oder höchstens auf dem ersten Blanksymbol unmittelbar rechts vom Eingabewort.*

Die Erkennung formaler Sprachen und ihre Komplexität

1.23 Definition (Anfangs- und Endkonfigurationen von E–TM)
Es sei $T = (S, \ldots)$ eine E-Turingmaschine.

a) *Ein Eingabewort $w \in A^+$ wird einer E-Turingmaschine natürlich auf dem Eingabeband zur Verfügung gestellt. Die Arbeitsbänder sind zu Beginn einer Berechnung alle leer. Die **Anfangskonfiguration** c_w für $w \in A^+$ ist genauer $c_w = (s_0, b_\square, e_w, ((1,1) \ldots, (k,1)), 1)$, wobei $b_\square(i,j) = \square$ sei für alle $(i,j) \in \mathbb{N}_k \times \mathbb{Z}$ und für alle $j \in \mathbb{Z}$*

$$e_w(j) = \begin{cases} w[j] & \text{falls } 1 \le j \le |w|, \\ \square & \text{sonst.} \end{cases}$$

b) *Die Definition finaler Konfigurationen unterscheidet sich nicht von der für O-Turingmaschinen.*

Ganz analog wie bei O-Turingmaschinen versteht man unter der von einer E-Turingmaschine T **erkannten Sprache** die Menge derjenigen Eingabewörter w, für die T ausgehend von c_w nach endlich vielen Schritten eine akzeptierende Endkonfiguration erreicht.

Ebenso können die Definitionen der **Zeitkomplexität** und der **Zeitbeschränktheit** aus dem vorangegangenen Abschnitt übernommen werden. Der Unterschied zwischen O-Turingmaschinen und E-Turingmaschinen besteht in der Definition der Raumkomplexität. Man beachte, daß im folgenden nur die Arbeitsbänder berücksichtigt werden (wie bei O-Turingmaschinen; siehe Definition 1.14). Das Eingabeband wird *ignoriert*!

1.24 Definition (Raumkomplexität)
Es sei $T = (S, \ldots)$ eine E-Turingmaschine. Wir definieren:

$$
\begin{aligned}
\textit{left-end}_{T,i} : \quad & A^+ \to \mathbb{R} \\
& w \mapsto \min\{p \in \mathbb{Z} \mid \exists t \le \textit{time}_T(w)\, \exists j \in \mathbb{N}_h : \\
& \qquad {}^t\Delta(c_w)[2](i,p) \ne \square \vee {}^t\Delta(c_w)[4][j] = (i,p)\} \\
\textit{right-end}_{T,i} : \quad & A^+ \to \mathbb{R} \\
& w \mapsto \max\{p \in \mathbb{Z} \mid \exists t \le \textit{time}_T(w)\, \exists j \in \mathbb{N}_h : \\
& \qquad {}^t\Delta(c_w)[2](i,p) \ne \square \vee {}^t\Delta(c_w)[4][j] = (i,p)\} \\
\textit{space}_T : \quad & A^+ \to \mathbb{R}_+ \\
& w \mapsto \sum_{i=1}^{k} \left(\textit{right-end}_{T,i}(w) - \textit{left-end}_{T,i}(w) + 1 \right) \\
\textit{Space}_T : \quad & \mathbb{N}_+ \to \mathbb{R}_+ \\
& n \mapsto \max\{\textit{space}_T(w) \mid w \in A^n\}
\end{aligned}
$$

*Die Abbildung $Space_T$ wird wieder als **Raumkomplexität** oder **Platzkomplexität** von T bezeichnet. Ist s eine Funktion $s : \mathbb{N}_+ \to \mathbb{R}_+$, so heißt T s-**raumbeschränkt**, falls $Space_T \le s$ ist.*

1.25 Definition (Komplexitätsklassen)
Für Funktionen s und t von $\mathbb{N}_+$ *in* $\mathbb{R}_+$ *bezeichnen wir die Komplexitätsklassen für E-Turingmaschinen mit* E–TM–SPACE–TIME (s, t) *usw.*

1.26 Wenn man sich die Definitionen der Raumkomplexität und der Anfangs-konfigurationen einer O-Turingmaschine T noch einmal vor Augen führt, so stellt man fest, daß für sie immer gilt: $Space_T \geq \text{id}_\mathbb{N}$. Dies ist bei E-Turingmaschinen nicht mehr der Fall. Wir werden gleich an unserem Standard-Beispiel sehen, daß es Maschinen mit einer Raumkomplexität in $\Theta(\log)$ gibt, die nicht-reguläre Sprachen erkennen.

1.27 Versuchen Sie doch einmal, eine (1)-E-Turingmaschine zu konstruieren, die L_{pal} erkennt und mit möglichst wenig Platz auskommt.

. . .

Nun? Welche Raumkomplexität hat Ihre Turingmaschine? Wenn sie größenord-nungsmäßig kleiner als log ist, haben Sie leider einen Fehler gemacht. Wenn sie größenordnungsmäßig größer als log ist, können Sie bei Ihrer Maschine noch Platz sparen. Oder Sie lesen gleich weiter.

1.28 Beispiel
Die nun folgende Turingmaschine ist schon ein bißchen komplizierter als die obigen. (Daß das eigentlich nicht besonders verwunderlich ist, werden wir in Punkt 4.20 sehen.)

Sie arbeitet in zwei Phasen:

1. In der ersten bestimmt sie die Länge des Eingabewortes w. Dazu „fährt" sie einmal mit dem Lesekopf darüber hinweg. Auf ihrem Arbeitsband unterhält sie einen Zähler (in Dualzahldarstellung), der sich je nach Länge des Eingabe-wortes u.U. über mehrere Felder erstreckt und für jedes Eingabesymbol um 1 erhöht wird. Dafür werden insgesamt $1 + \lfloor \log |w| \rfloor$ Felder benötigt.

2. Anschließend durchläuft sie die folgende Schleife für jedes i zwischen 1 und $|w|$:
   - Sie bewegt den Lesekopf zum i-ten Eingabesymbol von links (dafür benutzt sie einen zweiten Zähler) und merkt sich dieses Symbol.
   - Dann bewegt sie den Lesekopf zum i-ten Eingabesymbol von rechts und vergleicht es mit dem gemerkten.
   - Wenn die Symbole übereinstimmen, macht sie mit dem nächsten i weiter, sonst lehnt sie das Eingabewort ab.

Enden alle Vergleiche positiv, wird die Eingabe angenommen und sonst abge-lehnt.

Der Platzbedarf dieser Turingmaschine auf dem Arbeitsband beschränkt sich auf die Zähler. Also ist

$$L_{pal} \in (1)\text{--}E\text{--}T\textsc{m}\text{--}S\textsc{pace}\,(\Theta(\log))$$

1.3 Vergleich von Ein-Kopf- und Mehr-Kopf-O-Turingmaschinen

Wir bezeichnen eine Turingmaschine mit insgesamt mindestens zwei Schreib-Lese-Köpfen auf dem Arbeitsband bzw. auf den Arbeitsbändern auch als Mehr-Kopf-Turingmaschine.

Bei Mehr-Kopf-O-Turingmaschinen kann man zum ersten Mal die Frage stellen, ob man bereit ist, ihnen die Fähigkeit zur Parallelverarbeitung zuzugestehen. Wir hatten ja beim Beispiel der Palindrome erwähnt, daß einerseits ihre Erkennung mit (1)-O-Turingmaschinen größenordnungsmäßig in keiner geringeren als quadratischer Zeit möglich ist, andererseits aber etwa mit (2)-O-Turingmaschinen Linearzeit erreichbar ist.

Das kam daher, daß das Zusammenführen und Vergleichen der Beschriftungen von „einander entsprechenden" Felder viel schneller ging. Bei Mehr-Kopf-Turingmaschinen ist der Transport einer Informationsmenge endlicher fester Größe über eine beliebig große Entfernung in einem einzigen Schritt möglich.

Wie mächtig ist dieses Konzept im allgemeinen? Erst einmal sagt der nächste Satz etwas darüber aus, um wieviel langsamer eine Ein-Kopf-Turingmaschine schlimmstenfalls gegenüber einer Mehr-Kopf-Turingmaschine ist.

1.29 Satz (Kopfreduktion)
Für alle $s, t \geq \mathrm{id}_\mathbb{N}$ gilt:

$$\begin{aligned} O\text{--}T\textsc{m}\text{--}S\textsc{pace}\text{--}T\textsc{ime}\,(s,t) &\subseteq (1)\text{--}O\text{--}T\textsc{m}\text{--}S\textsc{pace}\text{--}T\textsc{ime}\,(\Theta(s),\Theta(st)) \\ &\subseteq (1)\text{--}O\text{--}T\textsc{m}\text{--}S\textsc{pace}\text{--}T\textsc{ime}\,(\Theta(s),\Theta(t^2)) \end{aligned}$$

1.30 Man beweise diesen Satz.

1.31 Das Beispiel der Palindromsprache zeigt übrigens auch, daß die 2 auf der rechten Seite der minimale Exponent ist, für den die Inklusion noch gilt.

Es wäre schön, wenn es gelänge, umgekehrt beim Übergang von Ein-Kopf- zu Mehr-Kopf-O-Turingmaschinen Zeit zu sparen (sofern überhaupt möglich, also falls vorher $Time_T > \mathrm{id}_\mathbb{N}$). Es ist aber nur die folgende offensichtiche Aussage klar.

1.32 Lemma
Für alle s, t gilt:

$$(1)\text{-}O\text{-}\textsc{Tm}\text{-}\textsc{Space}\text{-}\textsc{Time}\,(s,t) \subseteq O\text{-}\textsc{Tm}\text{-}\textsc{Space}\text{-}\textsc{Time}\,(s,t)$$

Angesichts der Tatsache, daß man keinen prinzipiellen „Speedup" beweisen kann, ist man geneigt, Mehr-Kopf-Turingmaschinen die Möglichkeit zur Parallelverarbeitung völlig abzusprechen. Sie werden auch üblicherweise als sequentiell arbeitende Geräte angesehen. Aber Vorsicht! Es wird im weiteren Verlauf noch klar werden, daß die Tatsache, daß man keine Möglichkeit kennt, durch den Übergang zu einem neuen Modell M eine prinzipielle, über einen konstanten Faktor hinausgehende Zeitersparnis zu erreichen, nicht als Begründung für die Behauptung ausreicht, M arbeite sequentiell. Wir werden das im nächsten Kapitel noch genauer sehen.

Zusammenfassung

- Bei Turingmaschinen ohne Eingabeband ist die Raumkomplexität immer größer oder gleich $\mathrm{id_N}$. Bei Turingmaschinen mit Eingabeband wird bei der Bestimmung des Platzbedarfes insofern etwas „ehrlicher" vorgegangen, als nur der wirklich für Berechnungen notwendige Speicherbedarf berücksichtigt wird.

- Turingmaschinen mit mehreren Köpfen haben die Möglichkeit, eine Informationsmenge konstanter Größe in einem Schritt über eine beliebig große Entfernung zu transportieren. Das führt in manchen Fällen zu einer deutlichen Zeitersparnis.

Literaturverzeichnis

[CKS81] A.K. Chandra, D.C. Kozen und L.J. Stockmeyer. Alternation. *Journal of the Association for Computing Machinery*, **28**, 1981, 114–133.

[Hen65] F. Hennie. One-tape, off-line Turing machine computations. *Information and Control*, **8**, 1965, 553–578.

[Rei90] K.R. Reischuk. *Einführung in die Komplexitätstheorie*. B. G. Teubner, 1990.

[Tur36] A. Turing. On computable numbers, with an application to the Entscheidungsproblem. *Proceedings of the London Mathematical Society*, **42**, 1936, 230–265.

[WaW86] K. Wagner und G. Wechsung. *Computational Complexity*, erschienen in der Reihe *Mathematics and its Applications*. D. Reidel, 1986.

2 Zellularräume

Der Vorschlag, Zellularräume zu betrachten, geht auf S. Ulam und J. von Neumann zurück. Von Neumann führte sie ein als Beispiel für ein Modell, in dem man sich selbst reproduzierende Strukturen realisieren kann. Veröffentlicht wurden diese Arbeiten erst nach seinem Tod von A. W. Burks in [Neu66].

Überblick

Im ersten Abschnitt werden d-dimensionale Zellularräume definiert, und ihre Arbeitsweise wird an zwei Beispielen demonstriert. Dabei beschränken wir uns – wie auch in den beiden folgenden Abschnitten – auf den eindimensionalen Fall. Dort behandeln wir zunächst die Erkennung formaler Sprachen. Insbesondere interessieren wir uns wieder für Komplexitätsmaße. Anschließend wird versucht, unter anderem durch den Vergleich von Zellularräumen mit Turingmaschinen eine Antwort auf die Frage zu erhalten, wie stark bei ersteren die Fähigkeit zur Parallelverarbeitung ausgeprägt ist.

Ein beim Entwurf von Algorithmen des öfteren auftretendes Problem besteht darin, die Zellen eines zusammenhängenden Abschnittes des Raumes dazu zu veranlassen, *gleichzeitig* mit der Erledigung einer Teilaufgabe zu beginnen. Diese häufig als *Firing Squad Synchronization Problem* bezeichnete Aufgabe wird im vierten Abschnitt für ein- und mehrdimensionale Zellularräume behandelt. Im fünften gehen wir kurz auf die Erkennung und Transformation zweidimensionaler Muster ein.

2.1 Die Arbeitsweise von Zellularräumen

Die grundlegende Idee besteht darin, eine Menge gleichartiger endlicher Automaten zu betrachten, die regelmäßig miteinander verbunden sind und synchron arbeiten. Sie ändern in Abhängigkeit von ihrem eigenen Zustand und den Zuständen einiger „Nachbarn", deren Abstand beschränkt ist, synchron ihren Zustand.

2.1 Definition (Bestandteile von Zellularräumen)
*Ein d-**dimensionaler Zellularraum** wird durch ein Tupel $C = (S, \square, F_+, F_-, A, N, \delta, d)$ beschrieben.*

- *An den Punkten des Raumes $\mathbb{Z}^d$ befinden sich lauter gleichartige endliche Automaten, die auch **Zellen** genannt werden.*

- *Jeder von ihnen befindet sich zu jedem Zeitpunkt in einem der Zustände aus der endlichen, nichtleeren **Zustandsmenge** S. Der Zustand $\square \in S$ heißt **Ruhezustand** und spielt eine besondere Rolle (siehe die Erläuterungen zu δ).*

- $F_+ \subseteq S$ *und* $F_- \subseteq S$ *sind wieder disjunkte Mengen **akzeptierender** resp. **ablehnender Endzustände**.*

- $A \subseteq S$ *ist das endliche, nichtleere **Eingabealphabet**.*

- *N ist ein endliches Tupel mit paarweise verschiedenen Komponenten aus $\mathbb{Z}^d$ und der Eigenschaft, daß eine von ihnen gleich $(0,\ldots,0)$ ist. N heißt **Nachbarschaftsindex**. (Die letzte Forderung an Nachbarschaftsindizes ist zumindest für die Betrachtungen in diesem Buch nicht wesentlich, weshalb sie von anderen Autoren auch nicht gestellt wird.) Die Reihenfolge der Komponenten ist für die Definition der Überführungsfunktion wichtig. Oft ist man jedoch nur an der Menge der Werte interessiert, aber nicht an ihrer Reihenfolge. Dann sprechen wir von einem **Raster** oder einer **Nachbarschaft**. Wenn gelegentlich einmal von einem Raster die Rede ist, wo eigentlich ein Nachbarschaftsindex benötigt wird, so soll der gemeint sein, den man erhält, wenn man die Elemente des Rasters nach der durch $<$ induzierten lexikographischen Ordnung anordnet.*

- *$\delta : S^{|N|} \to S$ ist die lokale **Überführungsfunktion**. Man verlangt, daß $\delta(\square,\ldots,\square) = \square$ ist. Schließlich fordert man für den Index i mit $N[i] = (0,\ldots,0)$, daß für alle $f \in F$ und für alle $s_1,\ldots,s_{i-1},s_{i+1},\ldots,s_{|N|} \in S$ gilt: $\delta(s_1,\ldots,s_{i-1},f,s_{i+1},\ldots,s_{|N|}) = f$.*

2.2 Definition (Konfigurationen und ihre Überführung)

Es sei $C = (S,\ldots)$ ein Zellularraum.

a) *Eine **Konfiguration** von C ist durch die Zustände aller Zellen gekennzeichnet. Wir formalisieren das durch eine Abbildung $c : \mathbb{Z}^d \to S$.*

b) *Die **Konfigurationsüberführungsfunktion** Δ_C wird definiert durch die Festlegung, daß für alle Konfigurationen c gilt:*

$$\forall p \in \mathbb{Z}^d : (\Delta_C(c))(p) = \delta(c(p + N[1]),\ldots,c(p + N[|N|]))$$

Der neue Zustand jeder Zelle ergibt sich also deterministisch aus den Zuständen derjenigen Nachbarzellen, deren „relative Koordinaten" $N[1],\ldots,N[|N|]$ sind.

Wie schon bei Turingmaschinen beschränken wir uns auch hier also auf die deterministische Version des Modelles.

2.3 Beispiel

In einem ersten einfachen Beispiel soll eine sehr wichtige „Programmiertechnik" für Zellularräume vorgestellt werden: das Versenden von „Signalen".

Der Einfachheit halber betrachten wir einen eindimensionalen Zellularraum mit Nachbarschaftsindex $H_1 := (-1, 0, 1)$. (Das ist eine übliche Wahl; siehe auch 2.8.) Die obige Definition von Δ_C wird dann zu $\Delta_C(c)(p) = \delta(c(p-1), c(p), c(p+1))$. Der neue Zustand einer Zelle p ergibt sich also aus ihrem augenblicklichen und den Zuständen der beiden links und rechts unmittelbar benachbarten Zellen.

Die Zustandsmenge sei zunächst $S = \{\square, >\}$ und unter anderem sei für die Überführungsfunktion festgelegt: $\delta(\square, \square, \square) = \square$, $\delta(\square, >, \square) = \delta(\square, \square, >) = \square$ und $\delta(>, \square, \square) = >$. (Die anderen Funktionswerte sind hier nicht von Interesse.)

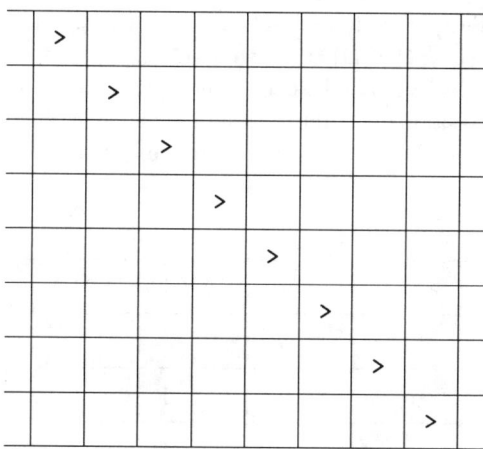

Abbildung 2.1: Das Raum-Zeit-Diagramm eines Signals (Beispiel 2.3). Aus einer Folge von von oben nach unten aufeinanderfolgenden Konfigurationen ist in jeder Zeile der jeweils gleiche Ausschnitt der jeweiligen Konfiguration dargestellt.

In der Anfangskonfiguration c_0, für die die Nachfolgekonfiguration, deren Nachfolgekonfiguration usw. bestimmt werden sollen, sei die Zelle 1 im Zustand > und alle anderen im Ruhezustand.

Zeichnet man c_0 und ihre Nachfolger so untereinander, daß die gleiche Zelle immer in der gleichen Spalte steht, erhält man ein sogenanntes **Raum-Zeit-Diagramm**.

Es ist in Abbildung 2.1 dargestellt. Man spricht in dieser Situation von einem **Signal**.

Es ist auch üblich, von der **Geschwindigkeit** eines Signal zu sprechen. Damit meint man die „im Durchschnitt pro Konfigurationsübergang zurückgelegte Anzahl von Zellen". Das Signal in der obigen Abbildung hat die Geschwindigkeit 1. Größere Geschwindigkeiten kann man mit H_1-Raster nicht erreichen, wohl aber kleinere. Versieht man etwa im vorliegenden Beispiel die Signalmarkierung mit einem Modulo-2-Zähler, der bei jedem Konfigurationsübergang um 1 erhöht wird, und sorgt man dafür, daß die Markierung nur dann um eine Zelle weiterwandert, wenn der Zähler auf 0 steht, so erhält man ein Signal mit Geschwindigkeit $\frac{1}{2}$.

2.4 Geben Sie präzise eine Überführungsfunktion an, die ein Signal mit Geschwindigkeit $\frac{1}{2}$ durch einen ansonsten „leeren" eindimensionalen Zellularraum laufen läßt. Lösen Sie die gleiche Aufgabe für Geschwindigkeit $\frac{2}{3}$.

2.5 Beispiel
Wir erweitern das Beispiel nun und setzen $S = \{\square, \mathord{<}, \mathord{>}, \mathord{|}\}$. Zusätzlich zu den obigen Forderungen sei $\delta(\square, \mathord{<}, \square) = \square$ und $\delta(\square, \square, \mathord{<},) = \mathord{<}$; es gibt nun also auch ein nach links laufendes Signal. Und es seien $\delta(\square, \mathord{|}, \square) = \mathord{|}$, $\delta(\mathord{<}, \mathord{|}, \square) = \mathord{|}$ und $\delta(\mathord{>}, \square, \mathord{|}) = \mathord{<}$. Dann kann man unter anderem die in Abbildung 2.2 dargestellte Berechnung beobachten. Das nach rechts laufende Signal $>$ wird an der „Mauer" $|$ „reflektiert".

Abbildung 2.2: Reflexion eines Signal (Beispiel 2.5).

2.6 Definition (von-Neumann- und Moore-Nachbarschaft)
Es sei $d \in \mathbb{N}_+$ und $k \in \mathbb{N}_+$. Für Vektoren $i \in \mathbb{Z}^d$ sei $|i|_1 := \sum_{l=1}^{d} |i[l]|$ und $|i|_2 := \max\{|i[l]| \mid 1 \le l \le d\}$.

- *Die d-**dimensionale von-Neumann-Nachbarschaft** ist $H_k^{(d)} := \{i \in \mathbb{Z}^d \mid |i|_1 \le k\}$.*

- *Die „einseitige" d-dimensionale von-Neumann-Nachbarschaft ist*
  $\bar{H}_k^{(d)} := \{ i \in \mathbb{Z}^d \mid |i|_1 \le k \wedge \forall l, 1 \le l \le d : i[l] \ge 0 \}.$
- *Die d-dimensionale Moore-Nachbarschaft ist* $M_k^{(d)} := \{ i \in \mathbb{Z}^d \mid |i|_2 \le k \}.$
- *Die „einseitige" d-dimensionale Moore-Nachbarschaft* $\bar{M}_k^{(d)}$ *ist* $\bar{M}_k^{(d)} :=$
  $\{ i \in \mathbb{Z}^d \mid |i|_2 \le k \wedge \forall l, 1 \le l \le d : i[l] \ge 0 \}.$

2.7 Beispiel
Für zweidimensionale Zellularräume sind in den beiden folgenden Abbildungen für die Raster jeweils diejenigen Zellen (hell- oder dunkel-) grau unterlegt, die zur Nachbarschaft der etwas dunkler gekennzeichneten Zelle gehören. In Abbildung 2.3 ist $k = 1$, in Abbildung 2.4 $k = 2$. Links ist jeweils das entsprechende von-Neumann-Raster dargestellt, rechts das Moore-Raster.

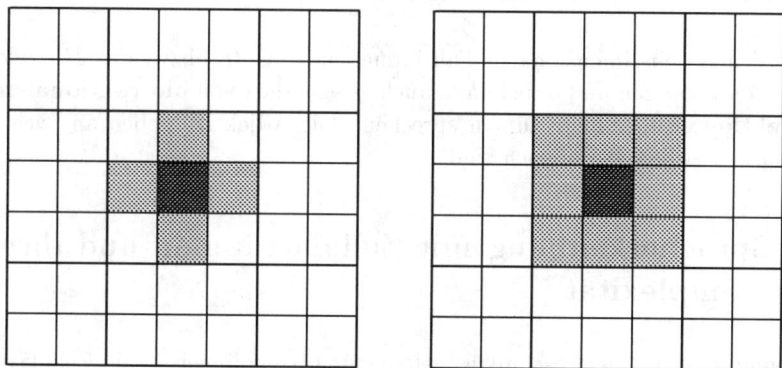

Abbildung 2.3: Zweidimensionale von-Neumann- und Moore-Raster mit „Radius" 1.

Bei den entsprechenden „einseitigen" Rastern gehören jeweils neben der dunkelgrauen Zelle selbst nur die Zellen zu ihrer Nachbarschaft , die sich rechts oberhalb von ihr befinden, also diejenigen im „ersten Quadranten". Im Falle eindimensionaler Zellularräume stimmen von-Neumann- und Moore-Raster (sowie die einseitigen Einschränkungen) überein.

2.8 Man kann zeigen, daß es keine große Einschränkung bedeutet, nur von-Neumann- und Moore-Raster zu verwenden: Jeder Algorithmus für ein beliebiges Raster läßt sich (automatisch) in einen neuen umformen, der ein von-Neumann-Raster verwendet und gegenüber dem ursprünglichen einen nur um einen konstanten Faktor erhöhten Zeitbedarf hat. Dafür ist unter Umständen allerdings eine größere Zustandsmenge erforderlich. (Siehe etwa [Vol79].)

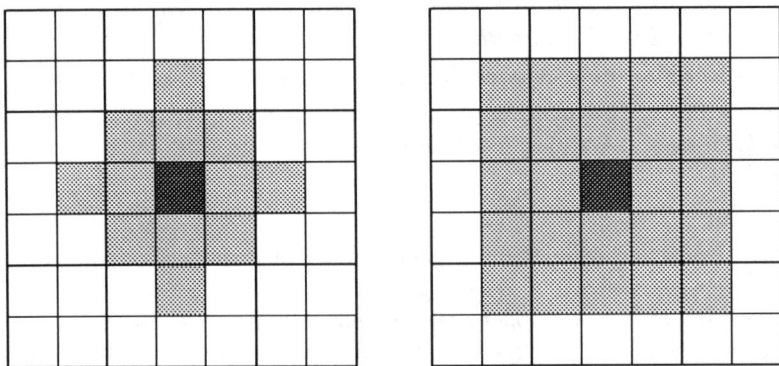

Abbildung 2.4: Zweidimensionale von-Neumann- und Moore-Raster mit „Radius" 2.

Wir werden im eindimensionalen Fall immer nur das H_1- bzw. das $\bar{H}_1$- oder das $-\bar{H}_1$-Raster benutzen und dabei dann auch gelegentlich von **bidirektionalen** bzw. **unidirektionalen** Zellularräumen sprechen. Die Adjektive geben an, welche Informationsflüsse jeweils möglich sind.

2.2 Spracherkennung mit Zellularräumen und ihre Komplexität

Die Definitionen dieses Abschnittes gelten nur für eindimensionale Zellularräume $C = (S, \ldots, 1)$, ohne daß wir das jedes Mal erneut ausdrücklich anmerken.

2.9 Definition (Anfangs- und Endkonfigurationen)
a) *Die zum Eingabewort $w \in A^+$ gehörende **Anfangskonfiguration** c_w ist dadurch definiert, daß für alle $p \in \mathbb{Z}$ gefordert wird:*

$$c_w(p) := \begin{cases} w[p] & \text{falls } 1 \leq p \leq |w| \\ \square & \text{sonst} \end{cases}$$

b) *Eine Konfiguration c ist genau dann **akzeptierende** bzw. **ablehnende Endkonfiguration**, wenn $c(1) \in F_+$ bzw. $c(1) \in F_-$ ist.*

2.10 Definition (Raum-Zeit-Diagramm)
*Unter dem **Raum-Zeit-Diagramm** für ein Eingabewort $w \in A^+$ eines Zellularraumes versteht man die Abbildung*

$$\begin{aligned} r_w : \quad \mathbb{Z} \times \mathbb{N}_0 &\to S \\ (p, t) &\mapsto ({}^t\Delta_C(c_w))(p) \end{aligned}$$

Endliche Teile aus Raum-Zeit-Diagrammen stellt man üblicherweise so dar, wie wir das schon bei dem einleitenden Beispiel dieses Kapitels getan haben: In einer Zeile werden die Zustände eines Ausschnittes des Zellularraumes notiert und nach unten die zu aufeinanderfolgenden Konfigurationen gehörenden Ausschnitte. Gelegentlich benutzt man auch noch Pfeile um anzudeuten, welche Abhängigkeiten zwischen den Zuständen der Zellen zu verschiedenen Zeitpunkten bestehen.

2.11 Beispiel

Wir wollen die – immerhin nicht kontextfreie – Sprache $L_{123} = \{1^m 2^m 3^m \mid m \in \mathbb{N}_+\}$ mit einem Zellularraum mit $\bar{H}_1$-Raster erkennen.

Wir betrachten zunächst den Fall eines Eingabewortes aus $1^+ 2^+ 3^+$. Das Raum-Zeit-Diagramm in Abbildung 2.5 gibt einen Eindruck von einer möglichen Vorgehensweise. Die Zellen, die sich jeweils am rechten Ende eines Abschnittes befinden, der aus lauter 1-en, 2-en oder 3-en besteht, können sich als solche anhand ihres eigenen Zustandes und des ihres rechten Nachbarn identifizieren. Sie starten drei Signale mit den Geschwindigkeiten $\frac{1}{3}$, $\frac{2}{3}$ bez. 1. Treffen diese „genau gleichzeitig" in der ersten Zelle ein, so sind die drei Blöcke aus Einsen, Zweien bzw. Dreien gleich lang, und das Wort ist von der geforderten Form, andernfalls nicht.

Die Erweiterung dieses Verfahrens für beliebige Eingaben ist nicht schwer: Das Signal mit Geschwindigkeit 1, das in der Zelle mit dem am weitesten rechts gelegenen Eingabesymbol startet, überprüft zusätzlich, ob das Eingabewort in $1^+ 2^+ 3^+$ liegt. Ist das nicht der Fall, wird die Eingabe abgelehnt und andernfalls das Ergebnis des eben beschriebenen Algorithmus berücksichtigt.

2.12 Definition (Raum- und Zeitkomplexität)

Es sei $C = (S, \ldots)$ ein Zellularraum, der für jede Eingabe hält.

a) *Die **Zeitkomplexität** von C wird analog zu den Zeitkomplexitäten der verschiedenen Turingmaschinen-Modelle definiert.*

b) *Für die **Raumkomplexität** definieren wir zunächst:*

$$
\begin{aligned}
\textit{left-end}_C : \ & A^+ \ \rightarrow \ \mathbb{R} \\
& w \ \mapsto \ \min\{p \in \mathbb{Z} \mid \exists t \leq \textit{time}_C(w) : {}^t\Delta_C(c_w)(p) \neq \square\} \\
\textit{right-end}_C : \ & A^+ \ \rightarrow \ \mathbb{R} \\
& w \ \mapsto \ \max\{p \in \mathbb{Z} \mid \exists t \leq \textit{time}_C(w) : {}^t\Delta_C(c_w)(p) \neq \square\}
\end{aligned}
$$

Die Funktionen $space_C$ und $Space_C$ werden dann wiederum ganz analog wie bei Turingmaschinen definiert.

2.13 Definition

*Zellularräume C mit Raumkomplexität $Space_C(n) = n$ für alle n werden auch als **Zellularautomaten** bezeichnet. Und wir sagen, ein Zellularautomat arbeite in **Realzeit**, wenn seine Zeitkomplexität $\mathrm{id}_\mathbb{N}$ ist.*

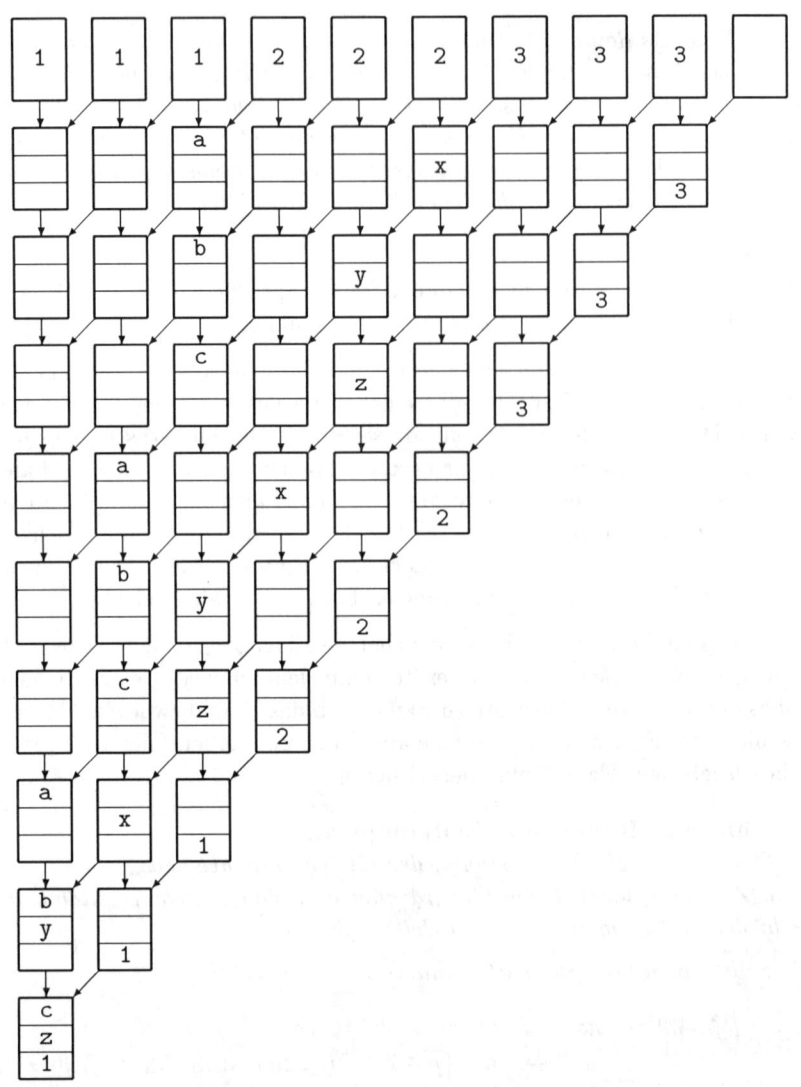

Abbildung 2.5: Skizze des Raum-Zeit-Diagrammes eines unidirektionalen Zellularraumes zur Erkennung der Sprache aller Wörter der Form $1^m 2^m 3^m$. Es sind zu jedem Zeitpunkt nur diejenigen Zellen dargestellt, die für den Erkennungsvorgang noch von Bedeutung sind, und jeweils nur „Teile" des Gesamtzustandes einer Zelle.

Bei Zellularautomaten werden im Laufe einer Berechnung also nur diejenigen Zellen „benutzt", die zu Beginn das Eingabewort beinhalten. Die links und rechts davon gelegenen verlassen nie ihren Ruhezustand.

2.14 Definition (Komplexitätsklassen)

Für die von Zellularräumen mit Nachbarschaftsindex N mit Raumkomplexität s und Zeitkomplexität t erkennbaren Sprachen schreiben wir (analog zur Vorgehensweise bei Turingmaschinen) N–Cs–Space–Time (s,t) und statt H_1–Cs–Space– Time kurz Cs–Space–Time. Sinngemäß verfahren wir, wenn nur ein Komplexitätsmaß berücksichtigt wird. (Die Abkürzung Cs steht für cellular space.)

2.15 Beispiel

Betrachtet man noch einmal das Raum-Zeit-Diagramm zu Beispiel 2.11 in Abbildung 2.5, so sieht man, daß L_{123} in $\bar{H}_1$–Cs–Space–Time $(\mathrm{id_N}, \mathrm{id_N})$ liegt.

Schwieriger als im vorangegangenen Beispiel ist es, Palindrome mit einem Zellularraum zu erkennen, der nur das $\bar{H}_1$-Raster benutzt und Zeitkomplexität $\mathrm{id_N}$ hat.

Versuchen Sie es doch einmal, bevor Sie weiterlesen ...

2.16 Beispiel

Eine mögliche Vorgehensweise wollen wir nun schildern. Wie im vorangegangenen Beispiel werden wieder Signale benutzt, dieses Mal sind es aber „viel mehr". Im ersten Schritt startet jede Zelle ein Signal mit Geschwindigkeit 1, mit dem sie ihr Eingabesymbol nach links schickt. Außerdem merkt sich jede Zelle die ganze Zeit über ihr Eingabesymbol (was sozusagen einem Signal mit Geschwindigkeit 0 entspricht). Diese beiden Sorten von Signalen sind in Abbildung 2.6 mittel- bzw. hellgrau dargestellt. Bezeichnet n die Länge des Eingabewortes, so treffen also zum Beispiel dessen erstes und letztes Symbol nach n Schritten in der ersten Zelle aufeinander. Das zweite und das vorletzte Symbol treffen schon nach $n-2$ Schritten in der zweiten Zelle aufeinander, und so weiter. Wenn alle Vergleiche der jeweiligen Symbole positiv ausfallen, ist die Eingabe ein Palindrom.

Wenn die mittlere Zelle ein Signal mit der Geschwindigkeit $\frac{1}{2}$ nach links schickt, so kann diese die Vergleichsergebnisse alle „aufsammeln" und liefert in der ersten Zelle das Resultat. Nun hat aber die Zelle in der Mitte des Eingabewortes nur Kenntnis über den Zustand bzw. die Zustände einiger Nachbarn und kann sich daher im allgemeinen nicht als Mitte identifizieren. Daher starten *alle* Zellen ein Sammelsignal mit Geschwindigkeit $\frac{1}{2}$. Außerdem initiiert jedes auch noch ein „um eine halbe Zelle" nach rechts versetztes, gleichartiges Signal. Diese Sammelsignale sind in Abbildung 2.6 dunkelgrau dargestellt.

Noch einige weitere Erläuterungen zur Abbildung. In den Quadraten und Rauten ist jeweils vermerkt, welches Symbol sich eine Zelle merkt bzw. von ihr nach links geschickt wird. In einem Kreis steht ein +, wenn alle Vergleiche, auf die das Sammelsignal bisher traf, positiv ausfielen, und ein −, wenn mindestens ein Vergleich negativ ausfiel.

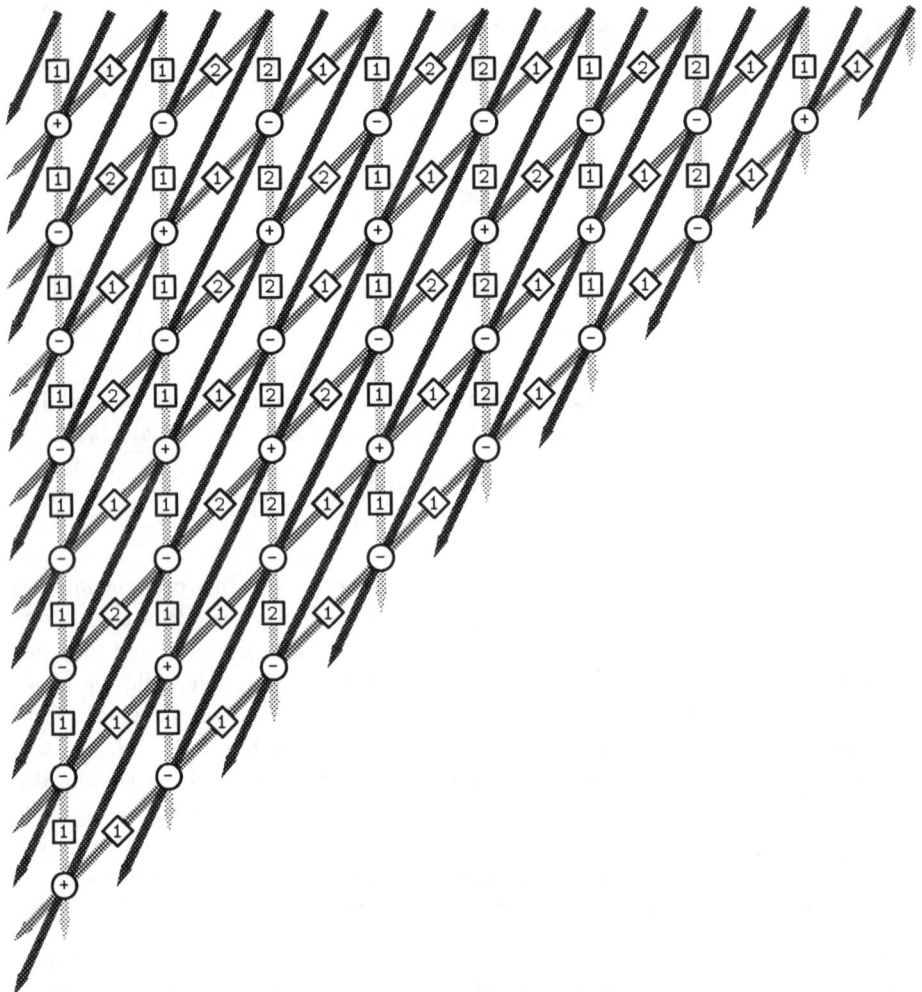

Abbildung 2.6: Skizze zur Palindromerkennung mit $\bar{H}_1$-Raster.

Ist für eine Zelle nach k Schritten ein + notiert, so bedeutet das also, daß dasjenige Teilwort der Eingabe ein Palindrom ist, das in der betrachteten Zelle beginnt und sich noch genau k weitere Symbole nach rechts erstreckt. Eine Zelle darf aber nicht etwa automatisch in einen akzeptierenden Endzustand übergehen, wenn in ihr einmal ein + erscheint, da sie diesen ja nicht mehr verlassen dürfte. Das Eingabewort akzeptieren oder ablehnen darf eine Zelle (in Abhängigkeit davon, ob sich gerade ein + oder ein − ergeben hat) erst dann, wenn *alle* Eingabesymbole rechts von ihr berücksichtigt worden sind. Dazu kann das Signal, das mit Geschwindigkeit 1 von der Zelle mit dem am weitesten rechts gelegenen Eingabesymbol kommt, zusätzlich die Information mitführen, daß es vom letzten Symbol stammt.

2.17 Präzisieren Sie den eben skizzierten Algorithmus. Machen Sie sich insbesondere klar, wie die Sammelsignale realisiert werden und was es bedeutet, daß eines „zwischen" zwei Zellen startet.

2.18 Bei beiden weiter vorn betrachteten Beispielen gelang es, die jeweilige Sprache mit $\bar{H}_1$-Raster zu erkennen. Die Zeitkomplexität war in beiden Fällen $id_\mathbb{N}$. Und schneller geht es auch nicht: Änderungen am letzten Eingabesymbol können aus einer „korrekten" Eingabe eine „falsche" machen und umgekehrt. Folglich muß Information über das letzte Eingabesymbol in die erste Zelle gelangen (was bei $\bar{H}_1$-Raster $n-1$ Schritte benötigt) und frühestens im ersten darauffolgenden Schritt noch die Information, daß es sich um das letzte Symbol handelte.

Hinsichtlich der Zeitkomplexität sind die beiden formalen Sprachen also gleich „schwierig". Gleichwohl kann man bei der Betrachtung der weiter vorne dargestellten Raum-Zeit-Diagramme den Eindruck gewinnen, daß bei der Palindromsprache „eigentlich mehr" Arbeit zu leisten ist. Tatsächlich gibt es Ansätze, die es gestatten, diese Unterschiede formal präzise zu fassen. Beim einen handelt es sich um die im nächsten Kapitel behandelten Systeme von Turing-Automaten. Der andere ist die sogenannte Zustandsänderungskomplexität, auf die wir im Zusammenhang mit der Pipeline-Verarbeitung bei Zellularräumen zu sprechen kommen werden.

2.3 Zusammenhang zwischen Zellularräumen und Turingmaschinen

Auch in diesem Abschnitt sind mit Zellularautomaten immer eindimensionale gemeint, ohne daß es immer wieder explizit gesagt wird.

Auf den vorangegangenen Seiten hatten wir gesehen, daß man die Palindromsprache mit Zellularräumen ebenso schnell erkennen kann wie mit (2)–O–Turingmaschinen. Dieses Mal lag es aber nicht daran, daß eine kleine Informationsmenge in einem Schritt über eine große Entfernung transportiert wurde, sondern vielmehr daran, daß (mit Hilfe der vielen Signale) eine „große" Informationsmenge in einem Schritt über eine kleine Entfernung transportiert werden konnte. Das zweite Konzept war also zumindest für das eine Beispiel ebenso mächtig. Das war kein Zufall.

2.19 Satz
Für alle Funktionen s und t gilt:[1]

$$\text{O--Tm--Space--Time}\,(s,t) \subseteq H_1\text{--Cs--Space--Time}\,(\Theta(s),\Theta(t))$$

2.20 Beweis
Man kann die gewünschte Inklusion zeigen, indem man angibt, wie zu einer beliebigen O–Turingmaschine T ein Zellularraum C konstruiert werden kann, der die gleiche Sprache erkennt und dessen Raum- und Zeitkomplexität höchstens um einen konstanten Faktor größer sind als die der Turingmaschine. Dabei wollen wir uns auf das unseres Erachtens schwierigste Teilproblem des Beweises beschränken und angeben, wie man zum Beispiel zu einer (2)–O–Turingmaschine einen sie „simulierenden" Zellularraum konstruiert. Die Verallgemeinerung auf mehr Köpfe und der Fall mehrerer Bänder sind vergleichsweise einfach.

Das Problem besteht darin, daß man für die „Simulation" jedes Turingmaschinenschrittes nur konstant viel Zeit benötigen darf, obwohl man nicht wie die Turingmaschine die Möglichkeit hat, Information über eine beliebig große Entfernung in einem Schritt zu transportieren.

Daher *verbietet* sich der folgende Ansatz: Abgesehen von der Anfangskonfiguration benutzt man die Zellen so, als beinhalteten sie unter anderem drei Register B („B"and), K („K"öpfe) und S („S"teuereinheit). Im B-Register kann ein Bandsymbol von T gespeichert werden, im K-Register die Nummer(n) eines Kopfes bzw. beider Köpfe von T und im S-Register ein Zustand von T. Eine Konfiguration von T kann dann in C so dargestellt werden, daß

- jede Zelle i im B-Register die Beschriftung des Feldes i speichert,
- für jedes Feld j, auf dem sich mindestens ein Kopf befindet, in Zelle j im K-Register die entsprechenden Nummern speichert, und
- Zelle 1 im S-Register den aktuellen Zustand von T speichert.

Die Turingmaschinen-Konfiguration in Abbildung 2.7 wäre dann also durch die Zellularraum-Konfiguration aus Abbildung 2.8 repräsentiert. Während die Turingmaschine nun aber zum Beispiel in einem Schritt das Symbol a_2 nach hinten kopieren könnte, ist dies beim Zellularraum nur in einer Zeit proportional zum Abstand der beiden Köpfe möglich.

In einem zweiten Ansatz wählen wir den Zellularraum C daher so, daß die Symbole, die gerade von den Turingmaschinen-Köpfen gelesen werden, nahe beieinander gespeichert werden. Dazu werden in jeder Zelle zwei K- und zwei B-Register vorgesehen, und die obige Turingmaschinen-Konfiguration nun wie in Abbildung 2.9 skizziert repräsentiert: Hätte die Turingmaschine mehr Köpfe, würde man entspre-

---

[1]Gemeint sind natürlich nur die Funktionen von $\mathbb{N}_+$ in $\mathbb{R}_+$.

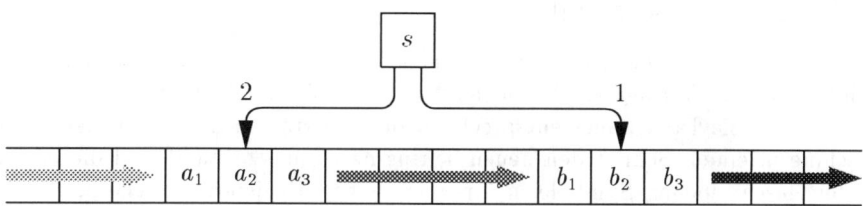

Abbildung 2.7: Eine (2)–O–Turingmaschinen-Konfiguration.

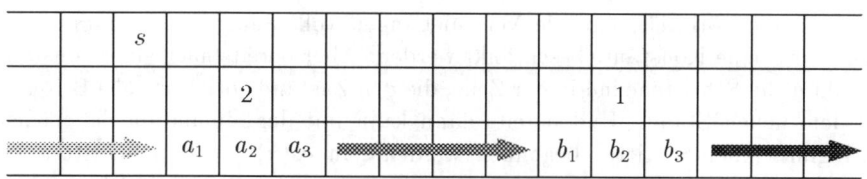

Abbildung 2.8: Die zugehörige Zellularraum-Konfiguration (erste Version).

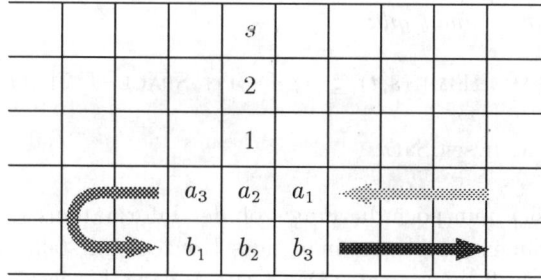

Abbildung 2.9: Zweite Version einer Zellularraum-Konfiguration.

chend mehr Register benötigen und das Band im Zickzack in die Zellen einbeschreiben. (Wer sich genauer für die technischen Details interessiert, die wir hier und da weglassen, kann sie in [Wor91] nachlesen.)

Alle Informationen, die der Turingmaschine in der entsprechenden Konfiguration unmittelbar zur Verfügung stehen, sind in der obigen Abbildung in *einer* Zelle gespeichert. Sie kann daher entsprechend der Überführungsfunktion der Turingmaschine in einem Schritt den neuen Turingmaschinen-Zustand und die von den Köpfen geschriebenen Symbole in ihren jeweiligen Registern speichern. Die Bewegungen der Köpfe werden dadurch simuliert, daß die Inhalte der B-Register entsprechend verschoben werden. Dazu startet die Zelle nach links und nach rechts je ein Signal, das diese Verschiebungen durchführt. Man beachte, daß sie unter Umständen auf jeder Seite teils nach links, teils nach rechts vorgenommen werden müssen. Es ist daher notwendig, daß die Signale für jede Zelle von C *drei* Schritte machen (zum Beispiel: einen nach rechts, einen nach links, einen nach rechts), um die Verschiebungen aller B-Register vornehmen zu können.

Die Zeit, die nötig ist, um alle Verschiebungen vollständig durchzuführen, kann nicht durch eine Konstante beschränkt werden. Aber bereits nach einer konstanten Anzahl c von Schritten sind in der Zelle, die den Zustand speichert, alle B-Register auf dem neuen Stand. Und bereits dann kann mit der Simulation des nächsten Turingmaschinen-Schrittes begonnen werden. In $cs(n) \leq ct(n)$ Schritten kann dann sogar noch die Simulation des letzten Turingmaschinenschrittes abgeschlossen werden (wobei n die Länge des Eingabewortes ist).   ■

Und wie sieht es mit der Erkennung formaler Sprachen umgekehrt beim Übergang von Zellularräumen zu O-Turingmaschinen aus? Zunächst einmal kann man sich überlegen:

2.21 Satz
Für alle Funktionen s und t gilt:

$$H_1\text{–Cs–Space–Time}\,(s,t) \subseteq (1)\text{–O–Tm–Space–Time}\,(\mathrm{O}(s), \mathrm{O}(st))$$

2.22   Beweisen Sie diesen Satz!

2.23   Es stellt sich nun noch die Frage, ob der Informationstransport bei Mehr-Kopf-Turingmaschinen ein ebenso mächtiges Konzept darstellt wie der bei Zellularräumen. Das weiß man nicht. Das beste bislang bewiesene Ergebnis liefert die gleiche Verlangsamung gegenüber Zellularräumen wie sie schon in Satz 2.21 für (1)-O-Turingmaschinen gezeigt wurde. Mit anderen Worten: Man kennt im allgemeinen Fall keine sinnvolle (d.h. zeitsparende) Verwendung für die zusätzlichen Köpfe der Turingmaschine.

Es erscheint auch nicht plausibel, daß man jede formale Sprache mit Mehr-Kopf-Turingmaschinen immer genauso schnell erkennen können sollte wie mit Zellularräumen. Denn bei letzteren bestehen durch die vielen an einem Datentransport beteiligten endlichen Automaten viel mehr Möglichkeiten einer gleichzeitigen Verarbeitung der Daten als bei Turingmaschinen.

Aus den vorangegangenen Sätzen ergibt sich zusammen mit der Tatsache, daß man Zellularräume durch Verwendung anderer als der H_1-Nachbarschaft höchstens um einen konstanten Faktor beschleunigen kann, das folgende Korollar:

2.24 Korollar
Für alle Funktionen s und t gilt:

$$\text{O--TM--SPACE--TIME}\left(\Theta(s), \text{Pol}(t)\right) = \text{CS--SPACE--TIME}\left(\Theta(s), \text{Pol}(t)\right)$$

2.4 Das FSSP – ein Synchronisationsproblem für Zellularräume

Beim Entwurf von Algorithmen für Zellularräume stellt sich häufig eine Aufgabe, auf die wir im folgenden genauer eingehen wollen. Man muß durch eine rein lokale Festlegung des Verhaltens der Automaten erreichen, daß *unabhängig von der Anzahl der zu synchronisierenden Zellen* ein „globales" Verhalten gewährleistet wird.

2.25 Problem (Das klassische Firing Squad Synchronization Problem)
Gegeben sind das H_1-Raster und drei Zustände g, s und f.

Gesucht sind eine Zustandsmenge $S \supseteq \{\square, \mathsf{g}, \mathsf{s}, \mathsf{f}\}$ und eine Überführungsfunktion $\delta : S^3 \to S$ mit den folgenden Eigenschaften:

- $\forall s_1, s_2 \in S : \delta(s_1, \square, s_2) = \square$,
- $\delta(\mathsf{s}, \mathsf{s}, \mathsf{s}) = \delta(\mathsf{s}, \mathsf{s}, \square) = \mathsf{s}$ und
- für jedes $n \in \mathsf{N}_+$ gibt es ein $t \in \mathsf{N}_+$ mit
  - $^t\Delta(c_{\mathsf{gs}^{n-1}}) = c_{\mathsf{f}^n}$
  - für alle $t' \in \mathsf{N}_+$ mit $t' < t$ ist in der Konfiguration $^{t'}\Delta(c_{\mathsf{gs}^{n-1}})$ keine Zelle im Zustand f.

Die linke Zelle, die anfangs im Zustand g ist, heißt auch **General** und f Feuerzustand. Die zweite der obigen Forderungen stellt sicher, daß Aktivitäten nur vom General initiiert werden und sich von ihm aus ausbreiten können.

2.26 Satz (Lösbarkeit des FSSP)
a) *Das Synchronisationsproblem für Zellularräume ist lösbar.*

b) *Jeder Algorithmus, der das Synchronisationsproblem löst, benötigt für die Synchronisation von n Zellen mindestens $2n - 2$ Schritte.*

c) *Es gibt Algorithmen, die das Synchronisationsproblem für alle $n \in \mathbb{N}_+$ in optimaler Zeit lösen.*

2.27 Beweis
Die Behauptungen in a) und c) werden durch weiter unten beschriebene Algorithmen belegt.

Zu b): Der Beweis wird indirekt geführt. Nehmen wir also an, es gäbe einen Algorithmus, der das FSSP löst und für mindestens ein n eine Anzahl t_s von Schritten benötigt, die kleiner oder gleich $2n - 3$ ist. In diesem Fall hätte das Raum-Zeit-Diagramm dann die Form wie in Abbildung 2.10. Bei einer genaueren Betrachtung stellt man folgendes fest: Zu allen Zeitpunkten, zu denen der Zustand der letzten Zelle noch einen Einfluß auf den Zustand des Generals zum Zeitpunkt t_s hat, ist sie im Zustand s.

Betrachten wir nun die Anfangskonfiguration $c_{gs^{2n-2}}$, in der doppelt soviele Zellen im Zustand s sind. Der in der Abbildung grau unterlegte Teil des (nun breiteren) Raum-Zeit-Diagrammes ändert sich nicht, da die n-te Zelle von links wiederum mindestens bis zum Zeitpunkt $n - 2$ im Zustand s ist. Auch hier geht also der General nach $t_s \leq 2n - 3$ Schritten in den Feuerzustand über. Andererseits ist aber klar, daß die $(2n - 1)$-te Zelle zum gleichen Zeitpunkt noch im Zustand s sein muß. Das steht im Widerspruch zu den Forderungen in 2.25. Also war die Annahme falsch.   ∎

2.28 Algorithmus (Die Lösung von Balzer [Bal67])
Wir beschreiben zunächst einen Algorithmus, der etwa $3n$ Schritte benötigt. Die wesentliche Idee besteht darin, einen zu synchronisierenden Abschnitt in zwei Hälften aufzuteilen und diese dann getrennt zu synchronisieren. Dies führt man rekursiv fort, bis die zu synchronisierenden Abschnitte alle nur noch die Länge 2 haben. In Abbildung 2.11 wurde die Zustandsmenge so gewählt, daß die linken und rechten Enden der Synchronisationsabschnitte in den Zellen durch Klammern repräsentiert werden. Ein Abschnitt hat daher genau dann die Länge zwei, wenn jede Klammer ihr Pendant in der linken bzw. rechten Nachbarzelle sieht. Da diese Situation für alle Zellen gleichzeitig eintritt, kann man die Überführungsfunktion so gestalten, daß dann alle Zellen gleichzeitig in den Zustand f übergehen.

2.29   Schon Balzer gab in seiner Arbeit auch einen Algorithmus an, der in minimaler Zeit arbeitet. Dieser und alle anderen Algorithmen, die man im Laufe der Jahre entwickelte, hatten die Eigenschaft, daß sehr viele Signale über große Entfernungen versendet wurden. Erst 1987 wurde eine Lösung gefunden, die in dieser Hinsicht „sparsamer" ist. Sie soll im folgenden beschrieben werden.

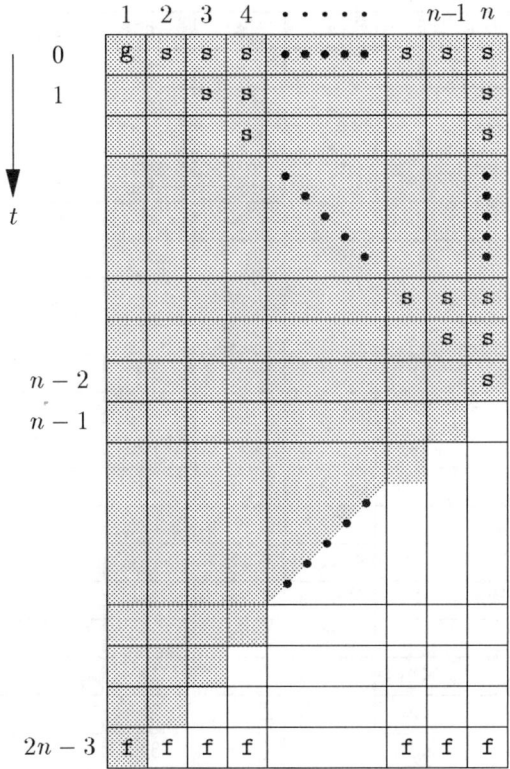

Abbildung 2.10: Zur Minimalzeit der Lösung des FSSP (Beweis 2.27).

2.30 Algorithmus (von Gerken)

H.-D. Gerken stellte in seiner Diplomarbeit [Ger87] erstmals Algorithmen für das FSSP vor, die mit „verhältnismäßig wenigen Aktivitäten" auskommen.

Bei der langsamen Lösung von Balzer wird der zu synchronisierende Abschnitt in *zwei* (gleich große) Teile geteilt, die dann rekursiv bearbeitet werden. Bei der Lösung von Gerken wird der zu synchronisierende Abschnitt in eine von dessen Länge abhängige Anzahl kleinerer Teile zerlegt, deren Längen geometrisch wachsen. Auch sie werden dann rekursiv bearbeitet. Wegen der unterschiedlichen Längen muß damit aber zu unterschiedlichen Zeitpunkten begonnen werden.

Einige Erläuterungen zu Abbildung 2.12: Die Grenzen zwischen den einzelnen (rekursiv) zu synchronisierenden Abschnitten werden wie folgt bestimmt: Der General sendet zu Beginn zwei Signale mit den Geschwindigkeiten $\frac{1}{2}$ und $\frac{1}{5}$ aus. Zwischen

g	s	s	s	s	s	s	s	s	s
(2>	>	s	s	s	s	s	s	s	s
(3>		>	s	s	s	s	s	s	s
(	1>		>	s	s	s	s	s	s
(	2>			>	s	s	s	s	s
(	3>				>	s	s	s	s
(		1>				>	s	s	s
(		2>					>	s	s
(		3>						>	s
(			1>					<	)
(			2>				<		)
(			3>			<			)
(				1>	<				)
(				2>	<				)
(	<	< <1	)	(	1>	>			)
(		<	<2	) (	2>		>		)
(		<	<3	) (	3>		>		)
(	<	<1		) (	1>		>		)
(>		<2		) (	2>			<	)
(	>	<3		) (	3>		<		)
(	<<1)(1>>			) (		<<1)(1>>			)
(	<	<2)(2>	>		) (	<	<2)(2>	>	)
(>		<3)(3>		<)	(>		<3)(3>	<	)
(	<<1)(1>>	)(	<<1)(1>>		) (	<<1)(1>>	)(	<<1)(1>>	)
f	f	f	f	f	f	f	f	f	f

Abbildung 2.11: Leicht modifizierte Version von Balzers einfachem Divide-and-conquer-Algorithmus zur Lösung des FSSP. Für zehn Zellen werden 24 Schritte benötigt, die wie immer von oben nach unten dargestellt sind.

diesen beiden läuft von Anfang an ein Signal mit Geschwindigkeit 1 hin und her. Die Zellen, in denen dieses Signal die ein fünftel bzw. halb so schnellen trifft, bilden die Grenzen. (Sie sind in der Abbildung durch gestrichelte senkrechte Linien gekennzeichnet.) Man kann sich überlegen, daß bei geeigneter Wahl der Anfangsbedingungen die Längen der dabei entstehenden Abschnitte von links nach rechts gerade die Zweierpotenzen sind.

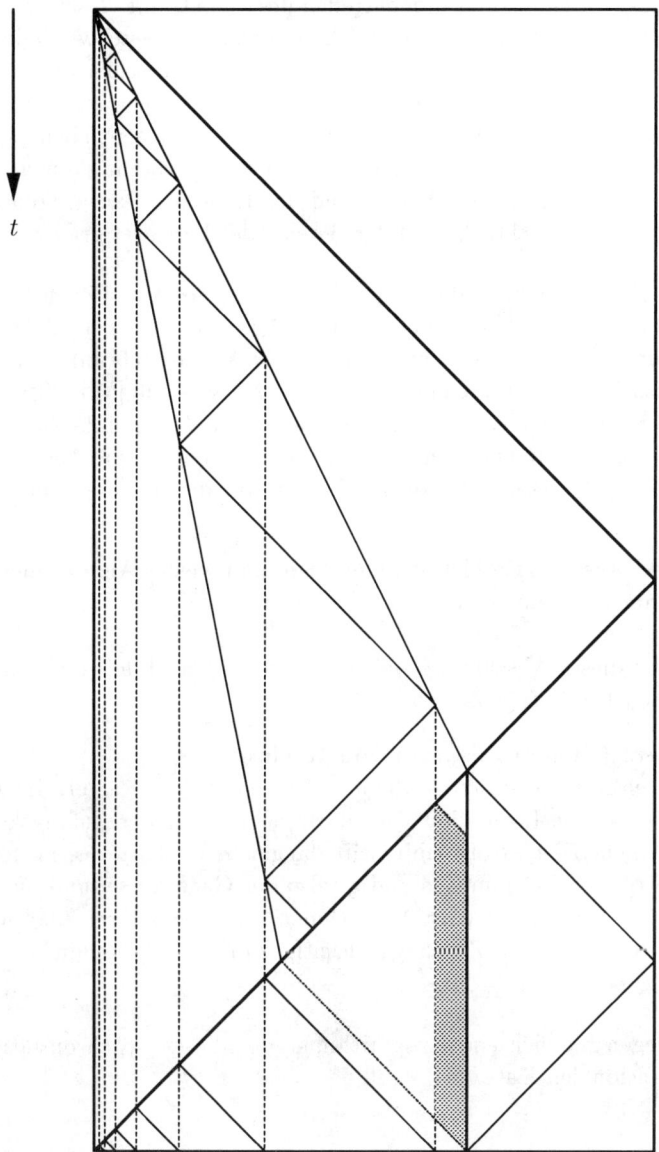

Abbildung 2.12: Skizze eines Algorithmus von Gerken.

Mit diesen Abschnitten wird ein möglichst großer Teil der linken zwei Drittel der zu synchronisierenden Zellen überdeckt. Für das rechte Drittel wird die Synchronisation ausgelöst durch das Zusammentreffen des Signals mit Geschwindigkeit $\frac{1}{2}$ mit einem am Anfang vom General losgeschickten Signal mit Geschwindigkeit 1, das am rechten Ende reflektiert wird. Im allgemeinen bleibt zwischen dem am weitesten rechts gelegenen Abschnitt, dessen Länge eine Zweierpotenz ist, und dem rechten Drittel eine Lücke. Auch ihre Synchronisation wird zu dem eben beschriebenen Zeitpunkt gestartet, aber zwischenzeitlich suspendiert, damit sie nicht zu früh beendet ist. Die Signale, die den Anfang und das Ende der Pause signalisieren, sind aus Abbildung 2.12 ersichtlich, und der Bereich der Pause ist grau gekennzeichnet.

2.31   Eine recht naheliegende Verallgemeinerung des klassischen Synchronisationsproblems besteht darin, daß nicht mehr die ganz links gelegene Zelle der General ist, sondern irgendeine (aber nicht mehrere). Als untere Schranke für die minimale Synchronisationszeit erhält man dann $2n - 2 - k$ (siehe [MoL68]), wobei k das Minimum der Anzahlen von zu synchronisierenden Zellen links bzw. rechts vom General ist. Die Argumentation kann ähnlich erfolgen wie in Beweis 2.27. Man beachte, daß die Zeit, die zur Synchronisation nur der längeren Seite nötig wäre, nicht ausreicht.

Wie bei der klassischen Problemstellung kann man wieder Algorithmen finden, die tatsächlich mit der minimalen Zeit auskommen.

Zum Abschluß dieses Abschnittes wollen wir uns nun auch mit mehrdimensionalen Zellularräumen beschäftigen.

2.32 Problem (Synchronisation von Rechtecken)
Wir betrachten zweidimensionale Zellularräume mit $H_1^{(2)}$-Raster. Im Unterschied zum eindimensionalen Firing-Squad-Problem liegt nun in der Anfangskonfiguration ein Rechteck beliebiger Größe (mit Seitenlängen m und n) vor, in dem die Zelle in der linken oberen Ecke im Zustand g (also der General) sei und die anderen im Zustand s. Gesucht sind wieder Algorithmen, die dazu führen, daß nach endlich vielen Schritten alle diese Zellen gleichzeitig zum ersten Mal in den Zustand f übergehen.

2.33   Überlegen Sie sich einen Algorithmus, der dieses Synchronisationsproblem im Zweidimensionalen löst.

2.34 Satz
a) *Jeder Algorithmus der das Problem 2.32 löst, benötigt für die Synchronisation eines $m \times n$-Rechteckes mindestens $m + n + \max\{m, n\} - 3$ Schritte.*

b) *Es gibt Algorithmen, die diese Zeit erreichen.*

Wie Sie wohl vermuten werden, kann man Teil a) ähnlich wie die entsprechenden Aussagen weiter oben beweisen. Wir skizzieren daher gleich einen Algorithmus, der mit Minimalzeit auskommt. Er wurde zuerst von Shinahr in [Shi74] beschrieben, wo auch der Beweis über die Minimalzeit angegeben ist.

2.35 Algorithmus
Die zugrundeliegende Idee besteht darin, einen zeitoptimalen Algorithmus für das eindimensionale Firing-Squad-Problem mit dem General an beliebiger Stelle zu benutzen. Wir stellen uns im folgenden vor, die Zeilen des Rechteckes seien von oben nach unten von 1 bis m durchnumeriert und die Spalten von links nach rechts von 1 bis n. Der i-**te Winkel** bestehe aus der Zelle mit den Koordinaten (i, i) sowie allen Zellen des Rechteckes, die in der gleichen Spalte unterhalb von ihr liegen oder in der gleichen Zeile rechts von ihr. Die Synchronisation des ersten Winkels kann mit einem zeitoptimalen Algorithmus für den eindimensionalen Fall in
$$2(m+n-1)-2-\min\{m-1, n-1\} = 2m+2n-\min\{m, n\}-3 = m+n+\max\{m, n\}-$$
3 Schritten vorgenommen werden, wobei die Zelle in der Ecke des Winkels die Rolle des Generals übernimmt. Für den (um zwei Zellen kleineren) zweiten Winkel benötigt man $m + n - 2 + \max\{m-1, n-1\} - 3 = m + n + \max\{m, n\} - 6$ Schritte, also drei weniger. Für den dritten Winkel benötigt man noch drei Schritte weniger und so weiter.

Wenn man also in der Zelle $(1, 1)$ ein Signal mit Geschwindigkeit $\frac{1}{3}$ startet, das dafür sorgt, daß im $(3i - 2)$-ten Schritt Zelle (i, i) mit der Synchronisation des i-ten Winkels beginnt, dann werden die Synchronisationen *aller* Winkel *gleichzeitig* abgeschlossen, das heißt, die Zellen des gesamten Rechtecks werden korrekt synchronisiert. Die benötigte Zeit ist gleich der für den ersten Winkel benötigten, also $m + n + \max\{m, n\} - 3$ Schritte.

2.36 Natürlich wurden noch weitere Verallgemeinerungen des Synchronisationsproblemes betrachtet. So hat zum Beispiel H. Szwerinski in [Szw82] den allgemeinen Fall d-dimensionaler Quader mit dem General an beliebiger Stelle untersucht. Noch einmal deutlich schwieriger wird es, wenn die zu synchronisierenden Zellen nicht mehr so eine „regelmäßige" Struktur wie etwa einen Quader bilden, sondern man im Extremfall etwa nur noch verlangt, daß sie „irgendein zusammenhängendes Gebilde" (womöglich mit Löchern) bilden. Darauf soll hier aber nicht weiter eingegangen werden, da man im folgenden mit den oben vorgestellten Verfahren auskommt.

2.5 Mustererkennung und Mustermanipulation in zweidimensionalen Zellularräumen

In diesem Abschnitt sollen zwei Themen behandelt werden. Bei beiden wird es um zweidimensionale Zellularräume und sogenannte **Muster** gehen. Wir werden nicht versuchen, diesen Begriff allgemein zu definieren, sondern uns auf zwei Spezialfälle beschränken. Der eine wird dabei durch die „normalen" eindimensionalen formalen Sprachen umrissen, der andere durch das, was man formale Sprachen mit „rechteckigen zweidimensionalen Wörtern" nennen könnte. Um größere Verwirrungen zu vermeiden, werden wir aber im weiteren den Begriff „formale Sprache" *nicht* in diesem Sinne verallgemeinern.

Zunächst werden wir uns mit der Manipulation von solchen Mustern befassen. Wir werden – allerdings nur an einem einzigen Beispiel – demonstrieren, daß Zellularräume dafür geeignet sind, manche Mustermanipulationen recht schnell durchzuführen.

Das hat dann auch Konsequenzen für den zweiten Teil, in dem im wesentlichen die Erkennung normaler formaler Sprachen mit zweidimensionalen Zellularräumen ein wenig diskutiert werden soll.

2.37 Vereinbarung

Wenn wir im folgenden davon sprechen, daß ein zweidimensionaler Zellularraum C das Problem einer gewissen **Mustertransformation** löse, dann soll damit folgendes gemeint sein:

- Bei der Erkennung formaler Sprachen mit eindimensionalen Zellularräumen werden nur gewisse Anfangskonfigurationen betrachtet (nämlich die mit c_w bezeichneten; siehe Definition 2.9). Entsprechend sollen in diesem Zusammenhang nur Anfangskonfigurationen von Interesse sein, bei denen die Zellen, die sich nicht im Ruhezustand befinden, ein Rechteck bilden. Das sind mit anderen Worten also solche Konfigurationen c, für die es Zahlen l, r, o und u gibt, so daß gilt: $c(i,j) \neq \square \iff l \leq i \leq r \wedge u \leq j \leq o$. Die Zustände des Rechteckes bilden – salopp gesprochen – das Muster.
  Gelegentlich beschränkt man sich sogar nur auf Quadrate.
- Für jede dieser Anfangskonfigurationen c_a gelangt C nach einer endlichen Anzahl von Schritten in eine Konfiguration, an der sich bei weiteren Anwendungen der Überführungsfunktion nichts mehr ändert und die (in Abhängigkeit von c_a) gewissen Forderungen genügt.

2.38 Beispiel

Gesucht ist ein Zellularraum C, der folgendes leistet: Wenn in einer Anfangskonfiguration ein (von Zellen im Ruhezustand umgebenes) Quadrat vorhanden ist, in dem jede Zelle in einem Zustand aus A ist, dann führt C sie in eine Konfiguration über, bei dem das Quadrat das um 90 Grad entgegen dem Uhrzeigersinn gedrehte Muster beinhaltet.

In den Abbildungen 2.13 bis 2.16 ist die schrittweise Arbeit für ein 6×6-Quadrat skizziert. Der besseren Übersichtlichkeit wegen ist nur für einige Zelleninhalte dargestellt, wie sie im Laufe der Berechnung durch den Zellularraum geschoben werden. (Die „leeren" Zellen sind *nicht* im Ruhezustand.) Die Idee besteht darin, das Quadrat in lauter Rahmen der Dicke 1 aufzuteilen und innerhalb jedes Rahmens den Inhalt jeder Zelle eine geeignete Zeit lang „linksherum" weiterzuschieben.

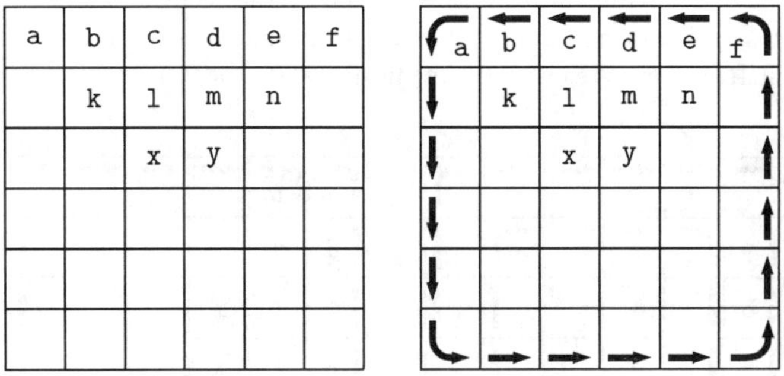

Abbildung 2.13: Rotation eines Quadrates: Anfangskonfiguration und erster Schritt.

Dazu wird eine Signalfront mit quadratischer Form vom Rand nach innen laufen gelassen und von der Mitte wieder zurück zum Rand. Die nach innen laufende Signalfront versorgt nach und nach alle Zellen mit der Information, in welcher Ecke des Rahmens bzw. an welcher Seite sie sich befinden und in welche Richtung folglich ankommende Symbole „weitergeschoben" werden müssen. In den Abbildungen ist die Verschiebungsrichtung jeweils durch einen Pfeil angegeben. Die nach außen laufende Signalfront löscht die Richtungsinformationen wieder.

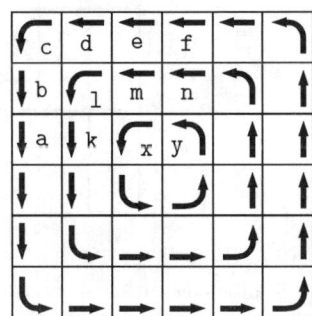

Abbildung 2.14: Rotation eines Quadrates: die Signalfront breitet sich nach innen aus.

In jedem Rahmen wird so lange verschoben, wie diese Informationen vorhanden sind. Dies ist für einen weiter außen liegenden Rahmen genau zwei Schritte länger der Fall als für den sich unmittelbar innen anschließenden. Und wie man sich überlegt, müssen auch die Zelleninhalte um genau zwei Zellen weiter verschoben werden. Für $1 \le i \le \lfloor \frac{n}{2} \rfloor$ sind nämlich im i-ten Rahmen (von außen) $n - i$ Verschiebungen nötig. Das ist aber auch gerade die Zeit, die vom Eintreffen bis zum Löschen der Richtungsinformation vergeht. Alle Verschiebungen werden also zum richtigen Zeitpunkt gestoppt, und sobald die nach außen laufende Signalfront den äußersten Rahmen erreicht hat, ist die Rotation beendet.

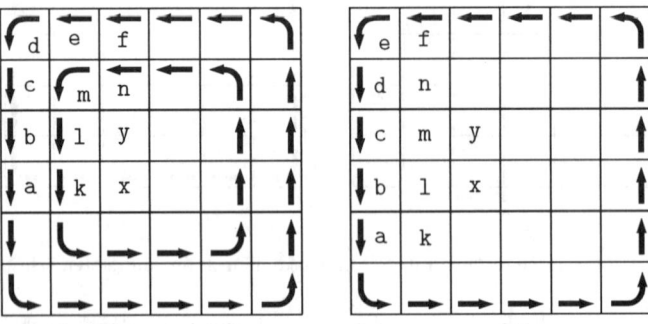

Abbildung 2.15: Rotation eines Quadrates: die Richtungsinformationen werden wieder gelöscht.

f					
e	n				
d	m	y			
c	l	x			
b	k				
a					

Abbildung 2.16: Rotation eines Quadrates: am Ende erreichte Konfiguration.

2.39 Der eben beschriebene Algorithmus benötigt eine Zeit, die proportional zur Seitenlänge des gegebenen Quadrates ist. Man sagt auch, der Zellularraum arbeite in **Umfangzeit**.

Genauso schnell kann man diverse andere Probleme bearbeiten. Dazu gehören zum Beispiel das Spiegeln von Rechtecken an der Mittelsenkrechten oder auch das

Sortieren der Beschriftungen der einzelnen Felder eines Rechteckes. Hat man etwa nur „schwarze" und „weiße" Felder, so möchte man dabei erreichen, daß es am Ende höchstens eine Zeile gibt, in der schwarze *und* weiße Felder vorkommen (und zwar am linken Ende alle weißen und am rechten alle schwarzen). Alle Zeilen darüber sollen einheitlich weiß sein und alle darunter einheitlich schwarz. Auch dieses Problem kann man in Umfangzeit lösen.

2.40 Überlegen Sie sich einen Algorithmus, der dieses Sortierproblem in Umfangzeit löst. (Eine Lösung finden Sie zum Beispiel in dem Buch [Vol79].)

2.41 Im zweiten Teil dieses Abschnittes wenden wir uns nun der Erkennung formaler Sprachen (*eindimensionaler* Wörter) mit zweidimensionalen Zellularräumen zu. Auf zwei Aspekte soll näher eingegangen werden: auf verschiedene Möglichkeiten, ein Eingabewort einem zweidimensionalen Zellularraum zur Verfügung zu stellen und auf deren Einfluß auf die Erkennungszeit.

2.42 (Lineare Eingabe (1)) Die nächstliegende Art ist es wohl, die Symbole $w[1], \ldots, w[n]$ eines Wortes w in den Zellen an den Punkten $(0,1), \ldots, (0,n)$ zu speichern, also sozusagen die eindimensionale Anfangskonfiguration c_w in den zweidimensionalen Zellularraum „einzubetten".

Es stellt sich die Frage, welchen Vorteil man durch die Verwendung eines *zwei*-dimensionalen Zellularraumes unter Umständen haben könnte. Leider sind wir hier auf Vermutungen angewiesen. Wir kommen aber in Punkt 2.46 darauf zurück, nachdem wir den Kerngedanken zunächst einmal in einer Situation vorstellen, in der er sich tatsächlich auswirkt.

2.43 (Quadratische Eingabe) Als Alternative zur linearen Eingabe wollen wir nun die folgende Möglichkeit etwas genauer untersuchen. Es sei w ein Eingabewort der Länge n und $k = \lceil |w|^{1/2} \rceil$. Wir zerlegen w in Teilwörter $v_1, \ldots, v_l$ derart, daß $w = v_1 \cdots v_l$ ist und für $1 \le i < l : |v_i| = k$ und $1 \le |v_l| \le k$. Man beachte, daß $l = k$ oder $l = k - 1$ sein kann! Die Eingabe von w nehmen wir in dem Quadrat der Zellen mit den Koordinaten $(1,1), \ldots, (1,k), (2,1) \ldots, (k,k)$ vor, wobei in der ersten Zeile v_1 gespeichert wird, in der zweiten v_2 usw. Dabei bleiben unter Umständen einige Zellen frei. Sie werden in einen „Füllzustand" versetzt.

Welche Konsequenzen diese Art der Eingabe hat, kann man an unserem Standardbeispiel sehen.

2.44 Beispiel
Betrachten wir der Einfachheit halber zunächst Wörter, deren Länge eine Quadratzahl ist, so daß die Eingabequadrate vollständig mit Eingabesymbolen ausgefüllt sind. Wann ist in einem solchen Quadrat ein Palindrom gespeichert? Überlegen Sie einmal: ...

Es liegt genau dann ein Palindrom vor, wenn das um 180 Grad rotierte Quadrat mit
dem ursprünglichen übereinstimmt. Diese Rotation ist natürlich durch zweimalige
Anwendung des Algorithmus aus Beispiel 2.38 zu erreichen. Die dafür benötigte
Zeit ist proportional zur Seitenlänge des Quadrates. Wenn sich jede Zelle während
der Drehung auch noch ihr ursprüngliches Symbol merkt, dann besteht die nach der
Rotation noch verbleibende Aufgabe darin, daß jede Zelle ihr altes und ihr neues
Symbol vergleicht und alle Vergleichsergebnisse „eingesammelt" werden. Das kann
zum Beispiel in allen Zeilen des Quadrates gleichzeitig geschehen und erfordert
daher ebenfalls nur eine Zeit proportional zur Seitenlänge des Quadrates.

Tatsächlich wird dieser Algorithmus noch etwas komplizierter, wenn man Palindrome beliebiger Länge erkennen will. Aber die zusätzlich notwendigen Aktionen
erhöhen die Zeitkomplexität nicht wesentlich. Man kann daher bei dieser Art der
Eingabe L_{pal} in größenordnungsmäßig $\mathrm{id}_N^{1/2}$ Schritten erkennen.

2.45 Versuchen Sie, den obigen Algorithmus so zu präzisieren, daß klar wird, wie
Palindrome erkannt werden können, deren Länge keine Quadratzahl ist. (Dies ist
keine ganz leichte Aufgabe!)

2.46 (Lineare Eingabe (2)) Noch einmal zurück zur linearen Eingabe. Auch
wenn man sie verwendet, könnte man unter Umständen beim Übergang von ein- zu
zweidimensionalen Zellularräumen einen Geschwindigkeitsgewinn erzielen ähnlich
wie im vorangegangenen Beispiel.

Ein konkretes Beispiel oder gar einen Beweis müssen wir hier schuldig bleiben,
im Prinzip ist aber folgende Situation denkbar. Es sei L eine formale Sprache,
so daß es einen eindimensionalen Zellularraum C mit Raumkomplexität $s = \mathrm{id}_N^2$
gibt, der L erkennt, und jeder L erkennende Zellularraum eine Raumkomplexität
in $\Omega(\mathrm{id}_N^2)$ hat. (Eine solche Sprache existiert.) Bezeichne t die Zeitkomplexität von
C. Dann ist mit Sicherheit $t \in \Omega(\mathrm{id}_N^2)$. Nun kann man C auf die naheliegende
Weise in einen zweidimensionalen Zellularraum übertragen, indem man dort nur
eine einzige „Zeile" von Zellen benutzt. An den Komplexitäten[2] ändert sich dann
nichts. Möglicherweise wird ein Großteil der Zeit aber nur mit dem Transport
von Informationen über „weite" Entfernungen verbracht, aber nicht mit ihrer „eigentlichen" Verarbeitung. Man könnte den Algorithmus dann vielleicht so ändern,
daß als Speicher nicht n^2 nebeneinander liegende Zellen benutzt werden, sondern
ein Quadrat von $n \times n$ Zellen. Dann sind aber die Transportwege auf einmal viel
kürzer! Womöglich wäre so eine Zeitkomplexität in $o(\mathrm{id}_N^2)$ erreichbar.

Damit wollen wir diesen Abschnitt beenden. Zwei Punkte sollten darin klar gewor-
den sein. Zum einen sind manche Mustertransformationen in zweidimensionalen

---

[2]Für den zweidimensionalen Fall haben wir zwar gar keine Komplexitätsmaße definiert, hoffen
aber, daß das Gesagte trotzdem klar ist.

Zellularräumen recht schnell ausführbar, was auch die schnelle Erkennung einiger formaler Sprachen ermöglicht. Durch die Wahl eines geeigneten Eingabemodus können erstens die „Abstände" zwischen Eingabesymbolen deutlich kleiner werden und zweitens implizit zusätzliche Informationen über die Eingabe zur Verfügung gestellt werden. Bei der Interpretation der Komplexität von Algorithmen ist daher im allgemeinen eine kritische Beurteilung vonnöten.

Zusammenfassung

- Ein wesentliches Hilfsmittel beim Entwurf von Algorithmen für Zellularräume sind Signale.

- Die Algorithmen zur Lösung des FSSP sind gute Beispiele dafür, wie man durch die Festlegung eines rein „lokalen" Verhaltens einen „globalen" Effekt erreichen kann.

- Zellularräume können in einem Schritt „große" Informationsmengen über eine „kleine" Entfernung transportieren. Dies ist ein mindestens ebenso mächtiges Konzept wie das des Transportes einer „kleinen" Informationsmenge über eine beliebig „große" Entfernung bei Mehr-Kopf-Turingmaschinen.

Literaturverzeichnis

[Bal67]   R.M. Balzer. An 8-state minimal time solution to the firing squad synchronization problem. *Information and Control*, **10**, 1967, 22–42.

[Ger87]   H.-D. Gerken. *Über Synchronisationsprobleme bei Zellularautomaten.* Diplomarbeit, Technische Universität Braunschweig, 1987.

[MoL68]   F.R. Moore und G.C. Langdon. A generalized firing squad problem. *Information and Control*, **12**, 1968, 212–220.

[Neu66]   J. v. Neumann. *Theory of Self-Reproducing Automata.* Herausgegeben und vervollständigt von A. W. Burks, University of Illinois Press, 1966.

[Shi74]   I. Shinahr. Two- and three-dimensional firing squad sychronization problems. *Information and Control*, **24**, 1974, 163–180.

[Szw82]   H. Szwerinski. Time-optimal solution of the firing-squad-synchronization problem for n-dimensional rectangles with the general at an arbitrary position. *Theoretical Computer Science*, **19**, 1982, 305–320.

[Vol79]   R. Vollmar. *Algorithmen in Zellularautomaten*. B. G. Teubner, 1979.

[Wor91]   Th. Worsch. *Komplexitätstheoretische Untersuchungen an myopischen Polyautomaten*. Dissertation, Technische Universität Braunschweig, 1991.

3 Systeme von Turing-Automaten

Überblick

In den ersten beiden Abschnitten werden Systeme von Turing-Automaten eingeführt und ihre Arbeit als Spracherkenner wird demonstriert. Anschließend vergleichen wir sie mit Turingmaschinen und Zellularräumen. Dabei wird sich zeigen, daß die neuen Automaten insofern die Lücke zwischen den beiden bekannten Modellen füllen, als man bei ihnen den „Grad der Parallelität" vom einen bis zum anderen Extrem variieren kann. Im letzten Abschnitt wird auf eine Version des FSSP für Systeme von Turing-Automaten eingegangen.

3.1 Aufbau und Arbeitsweise von Systemen von Turing-Automaten

Wir haben uns im ersten Kapitel (1)-Turingmaschinen als aus den drei Komponenten Band, Schreib-Lese-Kopf und Steuereinheit bestehend vorgestellt. Dies ist auch tatsächlich eine angemessene Abstraktion dessen, was die Motivation für A. Turings Untersuchungen bildete. Die bei dieser Vorstellung von (1)-Turingmaschinen naheliegenden Verallgemeinerungen sind die ebenfalls schon behandelten Mehr-Kopf-Turingmaschinen.

Man kann sich (1)-Turingmaschinen aber auch anders vorstellen. Auf einem eindimensionalen Band arbeitet ein endlicher Automat, der zu jedem Zeitpunkt die Beschriftung des Feldes, auf dem er sich gerade befindet, lesen kann. In Abhängigkeit hiervon und von seinem momentanen Zustand führt er jeweils eine Aktion aus. Sie besteht darin, ein neues Symbol auf das Band zu schreiben und sich anschließend unter Umständen um ein Feld nach links oder rechts zu bewegen.

Hat man dieses Bild vor Augen, liegt es nahe, eine andere Verallgemeinerung von (1)-Turingmaschinen zu untersuchen:

3.1 (Informelle Beschreibung von Systemen von Turing-Automaten)
Auf einem Band befindet sich eine Anzahl endlicher Automaten. Sie arbeiten synchron und (fast) unabhängig voneinander. Wie (1)-Turingmaschinen können sie das Feld des Bandes, auf dem sie gerade stehen, lesen und neu beschreiben

und sich anschließend um ein Feld nach links oder rechts bewegen oder stehen bleiben. Außerdem ist es jedem der endlichen Automaten möglich, im Laufe einer Berechnung zusätzliche Einzelautomaten zu erzeugen oder sich selbst zu löschen.

Systeme von Turing-Automaten wurden, wenn auch unter Benutzung einer etwas anderen Formalisierung, ursprünglich von Hemmerling in [Hem79] eingeführt. Komplexitätstheoretische Untersuchungen an ihnen sind Gegenstand der Arbeit [Wor91]. Des weiteren gibt es einen Aufsatz von J. Wiedermann [Wie84], in der ein noch allgemeineres Modell betrachtet wird, allerdings unter etwas anderen Gesichtspunkten.

3.2 Definition (Bestandteile von Systemen von Turing-Automaten)

*Ein **System von Turing-Automaten** wird durch ein Tupel $P = (S, s_0, F_+, F_-, A, B, \square, \delta)$ beschrieben. Dabei ist*

- *S die endliche, nichtleere **Zustandsmenge**,*
- *$s_0 \in S$ der **Anfangszustand**,*
- *$F_+ \subseteq S \setminus \{s_0\}$ und $F_- \subseteq S \setminus \{s_0\}$ sind disjunkte Mengen **akzeptierender** bzw. **ablehnender Endzustände**,*
- *B ist das **Bandalphabet**,*
- *$A \subseteq B$ das **Eingabealphabet**,*
- *$\square \in B \setminus A$ das **Blanksymbol** und*
- *$\delta : \mathfrak{P}(S) \times B \to \mathfrak{P}(S \times D) \times B$ die **lokale Überführungsfunktion**, von der man verlangt, daß für alle Symbole $b \in B$ gilt: $\delta(\emptyset, b) = (\emptyset, b)$. (Wie schon früher sei $D = \{-1, 0, 1\}$.) Außerdem muß für alle $T \subseteq S$ und $f \in F \cap T$ gelten, daß für alle $b \in B$ gilt: $(f, 0) \in \delta(T, b)[1]$.*

3.3 Definition (Konfigurationen und ihre Überführung)

a) *Eine **Konfiguration** ist durch die Beschriftung der einzelnen Bandfelder festgelegt und durch die Angabe der Zustände der Einzelautomaten auf den Feldern. Formal beschreiben wir dies durch eine Abbildung $c : \mathbb{Z} \to \mathfrak{P}(S) \times B$.*

b) *Die **Konfigurationsüberführungsfunktion** Δ_P legen wir mit Hilfe der Funktion δ fest, deren Interpretation dadurch klar wird. Wir fordern für die Nachfolgekonfiguration einer Konfiguration c, daß für alle $p \in \mathbb{Z}$ gilt:*

$$\Delta_P(c)(p) = \Big(\{ s \in S \mid \exists d \in D : (s, d) \in \delta(c(p-d))[1] \}, \; \delta(c(p))[2] \Big).$$

Es wird also für jedes Feld lokal in Abhängigkeit von seiner momentanen Beschriftung und von den Zuständen der Einzelautomaten, die sich gerade auf ihm befinden, eine neue Beschriftung des Feldes bestimmt, sowie eine neue Menge von Einzelautomaten und ihre Bewegungsrichtungen. Wenn sich die Einzelautomaten bewegt haben, ist die neue Konfiguration erreicht.

3.2 Die Erkennung formaler Sprachen und ihre Komplexität

3.4 Definition (Anfangs- und Endkonfigurationen)

a) *Die zu einem Eingabewort $w \in A^+$ gehörende **Anfangskonfiguration** c_w ist dadurch definiert, daß für alle $p \in \mathbb{Z}$ gefordert wird:*

$$c_w(p) := \begin{cases} (\{s_0\}, w[1]) & \text{falls } p = 1 \\ (\emptyset, w[p]) & \text{falls } 1 < p \le |w| \\ (\emptyset, \square) & \text{sonst} \end{cases}$$

b) *Eine Konfiguration c ist genau dann eine **akzeptierende** bzw. **ablehnende Endkonfiguration**, wenn $c(1)[1]$ nicht leer ist und wenn gilt: $c(1)[1] \subseteq F_+$ bzw. $c(1)[1] \subseteq F_-$.*

3.5 So wie wir Endkonfigurationen definiert haben, müssen sie bei der Anwendung der Konfigurationsüberführungsfunktion nicht wieder auf Endkonfigurationen abgebildet werden, geschweige denn jede auf sich selbst, wie dies zum Beispiel bei Turingmaschinen der Fall war, da zwar jeder Einzelautomat in seinem Endzustand verharren muß, aber von Nachbarfeldern Einzelautomaten in Nichtendzuständen auf das erste Feld kommen können. Man kann aber zeigen, daß eine entsprechende zusätzliche Forderung sowie gewisse andere (mehr oder weniger) naheliegende Definitionen von „Endkonfiguration" im wesentlichen zu den gleichen Ergebnissen führen (insbesondere variieren Zeit- und Raumkomplexitäten höchstens um einen konstanten Faktor).

Um mit diesem Modell vertraut zu werden, versuchen wir uns zunächst an einer einfacheren Aufgabe als der Erkennung der Palindromsprache.

3.6 Beispiel
Wir wollen ein System von Turing-Automaten beschreiben, das die formale Sprache $L_{121} := \{1^n 2 1^n \mid n \in \mathbb{N}_0\}$ erkennt. Die Idee für einen Algorithmus zur Erkennung dieser Sprache ergibt sich aus der Beobachtung, daß ein Wort aus $\{1,2\}^+$ genau dann zu L gehört, wenn sich die am weitesten links stehende 2 in der Mitte des Wortes befindet und danach keine weitere 2 folgt. Anhand des Raum-Zeit-Diagrammes für ein Wort aus L_{121} in Abbildung 3.1 wird schon vieles klar: Der anfänglich vorhandene Automat im Zustand m bewegt sich nach rechts zur ersten 2. Von dort werden zwei Einzelautomaten an die beiden Wortenden geschickt. An den Rändern kehren die beiden Einzelautomaten um und laufen zurück, bis sie sich wieder treffen. Das ist genau deswegen an ihrem Ausgangspunkt, weil sich dieser in der Mitte des Wortes befand. In dieser Situation wird daher ein Einzelautomat,

	m							
	1	1	1	2	1	1	1	
		m						
	1	1	1	2	1	1	1	
			m					
	1	1	1	2	1	1	1	
				m				
	1	1	1	2	1	1	1	
			<1		r>			
	1	1	1	2	1	1	1	
		<1				r>		
	1	1	1	2	1	1	1	
	<1						r>	
	1	1	1	2	1	1	1	
<1								r>
	1	1	1	2	1	1	1	
	1>						<r	
	1	1	1	2	1	1	1	
		1>				<r		
	1	1	1	2	1	1	1	
			1>		<r			
	1	1	1	2	1	1	1	
				1>,<r				
	1	1	1	2	1	1	1	
			f+					
	1	1	1	2	1	1	1	
		f+						
	1	1	1	2	1	1	1	
	f+							
	1	1	1	2	1	1	1	

Abbildung 3.1: Raum-Zeit-Diagramm eines Systems von Turing-Automaten für $1^3 2 1^3$. In jedem unterteilten Quadrat steht in der unteren Hälfte die Beschriftung eines Bandfeldes angegeben, und in der oberen sind die Zustände der Automaten, die sich gerade auf diesem Feld befinden, enthalten.

der sich in dem akzeptierenden Endzustand f+ befindet, an das linke Ende der Eingabe geschickt.

Die Fehlerfälle sind zum Beispiel daran erkennbar, daß sich die Einzelautomaten entweder auf einem mit 1 beschrifteten Feld treffen, oder der im Zustand r> an das rechte Eingabeende wandernde Einzelautomat dabei noch eine weitere 2 findet. Eine fehlerhafte Eingabe kann durch einen Einzelautomaten signalisiert werden, der sich in einem ablehnenden Endzustand f- an das linke Ende der Eingabe begibt.

Zum besseren Verständnis ist für das obige Beispiel in Tabelle 3.1 die Überführungsfunktion für einige Argumentwerte angegeben. Dabei sei $S = \{m, <l, l>, r>,$ $<r, f+, f-\}$, $F_+ = \{f+\}$, $F_- = \{f-\}$, und m sei der Anfangszustand.

Zustände T	Symbol a	Funktionswert $\delta(T, a)$	
$\{m\}$	1	$\{(m, 1)\}$	1
$\{m\}$	2	$\{(<l, -1), (r>, 1)\}$	2
$\{<l\}$	1	$\{(<l, -1)\}$	1
$\{<l\}$	□	$\{(l>, 1)\}$	□
$\{l>\}$	1	$\{(l>, 1)\}$	1
$\{l>\}$	2	$\{(l>, 1)\}$	2
$\{r>\}$	1	$\{(r>, 1)\}$	1
$\{r>\}$	2	$\{(f-, -1)\}$	2
$\{r>\}$	□	$\{(<r, -1)\}$	□
$\{<r\}$	1	$\{(<r, -1)$	□
$\{l>, <r\}$	1	$\{(f-, -1)\}$	1
$\{l>, <r\}$	2	$\{(f+, -1)\}$	2
$\{f+\}$	1	$\{(f+, -1)\}$	1
$\{f-\}$	1	$\{(f-, -1)\}$	1
$\{f-\}$	2	$\{(f-, -1)\}$	2
⋮	⋮	⋮	⋮

Tabelle 3.1: Ausschnitt aus der Überführungsfunktion für die Erkennung von $\left\{1^n 2 1^n \mid n \in \mathbb{N}_0\right\}$.

3.7 Beispiel (Palindromerkennung)

Es ist relativ einfach, ein System von Turing-Automaten zu konstruieren, das unsere Beispielsprache der Palindrome erkennt. Die Idee besteht darin, für jedes Symbol der ersten Hälfte des Eingabewortes einen Einzelautomaten zu erzeugen, der

- dieses Symbol löscht und sich merkt,
- zum am weitesten rechts gelegenen noch vorhandenen Eingabesymbol läuft,
- dieses löscht, mit dem gemerkten vergleicht und
- – sich auflöst, falls der Vergleich positiv ausfällt, und sonst
  – einen Einzelautomaten in einem ablehnenden Endzustand an das linke Ende der Eingabe schickt.

Der in der Anfangskonfiguration vorhandene Einzelautomat bewegt sich alle vier Takte um ein Feld nach rechts und erzeugt immer einen neuen Vergleichsautomaten, solange er noch auf Eingabesymbole trifft. In Abbildung 3.2 ist eine Beispielberechnung dargestellt.

q0							
1	2	2	2	2	2	1	
q1	r1						
	2	2	2	2	2	1	
	q2	r1					
	2	2	2	2	2	1	
	q3		r1				
	2	2	2	2	2	1	
		q0		r1			
	2	2	2	2	2	1	
		q1	r2		r1		
	2	2	2	2	2	1	
		q2		r2		r1	
	2	2	2	2	2	1	
		q3			r2		r1
	2	2	2	2	2	1	
			q0			r2	11
	2	2	2	2	2	1	
			q1	r2			r2
			2	2	2		
			q2		r2	12	
			2	2	2		
			q3			r2	
			2	2			
				q0	12		
			2	2			
				q1	r2		
				q2,12			
		f+					
	f+						
f+							

Abbildung 3.2: Raum-Zeit-Diagramm der Bearbeitung eines Palindromes.

3.8 Definition (Zeitkomplexität)

Sie kann für Systeme von Turing-Automaten ganz analog wie bei Turingmaschinen definiert werden. Wir schreiben dafür $Time_P$.

3.9 Definition (Raumkomplexität)

Es sei $P = (S, \ldots)$ ein System von Turing-Automaten. Wir definieren wieder vier Funktionen:

$$
\begin{aligned}
\textit{left-end}_P : \quad & A^+ \;\to\; \mathbb{R} \\
& w \;\mapsto\; \min\{p \in \mathbb{Z} \mid \exists\, t \le time_P(w) : {}^t\Delta_P(c_w)(p) \ne (\emptyset, \square)\} \\
\textit{right-end}_P : \quad & A^+ \;\to\; \mathbb{R} \\
& w \;\mapsto\; \max\{p \in \mathbb{Z} \mid \exists\, t \le time_P(w) : {}^t\Delta_P(c_w)(p) \ne (\emptyset, \square)\} \\
\textit{space}_P : \quad & A^+ \;\to\; \mathbb{R}_+ \\
& w \;\mapsto\; \textit{right-end}_P(w) - \textit{left-end}_P(w) + 1 \\
\textit{Space}_P : \quad & \mathbb{N}_+ \;\to\; \mathbb{R}_+ \\
& n \;\mapsto\; \max\{space_P(w) \mid w \in A^n\}
\end{aligned}
$$

*Die Abbildung $Space_P$ wird als **Raumkomplexität** von P bezeichnet.*

Da man in vielen Einzelautomaten natürlich auch viele Informationen speichern kann (ohne das Band zu beschriften), ist es wohl recht naheliegend, daß bei der Raumkomplexität nicht nur beschriftete Felder sondern auch (alle leeren aber) von Einzelautomaten betretenen mitzählen.

Einer der interessanten Aspekte von Systemen von Turing-Automaten ist die Tatsache, daß man in gewisser Weise ihren „Grad der Parallelität" messen kann:

3.10 Definition (Hardwarekomplexität)

Es sei $P = (S, \ldots)$ ein System von Turing-Automaten. Dann definieren wir:

$$
\begin{aligned}
\textit{hardw}_P : \quad & A^+ \;\to\; \mathbb{R}_+ \\
& w \;\mapsto\; \max\{\textstyle\sum_{p \in \mathbb{Z}} |{}^t\Delta(c_w)(p)[1]| \mid t \le time_P(w)\} \\
\textit{Hardw}_P : \quad & \mathbb{N}_+ \;\to\; \mathbb{R}_+ \\
& n \;\mapsto\; \max\{hardw_P(w) \mid w \in A^n\}
\end{aligned}
$$

*Die Abbildung $Hardw_P$ bezeichnen wir als **Hardwarekomplexität** von P.*

Man kann sich leicht davon überzeugen, daß stets $Hardw_p \in \mathrm{O}(Space_P)$ ist.

3.11 Vereinbarung (Komplexitätsklassen)

In Analogie zu schon eingeführten Schreibweisen notieren wir Komplexitätsklassen von durch Systeme von Turing-Automaten erkennbaren Sprachen in der Form STA–SPACE–TIME–HARDW (s, t, h) und ähnlich.

3.12 Beispiel
Sieht man sich die Beispiele 3.6 und 3.7 noch einmal genauer an, so stellt man fest:

a) $L_{121} \in$ STA–SPACE–TIME–HARDW $(\mathrm{id}_\mathbb{N} + 2, 2\,\mathrm{id}_\mathbb{N}, 2)$ und

b) $L_{pal} \in$ STA–SPACE–TIME–HARDW $(\mathrm{id}_\mathbb{N} + 1, \Theta(\mathrm{id}_\mathbb{N}), \Theta(\mathrm{id}_\mathbb{N}))$.

3.3   Vergleich von Systemen von Turing-Automaten mit anderen Modellen

In diesem Abschnitt gehen wir ausführlich auf die Zusammenhänge zwischen Turingmaschinen und Systemen von Turing-Automaten ein. Auf Zellularräume kommen wir am Ende nur kurz zu sprechen.

Aufgrund der einführenden Bemerkungen zu diesem Kapitel und der behandelten Beispiele sollte zunächst einmal die folgende Aussage klar sein:

3.13 Lemma
Für alle s und t gilt:

$$\text{STA–SPACE–TIME–HARDW}\,(s,t,1) = (1)\text{–O–TM–SPACE–TIME}\,(s,t)$$

Betrachten wir nun Systeme von Turing-Automaten mit größerer Hardwarekomplexität. Wir werden sehen, daß deren Simulation durch (1)-Turingmaschinen schon im Fall einer konstanten(!) Hardwarekomplexität von 2 nicht in Linearzeit möglich ist. Zumindest kann man zeigen:

3.14 Satz
Für alle s, t und h gilt:

$$
\begin{aligned}
\text{STA–SPACE–TIME–HARDW}\,(s,t,h) \;&\subseteq\; (1)\text{–O–TM–SPACE–TIME}\,(s, \mathrm{O}(st)) \\
&\subseteq\; (1)\text{–O–TM–SPACE–TIME}\,(s, \mathrm{O}(t^2))
\end{aligned}
$$

Wenn Sie sich den Beweis des entsprechenden Satzes bei Zellularräumen überlegt haben, können Sie die folgende Skizze vermutlich getrost überschlagen.

3.15 Beweisskizze
Es sei P ein beliebiges System von Turing-Automaten mit Raum-, Zeit- bzw. Hardwarekomplexität s, t bzw. h respektive. Der Beweis ist geführt, wenn wir zu P eine (1)-O-Turingmaschine T konstruiert haben, deren Raumkomplexität s ist und deren Zeitkomplexität in $\mathrm{O}(st)$ liegt.

Das Band von T wird in zwei Spuren unterteilt. Auf der einen wird die Bandbeschriftung von P gespeichert und auf der anderen die Zustände der Einzelautomaten von P, die sich jeweils gerade auf einem Feld des Bandes von P befinden. Für die Simulation eines Konfigurationsüberganges von P bewegt T den Schreib-Lese-Kopf einmal über den „interessanten" Bandabschnitt und aktualisiert die gemerkten Bandsymbole und Zustände der Einzelautomaten. ∎

3.16 Satz
Für alle Funktionen s und t gilt:

$$\text{O–Tm–Space–Time}\,(s,t)$$
$$\subseteq \text{Sta–Space–Time–Hardw}\,(s,\Theta(t),\Theta(s))$$

Der Beweis kann analog zu dem entsprechenden für Zellularräume anstelle von Systemen von Turing-Automaten geführt werden (siehe Satz 2.19).

3.17 Wie ist dieses Ergebnis zu bewerten? Es wäre interessant zu erfahren, ob man bei Vergrößerung der Zeitkomplexität gleichzeitig die Hardwarekomplexität verringern könnte, und falls das so ist, welche Zusammenhänge genau bestehen. Als Spezialfall hiervon stellt sich die Frage, inwieweit die (größenordnungsmäßig maximale) Hardwarekomplexität von s notwendig ist, um in gleicher Zeit und mit gleichem Raum die gleichen Sprachen erkennen zu können wie O-Turingmaschinen.

Zu der allgemeinen Fragestellung einer möglichen Hardwareersparnis gibt der folgende Satz eine Auskunft. Für seine exakte Formulierung wäre es notwendig, weitere Begriffe einzuführen, die aber ansonsten nicht gebraucht werden. Wir begnügen uns daher mit einer ungenauen Formulierung und dem Hinweis, daß die Voraussetzungen zum Beispiel von Polynomen erfüllt werden. (Genaueres findet man in [Wor91].)

3.18 Satz (Hardwareersparnis)
Für gewisse Funktionen s, t, h und h' gilt:

$$\text{Sta–Space–Time–Hardw}\,(s,t,h)$$
$$\subseteq \text{Sta–Space–Time–Hardw}\,(s,\Theta(t\tfrac{s}{h'}),h')$$

Falls $h' < h$ ist, hat man also offensichtlich bei der Hardwarekomplexität gespart. Dies geht auf Kosten der Zeitkomplexität. Die Umkehrung wird durch diesen Satz *nicht* ausgesagt! Man kann *nicht* durch eine Vergrößerung der Hardwarekomplexität eine Verringerung der Zeitkomplexität erreichen, denn es ist ja $\frac{s}{h'} \in \Omega(1)$. (Auf der rechten Seite der Inklusion kommt h überhaupt nicht vor!)

Einen genauen Beweis für diesen Satz wollen wir hier nicht angeben. Im Kern besteht er aber darin, daß ein System von Turing-Automaten mit Hardwarekomplexität h durch eines mit Hardwarekomplexität h' simuliert werden kann, indem man den für die Berechnungen benötigten Abschnitt des Bandes in h' annähernd gleich große Abschnitte aufteilt und in jedem von ihnen die Simulation von einem Einzelautomaten durchführen läßt.

3.19   Der obige Satz liefert (außer für $h' \in \Theta(s)$) prinzipiell eine Verlangsamung. Von Interesse ist er also nur, falls $h' < h$ ist. Setzt man zum Beispiel $h = s$ und $h' = \frac{s}{\mathrm{ld}^*}$ ein, so erhält man eine „geringfügige" Verlangsamung um einen Faktor ld^*. Man mag dies vielleicht salopp mit den Worten umschreiben, daß es im Falle vieler Einzelautomaten „relativ leicht fällt", auf einige von ihnen zu verzichten.

Die Formulierung wird ergänzt durch die Beobachtung, daß im Falle weniger Einzelautomaten schon der Verlust eines einzigen eine Verlangsamung um einen Faktor log erzwingen kann. Ein geeigneter Zeuge hierfür ist die formale Sprache $\{1^n 2^n \mid n \in \mathsf{N}_+\}$. Sie kann einerseits mit Hardwarekomplexität 2 in Linearzeit erkannt werden. (Überlegen Sie sich einen Algorithmus, der das leistet!) Andererseits kann man beweisen (siehe [Har68]), daß dies bei Hardwarekomplexität 1 (also mit (1)-O-Turingmaschinen) nur in einer Zeit $t \in \Omega(\mathrm{id}_{\mathsf{N}} \log)$ möglich ist.

Zum Ende dieses Abschnittes wollen wir noch kurz auf den Zusammenhang zwischen Systemen von Turing-Automaten und Zellularräumen eingehen.

3.20 Satz
Für alle Funktionen s und t gilt:

$$\textsc{Sta–Space–Time–Hardw}\,(s,t,s) = H_1\text{–}\textsc{Cs–Space–Time}\,(\Theta(s),\Theta(t))$$

Der Beweis dieses Satzes ist recht naheliegend. Um Aussagen für kleinere Hardwarekomplexitäten zu erhalten, kann man Satz 3.18 benutzen.

3.4   Das Synchronisationsproblem für Systeme von Turing-Automaten

3.21 Problem
Es seien drei Bandsymbole [, ⎵ und] und zwei Zustände g und f gegeben sowie eine Konfiguration eines Systems von Turing-Automaten mit den folgenden Eigenschaften:

- Auf dem Band ist genau ein Feld mit [beschriftet und genau eines, das rechts davon liegt, mit].

- Einige der Felder zwischen diesen beiden sind mit ⊔ beschriftet.
- Auf dem Feld mit dem [befindet sich ein Einzelautomat im Zustand g.
- Auf allen anderen Feldern stehen keine Einzelautomaten.

Das **Synchronisationsproblem** besteht darin, einen Algorithmus zu finden, der die eben beschriebene Konfiguration in die folgende überführt:

- Auf jedem der mit [, ⊔ oder] beschrifteten Felder steht ein Einzelautomat im Zustand f.
- Alle anderen Felder sind leer.
- In keiner der zwischendurch erreichten Konfigurationen existiert ein Einzelautomat im Zustand f.

3.22 Lemma
Jeder Algorithmus, der das Synchronisationsproblem für Systeme von Turing-Automaten löst, benötigt dafür mindestens $2n - 2$ Schritte. Dabei bezeichnet n gerade die Größe des Bandabschnittes einschließlich der beiden Randfelder, in dem am Ende Einzelautomaten stehen müssen.

Da die Problemstellung eng an die bei Zellularräumen angelehnt ist, kann man den dort geführten Beweis über die Minimalzeit einfach übertragen. Nicht ganz so einfach verhält es sich mit der Lösung des Problemes.

3.23 Satz
Das Synchronisationsproblem für Systeme von Turing-Automaten hat eine Lösung. Es gibt ein System von Turing-Automaten, das dafür nur $2n - 2$ Schritte benötigt und eine Hardwarekomplexität kleiner oder gleich $5k$ aufweist. Dabei bezeichnet k die Anzahl der Einzelautomaten, die am Ende vorhanden sein sollen.

3.24 Beweis
Erfreulicherweise muß man sich nicht einen völlig neuen Algorithmus überlegen. Man kann den Algorithmus von Gerken so modifizieren, daß er das Gewünschte leistet.

Wir beschreiben nun die wesentliche Erweiterung, die vorgenommen werden muß. Das mit Geschwindigkeit 1 zwischen zwei langsameren Signalen hin und her laufende Signal, das die Grenzen der rekursiv zu bearbeitenden Synchronisationsabschnitte bestimmt, überprüft jeweils auch noch, ob sich in jedem einzelnen von ihnen mindestens ein mit ⊔ beschriftetes Feld findet. Diese Information wird den jeweils rechten Grenzzellen mitgeteilt. Sie starten den Algorithmus rekursiv nur dann, wenn eine Synchronisation vonnöten ist. Entsprechend geht man für das rechte Drittel und die „Lücke" vor (siehe Algorithmus 2.30). ∎

Zum Abschluß sei noch auf den folgenden Umstand hingewiesen. Es ist klar, daß man einen Algorithmus für die Lösung des Synchronisationsproblemes bei Zellularräumen auf Systeme von Turing-Automaten übertragen kann. Es ist aber durchaus *nicht* selbstverständlich, daß die sich ergebende Hardwarekomplexität nur proportional zur Anzahl der am Ende vorhandenen Einzelautomaten ist. Bei der Übertragung des bekanntesten zeitoptimalen Synchronisationsalgorithmus von Balzer ergäbe sich zum Beispiel eine Hardwarekomplexität von id_N. Um sie größenordnungsmäßig auf das theoretische Minimum zu drücken, eignet sich von den uns bekannten Lösungen *nur* die von Gerken.

Zusammenfassung

- Systeme von Turing-Automaten füllen die Lücke zwischen Ein-Kopf-Turingmaschinen einerseits und Zellularräumen andererseits und enthalten diese beiden Modelle gewissermaßen als Spezialfälle.

- Das Konzept der Hardwarekomplexität gestattet es, über den „Grad der Parallelität" von Algorithmen zu sprechen, und zwar wegen des eben Gesagten auch über den von Algorithmen für Zellularräume.

- Mit Hilfe der Hardwarekomplexität ist es möglich, in einigen Zeitkomplexitätsklassen von Zellularräumen eine noch feinere Struktur zu finden.

Literaturverzeichnis

[Har68] J. Hartmanis. Computational complexity of one-tape Turing machine computations. *Journal of the Association for Computing Machinery*, **15**(2), 1968, 325–339.

[Hem79] A. Hemmerling. Systeme von Turing-Automaten und Zellularräume auf rahmbaren Pseudomustermengen. *Elektronische Informationsverarbeitung und Kybernetik (jetzt J. Inf. Process. Cybern. EIK)*, **15**(1/2), 1979, 47–72.

[Wie84] J. Wiedermann. *Parallel Turing Machines*. Technical Report RUU-CS-84-11, Univ. of Utrecht, 1984.

[Wor91] Th. Worsch. *Komplexitätstheoretische Untersuchungen an myopischen Polyautomaten*. Dissertation, Technische Universität Braunschweig, 1991.

4 Parallele Registermaschinen

Überblick

In den ersten drei Kapiteln haben wir uns mit Modellen beschäftigt, die eine wichtige Gemeinsamkeit haben. Jedes von ihnen kann die beiden anderen zumindest so effizient simulieren, daß der zusätzliche Zeitbedarf bei der Erkennung einer formalen Sprache polynomial beschränkt werden kann und der zusätzliche Platzbedarf sogar linear.

Das werden wir für die parallelen Registermaschinen (kurz PRAM) in diesem Kapitel nicht beweisen können. Die Modelle, die genauer betrachtet werden, unterscheiden sich zwar in manchen Details, gemeinsam ist ihnen aber, daß sie aus beliebig („potentiell unendlich") vielen sequentiellen Registermaschinen aufgebaut sind. Im ersten Abschnitt wird daher zunächst deren Aufbau und Arbeitsweise beschrieben.

Im zweiten und dritten Abschnitt sind dann die sogenannten CREW–PRAMs bzw. NLPRAMs Gegenstand der Untersuchungen. Sie unterscheiden sich in drei Punkten voneinander: Das eine Modell ist deterministisch, das andere nicht; die Kommunikation zwischen den Prozessoren ist unterschiedlich gelöst, und die zur Verfügung stehenden „Maschinenbefehle" sind unterschiedlich mächtig. Das führt dann auch zu unterschiedlichen Ergebnissen.

4.1 Sequentielle Registermaschinen

Dieser Abschnitt dient im wesentlichen dazu, Sie ein wenig mit der Arbeitsweise „normaler", d.h. sequentiell arbeitender, Registermaschinen vertraut zu machen. Auf Ergebnisse dieses Modell betreffend werden wir hier aber höchstens in Form von Bemerkungen und Hinweisen eingehen. Wer sich eingehender insbesondere mit komplexitätstheoretischen Fragestellungen beschäftigen möchte, findet zum Beispiel in dem Buch von Reischuk [Rei90] eine gründliche Einführung.

Wenn im folgenden von einer Registermaschine die Rede ist, ohne daß ausdrücklich das Adjektiv „parallel" beigestellt wird, dann ist damit immer eine sequentielle Registermaschine gemeint.

4.1 Definition (Bestandteile einer Registermaschine)

*Eine **Registermaschine** (engl. **random access machine** oder kurz* RAM*) besteht aus*

- *einem **Prozessor**.*
  - *Er besitzt ein ausgezeichnetes Register, den **Akkumulator** ACCU, und einen **lokalen Speicher**, der aus abzählbar unendlich vielen Zellen (oder auch Registern)* L[0], L[1], L[2], ... *besteht.*
  - *In allen Registern können die Darstellungen von beliebig großen, nichtnegativen ganzen Zahlen gespeichert werden. Dies geschieht unter Benutzung des **Rechenalphabetes** B in einer |B|-adischen Darstellung.*
- *Außerdem gibt es den **Programmspeicher**, in dem eine Folge von weiter unten beschriebenen (Maschinen-)Befehlen abgelegt ist. Im Hinblick auf die parallelen Registermaschinen, die wir später noch einführen werden, sollte man sich vorstellen, daß sich der Programmspeicher „außerhalb" des Prozessors befindet. Die Adresse des Programmspeicherplatzes des jeweils als nächstes auszuführenden Befehles ist im **Befehlszähler** PC des Prozessors gespeichert.*

4.2 Definition (Programme für Registermaschinen)

*Ein **Programm** besteht aus einer ab 1 durchnumerierten Folge von Befehlen, wobei in der letzten Zeile ein* HALT*-Befehl stehen muß. Die verschiedenen Befehlstypen sind in der folgenden Tabelle zusammengefaßt:*

Befehl		Wirkung
LOAD	*operand*	*Der Akkumulator wird auf einen neuen Wert gesetzt.*
STORE	*operand*	*Der Akkumulator-Inhalt wird abgespeichert.*
ADD	*operand*	*Der Inhalt des Akkumulators wird erhöht.*
SUB	*operand*	*Es wird die Differenz aus Akkumulatorinhalt und dem spezifizierten Wert gebildet. Ist sie negativ, wird der Akkumulator auf Null gesetzt, sonst auf die Differenz.*
JUMP	*label*	*unbedingter Sprung; Setzen von* PC *auf* label
JZERO	*label*	*bedingter Sprung, falls* ACCU *eine 0 enthält*
HALT		*Der Prozessor beendet die Ausführung des Programmes.*

Operanden für die ersten vier Befehle können von dreierlei Art sein:

- *Konstanten wie* 123*. Ausnahme: Für* STORE*-Befehle sind keine Konstanten als Operanden zulässig.*
- *direkt adressierte Speicherzellen des lokalen Speichers (für die wir* L[7]*, usw. schreiben werden).*
- *indirekt adressierte Speicherzellen. Zum Beispiel bezeichnet* L[L[42]] *diejenige Zelle des lokalen Speichers, deren Adresse der Inhalt der Zelle mit der Nummer 42 des lokalen Speichers ist.*

Bei der Angabe label *in Sprungbefehlen muß es sich um (existierende) Zeilennummern des Programmes handeln. Ist bei jedem Sprungbefehl nur eine solche Nummer angegeben, sprechen wir von einer **deterministischen** Registermaschine, sonst von einer **nichtdeterministischen**.*

4.3 Definition (Ausführung von Programmen)

Eine Registermaschine arbeitet als nächstes immer den Befehl derjenigen Zeile des Programmes ab, deren Nummer gerade im Befehlszähler steht. Nach Ausführung eines Befehles wird sein Inhalt um 1 erhöht, es sei denn, es handelt sich um einen Sprungbefehl. Falls der Sprung „durchgeführt" wird, wird der Befehlszähler auf den angegebenen Wert gesetzt.

Die Ausführung eines Programmes wird stets mit dem Befehl in der Zeile 1 begonnen. Sie endet, wenn ein HALT-*Befehl angetroffen wird (also zum Beispiel, wenn die letzte Zeile eines Programmes erreicht wird). Der Wert, der zu diesem Zeitpunkt im Akkumulator gespeichert ist, stellt dann den berechneten Funktionswert dar.*

4.4 (Kostenmaße) Natürlich kann man für Registermaschinen ein Zeitkomplexitätsmaß definieren. Dabei steht man dann vor der Frage, ob man davon ausgehen möchte, daß die Ausführung jedes Befehles – etwa zur Addition zweier Zahlen – immer genau eine Zeiteinheit benötigt (unabhängig von der Größe der zu addierenden Zahlen) (sogenanntes **uniformes Kostenmaß**) oder ob dafür z.B. soviele Schritte veranschlagt werden wie der Logarithmus des Funktionswertes angibt (sogenanntes **logarithmisches Kostenmaß**).

Wir werden in diesem Kapitel immer uniforme Kostenmaße benutzen. Das ist solange nicht „schlimm", wie die zur Verfügung stehenden Maschinenbefehle nicht allzu mächtig sind. Es hat zum Beispiel einen guten Grund, weshalb in Definition 4.2 kein Multiplikationsbefehl vorgesehen wurde. Wir können aber nur am Rande darauf eingehen, welche Überraschungen man sonst erleben kann (siehe Beispiel 7.4).

Natürlich kann man für Registermaschinen Begriffe wie „Berechnung", „Zeitkomplexität" usw. definieren. Wir unterlassen das an dieser Stelle, weil es für die parallelen Registermaschinen ohnehin noch einmal gemacht werden müßte.

4.2 Parallele CREW–Registermaschinen

Es sind schon viele verschiedene Versionen paralleler Registermaschinen untersucht worden. Das Modell, das in diesem Abschnitt betrachtet werden soll, war eines der ersten und wurde von Fortune und Wyllie in [FoW78] eingeführt.

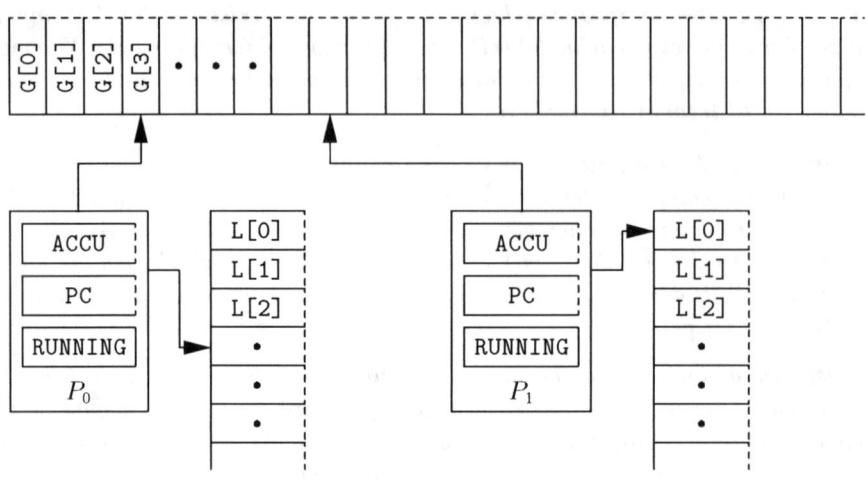

Abbildung 4.1: Skizze einer parallelen Registermaschine.

Aufbau und Arbeitsweise von CREW–PRAMs

4.5 Definition (Bestandteile einer parallelen Registermaschine)
*Eine **parallele Registermaschine** besteht aus*

- einem **globalen Speicher**, *dessen abzählbar unendlich viele Zellen (oder Register) mit* G[0], G[1], ... *bezeichnet werden, und*
- *einer abzählbar unendlichen Folge* P_0, P_1, ... *von **Prozessoren**.*
- *Jeder Prozessor ist im wesentlichen eine deterministische sequentielle Registermaschine, (die also insbesondere ihren eigenen lokalen Speicher besitzt und) die um ein Flag* ACTIVE *erweitert ist, das anzeigt, ob sie gerade arbeitet oder nicht. Prozessoren, deren* ACTIVE-*Flag gesetzt ist, heißen auch **aktiv**.*
- *Alle aktiven Prozessoren arbeiten synchron nach demselben endlichen **Programm**. Verschiedene Prozessoren können zum gleichen Zeitpunkt an verschiedenen Stellen eines Programmes arbeiten. Der Aufbau von Programmen wird in der nächsten Definition beschrieben.*

In Abbildung 4.1 ist eine parallele Registermaschine angedeutet.

4.6 Definition (Programme für parallele Registermaschinen)
*Ein **Programm** für eine parallele Registermaschine ist im wesentlichen von der gleichen Art wie das für eine sequentielle Registermaschine. Es gibt jedoch drei Erweiterungen:*

- *Bei den Speicher- und den arithmetischen Operationen darf nicht nur auf den lokalen Speicher Bezug genommen werden, sondern auch auf den globalen. Es sind also zum Beispiel auch indirekte Adressierungen der Formen* G[L[66]] *und* L[G[7]] *möglich.*

- *Es gibt den zusätzlichen Befehl* FORK, *der als Argument eine Zeilennummer benötigt. Bei der Ausführung dieses Befehles durch einen Prozessor P wird von den Prozessoren, deren* ACTIVE*-Flag nicht gesetzt ist, derjenige mit der kleinsten Nummer – er heiße Q – gestartet. Als* ACCU*-Inhalt bekommt Q den von P kopiert. Q beginnt seine Arbeit mit der Ausführung des Befehles, dessen Zeilennummer der Operand von* FORK *ist. Führen mehrere Prozessoren gleichzeitig einen* FORK*-Befehl aus, so sollen auch entsprechend viele neue Prozessoren aktiviert werden.*

- *Das* ACTIVE*-Flag eines Prozessors bleibt solange gesetzt, bis er den Befehl* HALT *ausführt.*

Sobald (mindestens) zwei Prozessoren aktiv sind, kann es passieren, daß sie in die gleiche Zelle des globalen Speichers schreiben wollen. Programme, bei denen es für mindestens eine Eingabe zu einem solchen Schreibkonflikt kommt, wollen wir als unzulässig ansehen.

Durch das Kopieren des ACCU-Inhaltes beim FORK-Befehl ist die Übergabe von Parametern möglich.

4.7 (Erew–, Crew– **und** Crcw–PRAMs) Da in der obigen Definition zwar das gleichzeitige Lesen mehrerer Prozessoren aus der gleichen globalen Speicherstelle erlaubt wurde (*concurrent read*), nicht aber das gleichzeitige Schreiben (*exclusive write*), spricht man auch von Crew–PRAMs. Analog werden Crcw–PRAMs und Erew–PRAMs untersucht. Bei Crcw–PRAMs ist sowohl das gleichzeitige Schreiben als auch das gleichzeitige Lesen erlaubt und bei Erew–PRAMs verboten. Bei Crcw ist eine Festlegung erforderlich, was geschehen soll, wenn zwei Prozessoren *verschiedene* Werte in die gleiche Speicherstelle schreiben wollen. Je nachdem, wie solche Schreibkonflikte gelöst werden, unterscheidet man dann common–Crcw–PRAMs, arbitrary–Crcw–PRAMs, priority–Crcw–PRAMs usw. Man kann zeigen, daß die sich ergebenden Unterschiede „nicht allzu groß" sind.

Parallele Registermaschinen als Spracherkenner

4.8 Definition

a) Als *Eingabealphabet* wird eine Teilmenge A des Rechenalphabetes B verwendet.

b) Die zu einem Wort $w \in A^+$, $|w| = n$, gehörende *Anfangskonfiguration* ist dann wie folgt festgelegt:

- *In den Registern* G[1], ..., G[n] *sind die Symbole des Eingabewortes abgespeichert.*
- *Das Register* G[0] *enthält die Länge n des Eingabewortes w.*
- *Alle anderen Zellen des globalen Speichers und alle Zellen des lokalen Speichers eines jeden Prozessors sind mit 0 initialisiert.*
- *Beim Start einer parallelen Registermaschine ist zunächst P_0 als einziger Prozessor aktiv. Er beginnt mit Zeile 1 des Programmes.*

c) *Eine* **Endkonfiguration** *ist erreicht, wenn Prozessor P_0 die Ausführung des Programmes beendet. Sie ist genau dann* **akzeptierend**, *wenn der Akkumulatorinhalt Eins ist, und* **ablehnend**, *wenn er Null ist.*

d) *Die von einer parallelen Registermaschine* **erkannte Sprache** *ist (analog zu den anderen, bereits eingeführten Modellen) die Menge aller Wörter über dem Eingabealphabet, für die ausgehend von der jeweiligen Anfangskonfiguration nach endlich vielen Schritten eine akzeptierende Endkonfiguration erreicht wird.*

4.9   Wir nehmen im folgenden an, daß alle betrachteten parallelen Registermaschinen für alle Eingaben halten.

Eine Aufgabe des folgenden Beispieles ist es auch, einen „Programmiertrick" zur konfliktfreien Benutzung des globalen Speichers zu demonstrieren und deutlich zu machen, wie man Parallelität bei „Divide-and-conquer"-Algorithmen schön anwenden kann.

4.10 Beispiel (Erkennung der Palindromsprache)

Zum besseren Verständnis des unten angegebenen Programmes stelle man sich einen vollen binären Baum mit Prozessoren $P^{(i)}$ vor. Prozessor $P^{(1)}$ ist die Wurzel und allgemein hat $P^{(i)}$ als Nachfolger $P^{(2i)}$ und $P^{(2i+1)}$. Die Aufgabe von $P^{(i)}$ besteht darin festzustellen, ob w die Eigenschaft $E(i)$ erfüllt, die wie folgt definiert ist: Für alle j mit $1 \leq j \leq |w|$, die Nummer eines Prozessors im Unterbaum von $P^{(i)}$ sind, stimmen das j-te Symbol von vorne und das j-te Symbol von hinten in w überein. Offensichtlich ist $E(i)$ gleichbedeutend mit $E(2i) \wedge E(2i+1) \wedge (i \leq |w| \implies w[i] = w[|w| + 1 - i])$. Prozessor $P^{(i)}$ kann also die Ergebnisse seiner beiden Nachfolger benutzen und muß selbst nur zwei Symbole von w miteinander vergleichen.

4.11 (Parameterübergabe zwischen Prozessoren)

Dies bedeutet auch, daß nur solche Prozessoren miteinander kommunizieren müssen, die im Baum durch eine Kante miteinander verbunden sind. Für jede solchen Kante benutzt das folgende Programm drei aufeinanderfolgende Zellen des globalen Speichers.

Wird ein Prozessor $P^{(i)}$ durch einen Aufruf FORK aktiviert, bekommt er im ACCU die Adresse a einer globalen Speicherzelle übergeben. In G[a] befindet sich seine eigene Nummer i. In G$[a + 1]$ liefert er genau dann eine 1 zurück, wenn w die Eigenschaft $E(i)$ erfüllt, und eine 0 sonst. In G$[a + 2]$ schreibt ein Prozessor eine 1, sobald er mit seiner Berechnung fertig ist.

Als Adressen der globalen Speicherzellen, über die $P^{(i)}$ mit seinem Vorgänger kommuniziert, wurden im nachfolgenden Programm $n + 3i$, $n + 3i + 1$ und $n + 3i + 2$ gewählt; dabei sei n die Länge der Eingabe, die anfangs in der globalen Speicherzelle G$[0]$ gespeichert ist (siehe Definition 4.8). Da außerdem auf eine strenge Trennung zwischen „in"- und „out"-Registern Wert gelegt wurde, werden niemals zwei Prozessoren in die gleiche globale Speicherzelle schreiben wollen.

Um wenigstens einigermaßen die Übersichtlichkeit zu wahren, benutzen wir nicht ausschließlich die laut Definition 4.6 zulässigen Maschinenbefehle, sondern weichen teilweise in eine PASCAL-ähnliche Notation aus. Sie sollte weitgehend selbsterklärend sein. Wir erlauben symbolische Namen für Zellen des lokalen Speichers, die durch „Deklarationen" der Form **local** x; vereinbart werden. Außerdem benutzen wir symbolische Sprungmarken statt der Zeilennummern, gängige Kontrollstrukturen und Kommentare. Als solcher ist bei den ersten Zeilen des nachfolgenden Programmes jeweils die „Übersetzung" in Registermaschinensprache angegeben.

```
local    adr,   i,    ok,    adr1,   adr2;
    /*   L[0],  L[1], L[2],  L[3],   L[4] */
main:
    adr1 := G[0]+3;            /* 1: LOAD G[0]     */
                               /* 2: ADD 3         */
                               /* 3: STORE L[3]    */
    G[adr1] := 1;              /* 4: LOAD 1        */
                               /* 5: STORE G[L[3]] */
    ACCU := adr1;              /* 6: LOAD L[3]     */
    fork test;                 /* 7: FORK 18       */
    while G[adr1+2]=0 do nix od; /* 8: LOAD L[3]   */
                               /* 9: ADD 2         */
                               /* 10: STORE L[5]   */
                               /* 11: LOAD G[L[5]] */
                               /* 12: JZERO 8      */
    ACCU := G[adr1+1];         /* 13: LOAD L[3]    */
                               /* 14: ADD 1        */
                               /* 15: STORE L[5]   */
                               /* 16: LOAD G[L[5]] */
    halt;                      /* 17: HALT         */
```

```
test:
    /* in:    ACCU:       Adresse adr der Parameter im globalen Speicher
     *        G[adr]:     Nummer i des selbst zu testenden Symboles
     * out:  G[adr+1]:    Gesamttest ok für i,
     *                                 2i,      2i+1,
     *                                 4i, 4i+1, 4i+2, 4i+3, ...
     *        G[adr+2]:   Fertigmeldung
     */
    adr := ACCU;
    i := G[adr];
    if (i ≤ n)
    then
        adr1 := adr + 3*i;
        G[adr1] := 2*i;
        ACCU := adr1;
        fork test;

        adr2 := adr1 + 3;
        G[adr2] := 2*i+1;
        ACCU := adr2;
        fork test;

        while (G[adr1+2]=0 or G[adr2+2]=0) do nix od;

        ok := G[i]=G[n+1−i] and G[adr1+1] and G[adr2+1];
        G[adr+1] := ok;
        G[adr+2] := 1;
        halt;
    else
        G[adr+1] := 1;
        G[adr+2] := 1;
        halt;
    fi
```

Wie bereits erwähnt, gehen wir der Einfachheit halber wieder davon aus, daß alle
betrachteten parallelen Registermaschinen immer halten. Außerdem beschränken
wir uns diesmal auf die Zeitkomplexität. Die Raumkomplexität paralleler Registermaschinen werden wir nicht benötigen.

4.12 Definition
*Die **Zeitkomplexität** $Time_P \colon \mathbb{N}_+ \to \mathbb{R}_+$ einer parallelen Registermaschine P ord-
net jedem n die Anzahl der Schritte zu, die der Prozessor P_0 maximal für ein
Eingabewort der Länge n bis zum Erreichen einer Endkonfiguration durchführt.*

Für die Zeitkomplexitätsklassen schreiben wir PRAM–TIME (t).

Wir wollen das Programm aus Beispiel 4.10 noch ein bißchen näher betrachten und zeigen, daß es ein Zeuge ist für die folgende Aussage:

4.13 Lemma
$$L_{pal} \in \text{PRAM–TIME} \, (\text{O}(\log)).$$

4.14 Beweis
Offensichtlich kann man sich darauf beschränken, größenordnungsmäßig den Zeitbedarf $t_n(i)$ für einen Prozessor $P^{(i)}$ zu bestimmen.

Der Zeitbedarf aller Befehle des Rumpfes von `test` mit Ausnahme des aktiven Wartens auf die Ergebnisse der Prozessoren $P^{(2i)}$ und $P^{(2i+1)}$ ist durch eine Konstante c beschränkt. Sie sei so gewählt, daß sie auch eine obere Schranke für den Zeitbedarf von 'main' ist.

Für $n + 1 \leq i \leq 2n + 1$ ist $t_n(i) = c$. Für $i > 1$ gilt außerdem $t_n(\lfloor \frac{i}{2} \rfloor) \leq c + t_n(i)$. Hieraus folgt sofort: $t_n(1) \leq c(1 + \lceil \text{ld}(2n + 1) \rceil)$.

Der Gesamtzeitbedarf des obigen Programmes läßt sich daher bei geeigneter Wahl einer Konstanten d für beliebiges n nach oben abschätzen durch $c + t_n(1) \leq d\lceil \text{ld } n \rceil$. ∎

Vergleich mit sequentiellen Turingmaschinen

Wir beginnen diesen Abschnitt mit einem technischen Lemma, das im Beweis des sich anschließenden Satzes benötigt wird. Für die dortige „Simulation" von Turingmaschinen müssen deren Konfigurationen durch Zahldarstellungen repräsentiert werden.

4.15 Definition
Für jede (1)-O-Turingmaschine T und für jedes $k \in \mathbb{N}_0$ bezeichne $C_T^{(k)}$ die Menge aller Konfigurationen von T, bei denen für jedes Feld, dessen Nummer betragsmäßig echt größer als k ist, gilt: Es ist mit einem Blanksymbol beschriftet sind, und der Schreib-Lese-Kopf von T befindet sich nicht auf ihm.

4.16 Lemma
Es gibt ein $m \in \mathbb{N}_+$, so daß man die Konfigurationen jeder (1)-O-Turingmaschine T wie folgt durch m-adische Zahlen repräsentieren kann:
a) *Jeweils alle Konfigurationen c einer Menge $C_T^{(k)}$ werden durch $(2k+2)$-stellige Zahlen $\text{cod}_k(c)$ dargestellt.*

b) *Folglich hat jede Konfiguration unendlich viele Codierungen, und zu je endlich vielen Konfigurationen $c_1, \ldots, c_n$ existieren für (mindestens) ein k gleich lange Codierungen $\text{cod}_k(c_1), \ldots, \text{cod}_k(c_n)$.*

c) *Es gibt für jede Turingmaschine T eine parallele Registermaschine, die für zwei aufeinanderfolgende Konfigurationen c und $\Delta_T(c)$, die in der gleichen Menge $C_T^{(k)}$ sind, in einer Zeit proportional zu k aus $\mathrm{cod}_k(c)$ die Codierung $\mathrm{cod}_k(\Delta_T(c))$ der Nachfolgekonfiguration berechnen kann.*

4.17 Beweisskizze

Wir deuten nur an, wie man die Konfigurationen zum Beispiel codieren kann. Den Nachweis, daß diese Codierung die gewünschte Eigenschaft hat, überlassen wir Ihnen als Übungsaufgabe.

Es sei T eine (1)-O-Turingmaschine. Sie hat $|S_T|$ Zustände und $|B_T|$ Bandsymbole. Das Rechenalphabet B_P für die parallele Registermaschine wählen wir $|S_T|+|B_T|$-elementig. Die Zustände von T werden mit den ersten $|S_T|$ Ziffern identifiziert und die Bandsymbole mit den übrigen. Eine Konfiguration $c = (s, b, p)$ als Element von $C_T^{(k)}$ wird durch das Wort $\mathrm{cod}_k(c) \in B_P^{2k+2}$ repräsentiert, das wie folgt definiert ist. Für alle $i \in \mathbb{N}_+$ mit $1 \leq i \leq 2k+2$ ist

$$\mathrm{cod}_k(c)[i] = \begin{cases} b(i-k-1) & \text{falls } i-k-1 < p \\ s & \text{falls } i-k-1 = p \\ b(i-k-2) & \text{falls } i-k-2 \geq p \end{cases}$$

Mit anderen Worten setzt sich $\mathrm{cod}_k(c)$ aus den Bandsymbolen zusammen, die auf den Feldern mit Nummern zwischen $-k$ und k stehen, wobei vor dem Symbol, das gerade vom Kopf der Turingmaschine gelesen wird, der Zustand als zusätzliches Symbol eingefügt ist. ∎

4.18 Satz
Für alle $s \geq \mathrm{id}_\mathbb{N}$ gilt:

$$\text{(1)--O--Tm--Space}\,(s) \subseteq \text{Pram--Time}\,(\Theta(s))$$

4.19 Beweis

Im ersten Teil beschreiben wir – noch völlig unabhängig von parallelen Registermaschinen – die eigentliche Beweisidee. Als zweites diskutieren wir die Komplexität einer möglichen Implementierung unter einer Zusatzvoraussetzung. Wie man auf diese ohne einen wesentlichen Mehraufwand an Zeit verzichten kann, wird im dritten Teil skizziert.

a) Es sei T eine (1)-O-Turingmaschine und $w \in A^+$ ein Eingabewort, für das T hält. Außerdem seien $n := |w|$ und $k := Space_T(n)$. Mit $G_{T,k}$ werde der folgendermaßen definierte Graph bezeichnet:

- Die Knotenmenge ist $C_T^{(k)}$. Es gibt eine Konstante d_1, so daß die Anzahl der Knoten kleiner oder gleich d_1^k ist.
- Es führt genau dann eine Kante von Knoten c_1 zu Knoten c_2, wenn $c_2 = \Delta_T(c_1)$ ist. (Wenn c_1 eine Endkonfiguration ist, also $c_1 = c_2$.)

Die Frage, ob $w \in L(T)$ ist oder nicht, ist offensichtlich äquivalent zu der Frage, ob in $G_{T,k}$ eine Bahn von der zu w gehörenden Anfangskonfiguration zu einer akzeptierenden Endkonfiguration existiert. Wenn es gelingt, sowohl $G_{T,k}$ schnell zu konstruieren als auch die zuletzt formulierte Frage schnell zu entscheiden, dann kann $L(T)$ auch schnell erkannt werden.

b) Wir konstruieren zunächst zu gegebenem T eine parallele Registermaschine P, die feststellt, ob $w \in L(T)$ ist oder nicht, wobei wir zunächst annehmen, daß w *und* k bekannt sind. P arbeitet in zwei Phasen.

- In der ersten wird im globalen Speicher eine Darstellung von $G_{T,k}$ erzeugt. Dazu werden (vgl. Lemma 4.16) die Konfigurationen für ein geeignetes e als $e \cdot k$-stellige Binärzahlen aufgefaßt, und baumartig (in $d_2 k$ Schritten) d_1^k Prozessoren aktiviert. Jeder von ihnen bekommt eine andere Zahl x übergeben, die er als Konfigurationscodierung auffaßt, berechnet in einer Zeit $d_3 k$ die Codierung der Nachfolgekonfiguration und legt sie unter der Adresse x im globalen Speicher ab.
- In der zweiten Phase wird $\lceil \mathrm{ld}(d_1^k) \rceil = \lceil k \cdot \mathrm{ld}\, d_1 \rceil$ mal der folgende Ablauf iteriert: Es werden wieder d_1^k Prozessoren mit paarweise verschiedenen Zahlen x aktiviert. Jeder Prozessor führt die Befehlsfolge für die Zuweisung G[x] := G[G[x]] aus („pointer jumping"). Man überlegt sich, daß nach i Iterationen der Inhalt von G[j] die von T nach 2^i Schritten von j aus erreichte Konfiguration ist.

Da wir T als immer haltend vorausgesetzt haben, gilt also nach Ablauf der zweiten Phase: Der Inhalt derjenigen globalen Speicherzelle, deren Adresse der zu w gehörenden Anfangskonfiguration entspricht, ist die von T bei Eingabe von w schließlich erreichte Endkonfiguration. Anhand dieser kann P feststellen, ob T w ablehnen oder annehmen würde. Man überzeugt sich davon, daß der Zeitbedarf für P proportional zu k ist.

c) Als letztes skizzieren wir noch, wie P ohne die Kenntnis von k größenordnungsmäßig genauso schnell T „simulieren" kann. Dazu startet P den in b) beschriebenen Ablauf unmittelbar nacheinander für alle $k = 1, 2, 3, \ldots$ bis für einen dieser Werte eine der Antworten $w \in L(T)$ oder $w \notin L(T)$ geliefert wird. Nach $d_4 k$ Schritten wird der tatsächlich interessierende Ablauf gestartet, der – wie gesehen – in einer Zeit proportional zu k die richtige Antwort liefert. Man beachte, daß die für verschiedene k's gestarteten Abläufe disjunkte Teile des globalen Speichers benutzen müssen. Dies ist möglich, da die Größe der jeweils benötigten Speicherabschnitte leicht berechenbar ist und daher jedem Ablauf ein geeigneter „Adreßoffset" mitgegeben werden kann.

Zwei Bemerkungen erscheinen angebracht. Zunächst einmal ist diese Aussage, daß es zu jedem platzsparenden sequentiellen Algorithmus ein schnelles paralleles Pendant gibt, doch recht erstaunlich. Wir werden im nächsten Kapitel sehen, daß man dies als Konsequenz eines intuitiv näherliegenden Zusammenhangs zwischen sequentiellen und parallelen Modellen und einer „eigentümlichen" Eigenschaft der parallelen Modelle auffassen kann.

Außerdem haben Sie wohl schon gemerkt, daß man für die geringen Ausführungszeiten mit einem großen Aufwand an Prozessoren bezahlt hat, und zwar an Prozessoren, von denen jeder für sich schon so mächtig ist wie eine Turingmaschine.

4.20 Ohne Beweis sei auch noch eine analoge Aussage für E-Turingmaschinen notiert. Man beachte, daß hierbei log als untere Schranke für s sinnvoll ist und auch angegeben werden kann.

Für alle $s \geq \log$ gilt:

$$\text{E--Tm--Space}\,(s) \subseteq \text{Pram--Time}\,(\Theta(s))$$

Aus dem oben bewiesenen Satz folgt noch eine interessante Aussage über NP-vollständige Probleme. Dazu benötigt man zunächst das folgende Ergebnis von Savitch [Sav70] über den Zusammenhang der Raumkomplexitäten von nichtdeterministischen Turingmaschinen (Ntm) und deterministischen:

4.21 Satz (von Savitch)
Wenn die Funktion s von einer deterministischen Turingmaschine mit Raumkomplexität s^2 berechnet werden kann, gilt:

$$\text{Ntm--Space}\,(s) \subseteq \text{E--Tm--Space}\,(s^2)$$

Die Voraussetzung an die Raumkomplexitätsschranke wird zum Beispiel von den $\text{id}_{\mathbb{N}}^k$ erfüllt. Wegen $\text{NP} = \text{Ntm--Time}(\text{Pol}(\text{id}_{\mathbb{N}})) \subseteq \text{Ntm--Space}(\text{Pol}(\text{id}_{\mathbb{N}}))$ ergibt sich daher zusammen mit der erwähnten Aussage über den Zusammenhang zwischen E--Tm--Space und Pram--Time insgesamt die folgende Aussage.

Sollten NP-vollständige Probleme sequentiell deterministisch nur in exponentieller Zeit lösbar sein, erhielte man für sie also eine große Beschleunigung beim Übergang zu parallelen Modellen:

4.22 Korollar
$$\text{NP} \subseteq \text{Pram--Time}\,(\text{Pol}(\text{id}_{\mathbb{N}}))$$

Wir wollen uns nun dem zweiten wesentlichen Ergebnis dieses Kapitels zuwenden. Es ist in gewisser Weise die Umkehrung von Satz 4.18 und besagt, daß Probleme, die schnell parallel gelöst werden können, auch (jedenfalls einigermaßen) platzsparend sequentiell gelöst werden können.

4.23 Satz
Für alle $t \geq \mathrm{id}_N$ gilt:

$$\text{PRAM-TIME}(t) \subseteq \text{O-TM-SPACE}(\text{Pol}(t)) \subseteq \text{E-TM-SPACE}(\text{Pol}(t))$$

4.24 Beweisskizze
Offensichtlich genügt es, die linke Inklusion zu beweisen.

Es sei ein beliebiges Programm für eine parallele Registermaschine P gegeben, deren Zeitkomplexität t sei. Es wäre nun erforderlich, eine Turingmaschine T zu beschreiben, die die gleiche formale Sprache erkennt, und deren Raumkomplexität durch ein Polynom in t beschränkt ist. Das werden wir nicht in allen Einzelheiten tun. Statt dessen beschreiben wir in groben Zügen einen Algorithmus zur Simulation von P, bei dem wir uns hinterher davon überzeugen werden, daß er von einer Turingmaschine mit der geforderten Raumkomplexität ausgeführt werden kann. Wir begnügen uns damit, die wichtigste Prozedur anzugeben. Bei den dabei verwendeten Hilfsprozeduren ist aufgrund des Namens hoffentlich immer klar, was sie tun sollen und daß sie auf einer Turingmaschine geeignet implementiert werden können. Das folgende Programmfragment sollte nicht mit einem Programm für eine parallele Registermaschine verwechselt werden.

```
/* die Prozedur 'check' prüft, ob folgende Bedingung erfüllt ist:
 * Prozessor Nummer p führt im Schritt Nummer t Programmzeile l aus
 * und der ACCU-Inhalt ist hinterher a. Als Ergebnis wird geliefert:
 * 'fail'    falls die Bedingung nicht erfüllt ist;
 * 'accept'  falls die Bedingung erfüllt ist, p = 0 ist, in Zeile l HALT steht
 *           und der ACCU-Inhalt gleich Eins ist;
 * 'reject'  falls die Bedingung erfüllt ist, p = 0 ist, in Zeile l HALT steht
 *           und der ACCU-Inhalt gleich Null ist;
 * 'none'    sonst
 */
{accept, reject, none, fail} check (PROC p, TIME t, LINE l, INT a)
begin
    if (t = 0)
    then /* die Überprüfungen für die Anfangskonfiguration sind
         * einfach und werden deswegen hier nicht angegeben.
         * . . . . . . . . . . . . . . . . . . . . . . . . . . .
         * Am Ende dieses then-Zweiges werde 'check' mit dem
         * korrekten Funktionswert verlassen. Alle weiteren
         * Anweisungen werden also nur für t > 0 ausgeführt.
         */
    fi
    /* An dieser Stelle ist sicher t > 0 ! Nun wird es interessant. */
```

```
/* Zeilennummer und ACCU-Inhalt nach vorangegangenem Schritt finden */
step a' from 0 up
      l' from 1 to prog_length
until (check (p, t − 1, l', a') ≠ fail);


/* Stimmt die zu testende Zeilennummer l ? */
if (((instruction_in_line(l') ≠ jump) and
      (instruction_in_line(l') ≠ jzero or a' ≠ 0) and
      (l = l' + 1))
   or
      (((instruction_in_line(l') = jump) or
      (instruction_in_line(l') = jzero and a' = 0)) and
      (jump_label_in_line(l') = l)))
then /* zum Zeitpunkt t wird tatsächlich Zeile l erreicht */
else   return(fail);
fi


/* Wenn die Prozedur bis an diese Stelle kommt, stimmt die Zeilennummer.
 * Nun muß noch überprüft werden, ob der ACCU-Inhalt tatsächlich a ist;
 * das ergibt sich aus dem ACCU-Inhalt nach dem vorangegangenen Schritt
 * und dem dann ausgeführten Befehl.
 */


case instruction_in_line(l) of
   jump: if (a' ≠ a)
         then return(fail);
         else   return(none);
         fi


   load_direct_global:
            adr := extract_address(l);
            step t' from t − 1 down
                  p' from 0 to (2 power t')
            until check_global_write_occurs (p', t', adr);
            if (check_no_write_conflict (t', adr))
            then
                  step c' from 0 up
                  until check_global_write_value (p', t', adr, c');
                  if (a <> c')
                  then return(fail);
```

             else return(none);
            fi
       else loop_endlessly;
      fi

     /* der Plan ist wohl klar; die weiteren Fälle werden hier nicht ausgeführt. */

end check;

Wie man sieht, ist check direkt rekursiv und über die anderen benutzten, aber nicht definierten Prozeduren, auch indirekt. Durch die Aufrufe check$(0, t-1, l, 1)$, wobei l jeweils die Nummern aller Zeilen des Programmes und t nacheinander 1, 2, 3, usw. durchläuft, kann T feststellen, ob P die Eingabe schließlich annimmt oder ablehnt. Von wesentlicher Bedeutung sind die beiden folgenden Punkte:

- Die Rekursion bricht immer ab. Das erkennt man daran, daß bei jedem rekursiven Aufruf der (stets vorhandene) Parameter „Zeitpunkt" um mindestens eins erniedrigt wird. Das bedeutet genauer gesagt sogar, daß die Rekursionstiefe nie größer ist als der Wert des Parameters t beim ersten Aufruf.
- Als zweites sei auf den Platzbedarf für jeden Aufruf einer der check-Prozeduren hingewiesen. Die Anzahl der pro Aufruf zu speichernden Variablen ist durch eine Konstante beschränkbar. Und den meisten Platz benötigt man für die Speicherung einer Prozessornummer. Sie kann maximal 2^t sein und daher einen Platzbedarf von t haben.

Insgesamt hat man also gleichzeitig die Variablenwerte für t Aufrufe zu speichern, und für jeden von ihnen benötigt die Turingmaschine höchstens $c \cdot t$ Felder auf dem Band. Hieraus ergibt sich die behauptete Raumkomplexität von T. ■

Aus den Sätzen 4.23 und 4.18 und der Tatsache, daß man O-Turingmaschinen mit mehreren Bändern bzw. Köpfen bei gleicher Raumkomplexität mit (1)-O-Turingmaschinen simulieren kann, erhält man zusammenfassend die folgende Aussage.

4.25 Korollar
Für alle $f \geq \mathrm{id}_{\mathbb{N}}$ gilt:

$$(1)\text{--}O\text{--}\mathrm{TM}\text{--}\mathrm{SPACE}\,(\mathrm{Pol}(f)) = \mathrm{PRAM}\text{--}\mathrm{TIME}\,(\mathrm{Pol}(f))$$

Der Vollständigkeit halber sei noch das folgende Ergebnis von Dymond und Tompa [DyT85] erwähnt. Es ist insofern bemerkenswert, als tatsächlich eine prizipielle Beschleunigungsmöglichkeit beim Übergang von einem sequentiellen zu einem parallelen Modell nachgewiesen wird.

4.26 Satz
Für alle $t \geq \mathrm{id}_{\mathbb{N}}$ gilt:

$$\mathrm{O\text{-}Tm\text{-}Time}\,(t) \subseteq \mathrm{Pram\text{-}Time}\,\left(t^{1/2}\right)$$

Auf einen Beweis wollen wir hier verzichten. Man findet ihn zum Beispiel in [Rei90].

4.3 Nichtdeterministische „listenverarbeitende" parallele Registermaschinen (NLPRAMs)

Beschreibung des Modelles

Gegenüber den im vorangegangenen Kapitel beschriebenen parallelen Registermaschinen ist bei den sogenannten nichtdeterministischen listenverarbeitenden parallelen Registermaschinen (kurz NLPRAM) die Kommunikation zwischen den wiederum potentiell unendlich vielen Prozessoren eingeschränkt. Es liegt ein voller
binärer Baum von Prozessoren vor, in dem jeder nur mit seinen beiden Nachfolgern und seinem Vorgänger über eine fixierte Anzahl von Registern kommunizieren
kann. Es gibt keinen globalen gemeinsamen Speicher mehr (den wir ohnehin nur
in der beschriebenen Form benutzt haben).

Auf der anderen Seite werden zusätzliche mächtige Befehle zur Verfügung gestellt.
Deren Mächtigkeit ergibt sich aus der Tatsache, daß angenommen wird, daß sie
unabhängig von den Argumentwerten immer in einem Schritt ausgeführt werden
können. Es handelt sich dabei um die Konkatenation zweier Zahldarstellungen und
das Extrahieren der vorderen und hinteren Hälfte einer solchen.

Schließlich werden wir nur die Version betrachten, bei der die Prozessoren auch
noch nichtdeterministisch arbeiten. Dieses Modell wurde von Savitch in [Sav78]
vorgestellt. Daraus stammen auch die hier referierten Ergebnisse.

4.27 Definition (Bestandteile einer NLPRAM)
*Eine NLPRAM besteht aus einem potentiell unendlichen binären Baum von Prozes-
soren. Sie sind genauso aufgebaut wie die Prozessoren einer parallelen Registermaschine und arbeiten wie diese synchron nach einem globalen Takt.*

*Es gibt aber keinen globalen Speicher. Stattdessen existieren für jeden Prozes-
sor zwei Sätze von je k Registern zur Kommunikation mit seinen beiden Nachfolgern. Folglich hat auch jeder Prozessor k Register zur Kommunikation mit seinem
Vorgänger; der Einfachheit halber nehmen wir das auch für den Wurzelprozessor
an. Dieses k ist für alle Prozessoren einer NLPRAM gleich, darf aber von NLPRAM
zu NLPRAM variieren. Die Register zu den beiden Nachfolgern werden mit CL[1],*

..., CL[k] und CR[1], ..., CR[k] bezeichnet und die zum Vorgänger mit C[1], ..., C[k]. Die Inhalte dieser **Kommunikationsregister** können von den „angeschlossenen" Prozessoren jederzeit durch normale LOAD-Befehle gelesen werden. Das Schreiben ist nur durch die Benutzung spezieller Befehle (FORK und RETURN) möglich.

Für die Benutzung von NLPRAMs als Spracherkenner ist die Festlegung eines Eingabealphabetes notwendig. Ohne Beschränkung der Allgemeinheit wollen wir annehmen, daß es von der Form $A = \{1, 2, \ldots, l\}$ ist, und daß die zu konstruierende NLPRAM dann l-adische Zahldarstellung (siehe Def. A.12) verwendet. Bei manchen der folgenden Maschinenbefehle ist es vorteilhaft, sich von der Vorstellung leiten zu lassen, daß jedes Register ein Wort enthält.

4.28 Definition (Programme für NLPRAMs)
Ein Programm einer NLPRAM besteht aus einer (ab 1) durchnumerierten Folge von Befehlen. Der Befehl in der letzten Zeile eines Programmes muß ein RETURN sein. Die verschiedenen Befehlstypen sind in Tabelle 4.1 zusammengefaßt.

Befehl		Wirkung
LOAD	operand	Der Akkumulator wird auf einen neuen Wert gesetzt.
STORE	operand	Der Akkumulatorinhalt wird abgespeichert.
ADD	operand	Der Inhalt des Akkumulators wird erhöht.
SUB	operand	Der Inhalt des Akkumulators wird erniedrigt (wie bei CREW–PRAMs).
CONC	operand	Konkatenieren des Akkumulatorinhalts mit dem Operanden
HEAD		Extrahieren der vorderen Hälfte des Akkumulators
TAIL		Extrahieren der hinteren Hälfte des Akkumulators
JUMP	labels	unbedingter Sprung; Setzen von PC auf label
JZERO	labels	bedingter Sprung, falls ACCU eine 0 enthält
JRETL	labels	bedingter Sprung, falls der linke Nachfolgeprozessor fertig ist
JRETR	labels	bedingter Sprung, falls der rechte Nachfolgeprozessor fertig ist
FORKL	$op_1, \ldots, op_k$	Starten des linken Nachfolgeprozessors
FORKR	$op_1, \ldots, op_k$	Starten des rechten Nachfolgeprozessors
RETURN	$op_1, \ldots, op_k$	Prozessor hält an und liefert (mit Ausnahme des Wurzelprozessors) die Operanden in den „Vorgänger-register" ab.

Tabelle 4.1: Die Maschinenbefehle für NLPRAM-Programme.

Bei Wörtern ungerader Länge liefert HEAD einen um ein Symbol kürzeren Funktionswert als TAIL.

Die Kommunikationsregister werden nur durch die drei Befehle FORKL, FORKR *und* RETURN *verändert, indem die angegebenen Operanden hineingeladen werden. Die Register können jederzeit gelesen werden, indem bei einem* LOAD-*Befehl als Operand eine der Registerbezeichnungen* C[i], CL[i] *oder* CR[i] *angegeben wird.*

Ein durch einen FORKL- *oder* FORKR-*Befehl gestarteter Prozessor beginnt in Zeile 1 des Programmes. (Man beachte den Unterschied zu* PRAMs.)

Mit Hilfe der Befehle JRETL *und* JRETR *kann ein Prozessor abfragen, ob ein irgendwann einmal gestarteter Nachfolger noch rechnet oder seine Arbeit beendet (und die Ergebnisse in den Kommunikationsregistern abgelegt) hat.*

Eine weitere Verallgemeinerung besteht darin, daß wir NLPRAMs *betrachten wollen, die nichtdeterministisch sind. Das bedeutet, daß als Sprungziele Marken angegeben werden, die im Programm mehrfach auftreten können. Eine alternative Formulierung wäre es, bei einem Sprungbefehl mehrere Zeilennummern angeben zu dürfen, von denen bei jeder konkreten Berechnung eine willkürlich ausgewählt wird. Das werden wir im folgenden auch tun.*

4.29 Definition

a) *In der zu einem Eingabewort* $w \in A^+$ *gehörenden* **Anfangskonfiguration** c_w *ist die Speicherzelle 0 des Wurzelprozessors mit* w *initialisiert, alle anderen Speicherzellen enthalten 0. Der Wurzelprozessor arbeitet zu Beginn als einziger und beginnt mit der ersten Zeile des Programmes.*

b) *Eine* **Endkonfiguration** *ist erreicht, wenn der Wurzelprozessor einen* RETURN-*Befehl ausführt. Sie ist genau dann* **akzeptierend***, wenn dabei der Inhalt des Akkumulators gleich Eins ist.*

4.30 Definition (Erkannte Sprache)

Die von einer NLPRAM *P erkannte Sprache sei die Menge aller* $w \in A^+$*, für die es eine akzeptierende Endkonfiguration* c_+ *gibt mit* $c_w \vdash_P^* c_+$.

4.31 Definition

Die **Zeitkomplexität** $Time_N : \mathbb{N}_+ \to \mathbb{R}_+$ *einer* NLPRAM *N ordnet jedem n die Anzahl der Schritte zu, die der Wurzelprozessor maximal für ein Eingabewort der Länge n bis zum Erreichen einer Endkonfiguration durchführt.*

Für die Zeitkomplexitätsklassen schreiben wir NLPRAM–TIME (t).

4.32 Beispiel (Schnelles Raten großer Zahlen)

Wir wollen eine NLPRAM angeben, die schnell eine große Zahl „rät". Genauer gesagt gibt es für das folgende nichtdeterministische Programm für *jede* Zahl $x \in \mathbb{N}$ eine Ausführung durch eine NLPRAM (ohne Eingabe) derart, daß am Ende im Akkumulator des Wurzelprozessors gerade x enthalten ist. Die Ausführung benötigt in Abhängigkeit vom Wert x größenordnungsmäßig $^2\log x$ Schritte; der Zeitbedarf ist mit anderen Worten logarithmisch in der Länge der Darstellung von x. Es wird nur ein einziges Kommunikationsregister benötigt. Das Rechenalphabet sei $\{1, 2\}$ und daher die Zahldarstellung dyadisch.

```
        JUMP    deeper, choose_1, choose_2, choose_e
deeper:
        /* Man beachte, daß die durch FORK gestarteten Prozessoren
           wieder mit der ersten Zeile des Programmes beginnen! */
        FORKL   0      /* die 0 wird ignoriert */
        FORKR   0      /* die 0 wird ignoriert */
  wL:   JRETL   wR
        JUMP    wL
  wR:   JRETR   c
        JUMP    wR
  c:    LOAD    CL[1]
        CONC    CR[1]
        RETURN  ACCU

choose_1:
        RETURN  1

choose_2:
        RETURN  2

choose_e:
        RETURN  0   /* die Darstellung der Null ist das leere Wort */
```

4.33 Beispiel
Um zu demonstrieren, welche Auswirkungen die Wahl der Maschinenbefehle haben kann, sei kurz auf die formale Sprache $\{ww \mid w \in \{1, 2\}^+\}$ eingegangen. Vielleicht möchten Sie selbst erst einmal überlegen, wie schnell sie von einer NLPRAM erkannt werden kann?

. . .

Haben Sie es gemerkt? Wenn ja, dann sieht Ihre Lösung vermutlich ähnlich aus wie das folgende Programm:

```
        LOAD    L[0]
        HEAD
        STORE   L[1]
        LOAD    L[0]
        TAIL
```

```
          STORE L[2]
test1:    SUB   L[1]
          JZERO test2
falsch:   LOAD  0          /* bedeutet Ablehnung */
          RETURN 0
test2:    LOAD  L[1]
          SUB   L[2]
          JZERO richtig
          JUMP  falsch
richtig:  LOAD  1          /* bedeutet Annahme */
          RETURN 0
```

Man kommt *unabhängig von der Wortlänge* mit einer konstanten Anzahl von Schritten aus und benötigt dabei nur *einen* Prozessor, der auch noch deterministisch arbeitet!

4.34 Bisher haben wir bei jedem Modell auch ein Programm für die Erkennung der Palindrome angegeben. Das tun wir dieses Mal nicht. Es ist uns nämlich keine Möglichkeit bekannt, wie man die mächtigen Maschinenbefehle und den Nichtdeterminismus ausnützen könnte, um L_{pal} noch schneller zu erkennen als mit einer parallelen CREW-Registermaschine. Wir kommen deswegen nun gleich zu dem Abschnitt mit allgemeinen Aussagen.

Vergleich mit sequentiellen Turingmaschinen

In diesem Abschnitt gehen wir davon aus, daß alle auftretenden Turingmaschinen von einer speziellen Art sind:

4.35 Definition
*Wir sagen, eine Turingmaschine sei in **Normalform**, wenn sie niemals Felder betritt, deren Nummern kleiner oder gleich Null sind.*

Man kann zeigen, daß es zu jeder beliebigen Turingmaschine T eine äquivalente in Normalform gibt, die weder langsamer ist noch mehr Platz benötigt. Es handelt sich bei dieser Bedingung also um keine echte Einschränkung.

Das folgende Lemma macht wieder Aussagen über Codierungen von (1)-O-Turingmaschinen. Man vergleiche es mit Lemma 4.16.

4.36 Lemma
Es gibt ein $m \in \mathbb{N}_+$ und ein $e \in \mathbb{N}_+$, so daß man alle Konfigurationen jeder (1)-O-Turingmaschine T wie folgt durch m-adische Zahlen repräsentieren kann:

a) *Jeweils alle Konfigurationen c einer Menge $C_T^{(k)}$ werden durch $(e \cdot k)$-stellige Zahlen $\mathrm{cod}_k(c)$ dargestellt.*

b) *Folglich hat jede Konfiguration unendlich viele „Codierungen" und zu je endlich vielen Konfigurationen $c_1, \ldots, c_n$ existieren für (mindestens) ein k gleich lange Codierungen $\mathrm{cod}_k(c_1), \ldots, \mathrm{cod}_k(c_n)$.*

c) *Zu jeder nichtdeterministischen Turingmaschine T gibt es eine* NLPRAM *P, die für je zwei Codierungen der Länge l von Turingmaschinen-Konfigurationen c_1 und c_2 in einer Zeit proportional zu $\log l$ feststellt, ob $c_1 \vdash_T c_2$ gilt.*

4.37 Beweisskizze
Man benutzt die gleichen Codierungen wie beim entsprechenden Lemma im Abschnitt über CREW–PRAMs.

Im übrigen beschränken wir uns auf eine Bemerkung zum letzten Teils des Lemmas: Gilt $c_1 \vdash_T c_2$, so unterscheiden sich gleich lange Codierungen d_1, d_2 dieser Konfigurationen höchstens in drei aufeinanderfolgenden Symbolen. Die sechs Symbole, das gemeinsame Präfix und das gemeinsame Suffix kann eine NLPRAM schnell raten und anschließend testen, ob sich erstens aus dem Geratenen durch entsprechende Konkatenation d_1 und d_2 ergeben und ob zweitens die sechs Symbole bezüglich δ_T „konsistent" sind. ∎

Wir wollen nun den folgenden Satz beweisen:

4.38 Satz
Für alle $t \geq \mathrm{id}_\mathbb{N}$ gilt:

$$(1)\text{-O-NTM-TIME}\,(t) \subseteq \text{NLPRAM-TIME}\,(\mathrm{O}(\log t))$$

4.39 Beweis
Ohne Beschränkung der Allgemeinheit seien eine nichtdeterministische Turingmaschine T in Normalform mit Eingabealphabet A und ein Eingabewort $w \in A^+$ gegeben. Im folgenden bezeichne $N := \lceil \mathrm{ld}(t(|w|)) \rceil$.

T akzeptiert w genau dann, wenn es Konfigurationen $c_0, c_1, \ldots, c_{2^N}$ gibt, die die folgenden Eigenschaften erfüllen:

- c_0 ist die Anfangskonfiguration c_w.
- Für alle $0 \leq i < 2^N$ gilt $c_i \vdash_T c_{i+1}$.
- c_{2^N} ist akzeptierende Endkonfiguration.

Die zu konstruierende NLPRAM P verwendet ein hinreichend großes Alphabet (siehe Lemma 4.36) für die Zahlendarstellung. Zur Feststellung, ob w in $L(T)$ liegt, arbeitet P nach dem Prinzip „divide et impera":

1. Der Wurzelprozessor initiiert durch N-fache Rekursion den Start von 2^N Prozessoren auf dem gleichen Niveau. (Wir sagen, zwei Prozessoren seien auf dem gleichen Niveau, wenn sie gleich weit vom Wurzelprozessor entfernt sind.)

2. Jeder Prozessor „entscheidet nichtdeterministisch", ob er sich auf dem richtigen Niveau befindet. Wenn das der Fall ist, rät er zwei Codierungen c und c' von Konfigurationen. Wenn die Codierungen gleich lang sind und $c \vdash_T c'$ gilt, liefert er (c, c') an seinen Vorgänger als Ergebnis. Ansonsten wird w abgelehnt.

3. Jeder Prozessor auf einem niedrigeren als dem N-ten Niveau überprüft die Ergebnisse (c, c') und (d, d') seiner Nachfolger daraufhin, ob $c' = d$ gilt. Falls das der Fall ist, liefert er (c, d') als Ergebnis, ansonsten wird w abgelehnt.

4. Der Wurzelprozessor überprüft zusätzlich, ob c die zu w gehörende Anfangskonfiguration und d' eine akzeptierende Endkonfiguration ist. Gegebenenfalls wird w akzeptiert, sonst abgelehnt.

Daß P die richtige Sprache erkennt, ist offensichtlich. Es stellt sich noch die Frage nach der Zeitkomplexität von P. Man kann sich überlegen, daß die Überprüfungen in den Punkten 2 und 4 in einer Zeit proportional zu N durchgeführt werden können. Sie sind jeweils nur auf einem Niveau notwendig. Die Überprüfungen auf den anderen höchstens $N - 1$ Niveaus benötigen nur konstante Zeit. Daher ergibt sich für P insgesamt ein Zeitbedarf, der proportional zu $N = \lceil \mathrm{ld}(t(|w|)) \rceil$ ist, womit die Behauptung bewiesen ist. ∎

Wegen NTM–TIME $(t) \subseteq (1)$–NTM–TIME (t^2) (siehe zum Beispiel [WaW86, Theorem 19.15]) folgt aus diesem Satz sofort auch:

4.40 Korollar
Für alle $t \geq \mathrm{id}_{\mathbb{N}}$ gilt:

$$\text{NTM–TIME}\,(t) \subseteq \text{NLPRAM–TIME}\,(O(\log t))$$

Ohne auf den nicht sehr lehrreichen Beweis dafür einzugehen – die naheliegende Konstruktion leistet schon das Gewünschte – sei auch eine Aussage über die umgekehrte Simulation erwähnt:

4.41 Satz
Für alle $t \geq \mathrm{ld}$ gilt:

$$\text{NLPRAM–TIME}\,(t) \subseteq \text{NTM–TIME}\,(16^t)$$

Als Folgerung aus den beiden vorangegangenen Sätzen erhält man die Aussagen:

4.42 Korollar
Für alle $t \geq \mathrm{ld}$ gilt:

$$\textsc{Ntm-Time}\,(\mathrm{Pol}(t)) \;=\; \textsc{Nlpram-Time}\,(\mathrm{O}(\log t))$$
$$\mathrm{NP} \;=\; \textsc{Nlpram-Time}\,(\mathrm{O}(\log))$$

Die erste Aussage sichert für nichtdeterministische Modelle also eine erhebliche prinzipiell mögliche Beschleunigung beim Übergang zu einem gewissen parallelen Modell zu, wie er für deterministische Modelle nicht bekannt ist.

Berücksichtigt man, daß NP-vollständige Probleme deterministisch sequentiell mutmaßlich nur in Exponentialzeit gelöst werden können, so ergibt sich eine gewaltige Beschleunigung bei der Benutzung von Nlprams.

4.4 Ein kurzer Ausblick

Daß das Modell der Nlprams als unrealistisch anzusehen ist, braucht angesichts der zuletzt gemachten Feststellung wohl nicht weiter begründet zu werden. Aber auch gegen die deterministischen Prams mit nur „einfachen" Maschinenbefehlen kann man Einwände haben. Zum Beispiel sind die Annahmen über den globalen Speicher sehr idealistisch. Es wird von einer immer gleichen konstanten Speicherzugriffszeit ausgegangen, und zwar unabhängig davon, wieviele globale Speicherzellen man im Laufe einer Berechnung benötigt und wieviele Prozessoren maximal gleichzeitig auf (wenn auch verschiedene) Speicherzellen zugreifen. (Man erinnere sich etwa an den Beweis von Satz 4.18.) Dadurch werden Kommunikationsoperationen ermöglicht, die sehr schnell und umfangreich – und daher auch unrealistisch – sind.

Dies führte in jüngster Zeit dazu, daß zunehmend auch Varianten von Prams und andere Modelle betrachtet werden, die nicht dieses Manko haben. Stellvertretend seien hier zwei Ausprägungen erwähnt, die beide keinen globalen gemeinsamen Speicher annehmen. Beim LogP-Modell (siehe [CKP93]) arbeiten die Prozessoren unabhängig voneinander und tauschen Daten aus, indem sie über ein Netzwerk, durch das sie miteinander verbunden sind, Nachrichten senden. Dieses Netzwerk ist nicht in der Form konkreter Graphen spezifiziert, sondern in die Algorithmen gehen immer nur drei charakteristische Parameter L, o und g ein (zusammen mit der Bezeichnung P für die Prozessorzahl ergibt sich gerade der Name). L (*latency*) ist die maximal benötigte Zeit für die Übertragung einer Nachricht, o (*overhead*) beschreibt den Zeitbedarf für den Sende- und den Empfangsvorgang und g (*gap*) ist eine untere Schranke für die Zeit, die auf jedem Prozessor zwischen zwei aufeinanderfolgenden Übertragungsvorgängen eingehalten werden muß.

Beim BSP-Modell von Valiant [Val90] (gelegentlich auch XPRAM genannt) wird ebenfalls das Verbindungsnetzwerk nur durch eine Maßzahl beschrieben und verlangt, daß es gewissen Anforderungen genügt. Außerdem wird von einer bestimmten Arbeitsweise der Prozessoren ausgegangen. Sie führen immer sogenannte Superschritte aus, zwischen denen sie alle synchronisiert werden. Jeder solcher Superschritt besteht aus dem Versenden von Nachrichten, einer festgelegte Anzahl von Schritten, während derer sie unabhängig voneinander arbeiten, und dem Empfangen von Nachrichten.

Genaueres zu diesen und ähnlichen Modellen findet man in der angegebenen und in der darin zitierten Literatur.

Zusammenfassung

- Die Prozessoren von CREW–PRAMs kommunizieren über einen globalen gemeinsamen Speicher. Die Zahl der aktiven Prozessoren kann exponentiell mit der Zeit wachsen.

- Dies erlaubt die schnelle parallele Bearbeitung von Algorithmen, die sequentiell wenig Platz benötigen, etwa solche für NP-vollständige Probleme. „Sequentieller Raum = parallele Zeit".

- Bei NLPRAMs arbeiten die Prozessoren nichtdeterministisch und können recht mächtige Operationen in einem Schritt ausführen. Das macht sie zu einem sehr schnellen, aber auch sehr unrealistischen Modell (siehe Korollar 4.42).

Literaturverzeichnis

[CKP93] D.E. Culler, R.M. Karp, D.A. Patterson, A. Sahay, K.E. Schauser, E. Santos, R. Subramonian und T. von Eicken. LogP: Towards a Realistic Model of Parallel Computation. In: *Proc. Fourth ACM SIGPLAN Symposium on Principles and Practice of Parallel Programming*, 1–12, 1993.

[DyT85] P.W. Dymond und M. Tompa. Speedups of deterministic machines by synchronous parallel machines. *Journal of Computer and System Sciences*, **30**, 1985, 149–161.

[FoW78] S. Fortune und J. Wyllie. Parallelism in random access machines. In: *Proc. 10th STOC*, 114–118, 1978.

[Rei90]   K.R. Reischuk. *Einführung in die Komplexitätstheorie*. B. G. Teubner, 1990.

[Sav70]   W.J. Savitch. Relationships between nondeterministic and deterministic tape complexities. *Journal of Computer and System Sciences*, 4, 1970, 177–192.

[Sav78]   W.J. Savitch. Parallel and nondeterministic time complexity classes. In: *Proc. 5th ICALP*, 411–424, 1978.

[Val90]   L.G. Valiant. A bridging model for parallel computation. *Communications of the ACM*, **33**, 1990, 103–111.

[WaW86] K. Wagner und G. Wechsung. *Computational Complexity*, erschienen in der Reihe *Mathematics and its Applications*. D. Reidel, 1986.

5 Uniforme Schaltkreisfamilien

Überblick

Dieses Kapitel besteht aus drei Abschnitten. Im ersten werden Schaltkreise und (allgemeine) Schaltkreisfamilien eingeführt. Da sich aber zeigt, daß sie kein angemessenes Modell für Berechenbarkeit darstellen, werden wir im zweiten Abschnitt auf *uniforme* Schaltkreisfamilien zu sprechen kommen. Ihrem Vergleich mit sequentiellen Turingmaschinen ist dann der dritte Abschnitt gewidmet. Die dort erhaltenen Ergebnisse zeigen auch auf, daß die Verwandtschaft zwischen uniformen Schaltkreisfamilien und parallelen CREW-Registermaschinen verhältnismäßig eng ist. Spätestens damit ist dann die Behandlung von Schaltkreisfamilien an dieser Stelle gerechtfertigt.

5.1 Grundlegende Definitionen und Beispiele

5.1 Definition (Schaltkreis)
a) *Ein **Schaltkreis mit** n **Eingängen und** m **Ausgängen** wird durch einen endlichen, gerichteten, azyklischen Graphen $S = (V_S, E_S, l_S)$ mit Knotenmenge V_S und Kantenmenge E_S beschrieben, bei dem mehrere Kanten gleiche Anfangs- und Endpunkte haben dürfen und der die folgenden Bedingungen erfüllt:*

- *Jeder Knoten v hat einen Eingangsgrad kleiner oder gleich 2 und ist mit einer Funktion $l_S(v)$ beschriftet. Welche Funktionen das sein dürfen, ergibt sich aus den folgenden Punkten.*
- *Es gibt genau n Knoten mit Eingangsgrad 0. Sie sind paarweise verschieden beschriftet mit den Projektionsfunktionen $\pi_i : \mathbb{B}^n \to \mathbb{B}$. Diese Knoten heißen auch die **Eingänge** von S. (Zur Festlegung von $\mathbb{B}$ siehe auch Definition A.1.)*
- *Alle Knoten mit Eingangsgrad 1 und Ausgangsgrad größer oder gleich 1 sind mit der „Negationsfunktion" $\neg : \mathbb{B} \to \mathbb{B}$ beschriftet.*
- *Jeder Knoten mit Eingangsgrad 2 ist entweder mit $\wedge : \mathbb{B}^2 \to \mathbb{B}$ oder mit $\vee : \mathbb{B}^2 \to \mathbb{B}$ beschriftet.*

- Es gibt genau m Knoten mit Eingangsgrad 1 und Ausgangsgrad 0, die wir auch die **Ausgänge** von S nennen. Sie sind paarweise verschieden mit den Injektionsfunktionen $\iota_j : \mathbb{B} \to \mathbb{B}^m$ beschriftet.

b) Die mit $\wedge$, $\vee$ oder $\neg$ beschrifteten Knoten heißen auch **innere Knoten**.

c) Für einen Schaltkreis S mit n Eingängen und m Ausgängen schreiben wir auch verdeutlichend $S^{(n,m)}$ und statt $S^{(n,1)}$ kurz $S^{(n)}$.

Der Eingangsgrad jedes Knotens eines Schaltkreises ist kleiner oder gleich 2. Den Ausgangsgrad haben wir dagegen nicht beschränkt. Das von einem Knoten berechnete Ergebnis kann von beliebig vielen anderen Knoten benutzt werden.

5.2 Definition
Die **durch einen Schaltkreis** $S^{(n,m)}$ **berechnete Funktion** f_S wird wie folgt definiert:

a) Für eine Eingabe $x \in \mathbb{B}^n$ ergeben sich die Ausgaben der einzelnen Knoten eines Schaltkreises S wie folgt:

- Ein mit π_i beschrifteter Knoten gibt die i-te Komponente von x aus.
- Ein mit $\wedge$, $\vee$ oder $\neg$ beschrifteter Knoten v gibt den Wert aus, den man erhält, wenn man die entsprechende Funktion (vgl. Definition A.1) auf die Ausgaben derjenigen Knoten anwendet, von denen aus Kanten zu v führen.
- Ein mit ι_j beschrifteter Knoten gibt ein m-Tupel aus, dessen j-te Komponente seine Eingabe ist und dessen andere Komponenten gleich 0 sind.

b) Der Wert von $f_S : \mathbb{B}^n \to \mathbb{B}^m$ für eine Eingabe x ergibt sich als komponentenweise $\vee$-Verknüpfung der Ausgaben aller mit ι_j beschrifteten Knoten.

5.3 Beispiel (Charakteristische Funktion für $L_{pal} \cap \mathbb{B}^4$)
Da man als Eingaben für Schaltkreise üblicherweise 0 und 1 benutzt, wollen wir in diesem Kapitel davon ausgehen, daß auch die Wörter aus L_{pal} über diesem Alphabet gebildet seien. Die charakteristische Funktion (vgl. Definition A.3) von $L_{pal} \cap \mathbb{B}^4$ wird dann zum Beispiel von dem in Abbildung 5.1 dargestellten Schaltkreis berechnet.

5.4 Definition (Schaltkreisfamilie)
a) Liegt eine Abbildung vor, die jedem $n \in \mathbb{N}_+$ einen Schaltkreis $C^{(n)}$ mit nur einem Ausgang zuordnet, so sprechen wir von einer **Schaltkreisfamilie** C. Wir schreiben dann auch $C = \left(C^{(n)}\right)_{n \in \mathbb{N}_+}$.

b) Die **durch eine Schaltkreisfamilie** C **berechnete Funktion** f_C ist die Abbildung $f_C : \mathbb{B}^+ \to \mathbb{B} : w \mapsto f_{C^{(|w|)}}(w)$.

5.5 Definition
Die **von einer Schaltkreisfamilie** C **erkannte Sprache** ist

$$L(C) := \{w \in \mathbb{B}^+ \mid f_C(w) = 1\}.$$

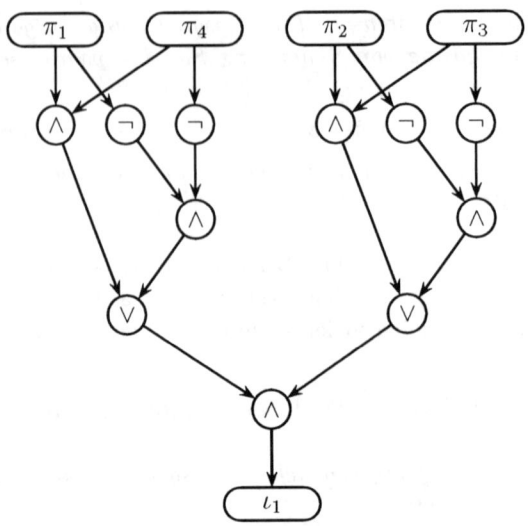

Abbildung 5.1: Ein Schaltkreis, der 4 Bits lange Palindrome „erkennt". Knoten der gleichen Tiefe (vgl. Definition 5.7) liegen jeweils horizontal nebeneinander. Der unterste ∧-
Knoten hat die Tiefe 4.

5.6 Beispiel (Palindrome)

Man kann recht einfach Schaltkreisfamilien angeben, die L_{pal} erkennen. In Anlehnung an Beispiel 5.3 ist etwa die in Abbildung 5.2 skizzierte Lösung denkbar.

5.7 Definition (Maße für Schaltkreise)

*Man beachte, daß in den folgenden Punkten im wesentlichen immer nur die inneren
Knoten berücksichtigt werden.*

a) *Die **Größe** size(S) **eines Schaltkreises** S ist die Anzahl seiner inneren Knoten.*

b) *Die **Tiefe** $d_S(v)$ **eines Knotens** v **in einem Schaltkreis** S ist die maximale
Länge eines Weges von einem Eingang zu v. Die Gesamtheit aller Knoten einer
Tiefe d bezeichnen wir auch als **Schicht der Tiefe** d oder kurz als **Schicht**
d.*

c) *Die **Tiefe** depth(S) **eines Schaltkreises** S ist das Maximum der Tiefen seiner inneren Knoten.*

d) *Für $1 \leq i \leq depth(S)$ ist die **Breite** $w_S(i)$ **der i-ten Schicht eines Schalt-
kreises** S festgelegt als $w_S(i) := |\{v \mid 0 < d_S(v) \leq i \land \exists w \in V_S : d_S(w) >
i \land (v, w) \in E_S\}|$.*

e) *Die **Breite** width(S) **eines Schaltkreises** S ist das Maximum der Breiten
seiner Schichten mit inneren Knoten.*

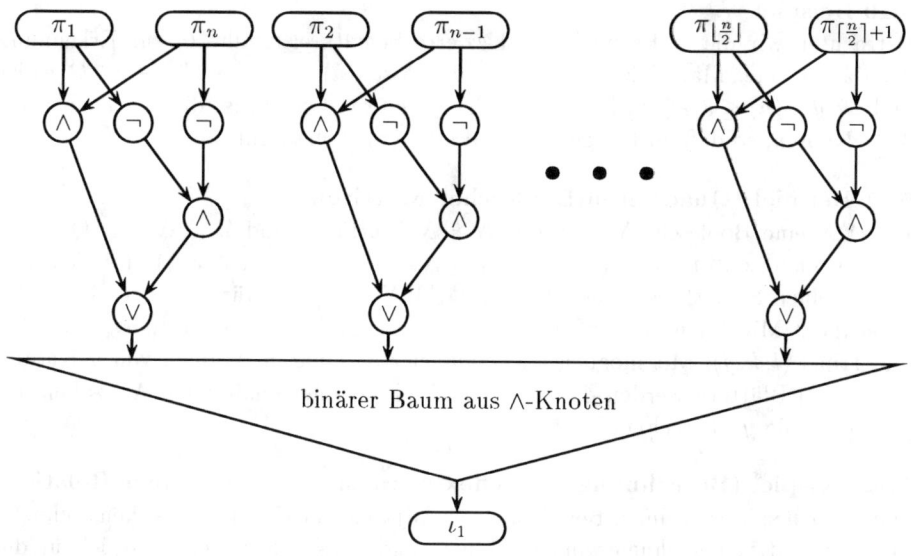

Abbildung 5.2: Skizze eines möglichen Aufbaus von Schaltkreisen für die Erkennung von Palindromen.

Man beachte insbesondere, daß bei der Definition der Breite einer Schicht die Eingabeknoten ignoriert werden. Dies ist zum Beispiel wichtig, wenn Sie Übung 5.17 bearbeiten wollen. Außerdem mache man sich klar, daß entgegen der Intuition die Breite der i-ten Schicht eines Schaltkreises im allgemeinen *nicht* gleich der Anzahl der Knoten mit Tiefe i (sondern größer) ist!

5.8 Definition (Komplexitätsmaße für Schaltkreisfamilien)

Für eine Schaltkreisfamilie $C = \left(C^{(n)}\right)_{n \in \mathbb{N}_+}$ heißen

a) *die Abbildung $Depth_C : \mathbb{N}_+ \to \mathbb{R}_+ : n \mapsto depth(C^{(n)})$ die **Tiefe der Schaltkreisfamilie**,*

b) *die Abbildung $Width_C : \mathbb{N}_+ \to \mathbb{R}_+ : n \mapsto width(C^{(n)})$ die **Breite der Schaltkreisfamilie** und*

c) *die Abbildung $Size_C : \mathbb{N}_+ \to \mathbb{R}_+ : n \mapsto size(C^{(n)})$ die **Größe der Schaltkreisfamilie**.*

5.9 Man kann sich überlegen, daß – wie es aufgrund der Namensgebung auch schon suggeriert wird – für jede Schaltkreisfamilie C gilt: $Size_C \in \mathrm{O}(Depth_C \cdot Width_C)$. Wie man aber auch schon an unserem Palindrombeispiel sieht, kann man bei dieser Relation im allgemeinen nicht O durch Θ ersetzen.

5.10 Beispiel

Betrachten wir die in Beispiel 5.6 skizzierte Schaltkreisfamilie C zur Erkennung der Palindrome. Man sieht recht leicht, daß $Size_C(n) = 5\lfloor\frac{n}{2}\rfloor + \lfloor\frac{n}{2}\rfloor - 1 \in \Theta(n)$ ist und $Depth_C(n) \leq 3 + \lceil\operatorname{ld} n\rceil \in \Theta(\operatorname{ld} n)$. Die breiteste Schicht ist die der Tiefe 1 mit $3\lfloor\frac{n}{2}\rfloor$ Knoten, so daß im übrigen auch $Width_C(n) \in \Theta(n)$ gilt.

5.11 Beispiel (Quadrieren Boolescher Matrizen)

Es sei X eine Boolesche Matrix mit $N \times N$ Einträgen und $Y = X^2$ ihr Quadrat in dem Sinne, daß $y_{ij} = (x_{i1} \wedge x_{1j}) \vee (x_{i2} \wedge x_{2j}) \vee \cdots \vee (x_{iN} \wedge x_{Nj})$. Für jedes N gibt es einen Schaltkreis S der Tiefe $1 + \lceil\operatorname{ld}(N-1)\rceil$, der für alle $X \in \mathbb{B}^{N \times N}$ X^2 berechnet. Mit $\wedge$-Knoten auf der Tiefe 1 berechnet man die Werte $x_{ik} \wedge x_{kj}$ für alle Tripel (i, k, j). Mit möglichst ausbalancierten binären Bäumen von $\vee$-Knoten mit $\lceil N/2\rceil$ Blättern werden dann aus jeweils zusammengehörenden Ausgaben der $\wedge$-Knoten die y_{ij} berechnet.

5.12 Beispiel (Berechnung der reflexiv-transitiven Hülle einer Relation)

Wir werden später in einem Beweis aus der Adjazenzmatrix eines Graphen „schnell" die Wegematrix berechnen wollen. Dabei handelt es sich um ein Beispiel für die folgende Aufgabenstellung:

Eine binäre Relation R über einer endlichen, N-elementigen Menge kann man durch eine Boolesche $N \times N$-Matrix X darstellen. Die der reflexiv-transitiven Hülle entsprechende Matrix X^* kann man durch komponentenweise $\vee$-Verknüpfung der Matrizen X^0, X^1, ... bis X^N erhalten (X^0 sei die Einheitsmatrix E). Wegen der Idempotenzgesetze für $\wedge$ und $\vee$ und wegen $R^* \circ R = R^*$ gilt sogar:

$$X^* = \bigvee_{i=0}^{N} X^i = (E \vee X)^N = (\ldots((E \vee X)\overbrace{^2)^2 \ldots)^2}^{\lceil\operatorname{ld} N\rceil \text{ mal}}$$

Man kann daher für jedes N einen Schaltkreis konstruieren, der die reflexiv-transitive Hülle einer binären Relation über einer N-elementigen Menge berechnet, indem man auf das vorangegangene Beispiel zurückgreift. Die Tiefe des resultierenden Schaltkreises liegt dann in $\Theta(\log^2 N)$.[1]

5.13 Definition

*Ein **Schaltkreis** heißt **synchron**, wenn die Eingänge jedes Knotens einer Tiefe $d > 0$ nur mit Knoten der Tiefe $d - 1$ und/oder Eingängen verbunden sind. Eine **Schaltkreisfamilie** heißt **synchron**, wenn alle ihre Schaltkreise synchron sind.*

Der Schaltkreis in Abbildung 5.1 ist also nicht synchron, da die $\vee$-Knoten selbst Tiefe 3 haben und jeweils mit einem Knoten der Tiefe 2 und einem der Tiefe 1 verbunden sind.

---

[1]Zur Erinnerung: das ist $\Theta((\log N)^2)$.

5.14 Lemma

Zu jeder Schaltkreisfamilie C gibt es eine synchrone Schaltkreisfamilie C', so daß gilt:

- $f_{C'} = f_C$
- $Depth_{C'} \in \Theta(Depth_C)$
- $Width_{C'} \in \Theta(Width_C)$
- $Size_{C'} \in O(Size_C^2)$.

5.15 Beweisskizze

Es sei $S = (V_S, E_S, l_S)$ ein Schaltkreis, der nicht synchron ist, da es zwei Knoten v_1 und v_2 gibt, die durch eine Kante $e \in E_S$ miteinander verbunden sind und deren Tiefen d_1 resp. d_2 sind mit $d_2 > d_1 + 1$.

Aus S konstruieren wir einen Schaltkreis $S' = (V'_S, E'_S, l'_S)$ wie folgt:

- Es wird ein neuer Knoten v zu S hinzugenommen: $V'_S = V_S \cup \{v\}$. Seine Beschriftung ist $l'_S(v) = \vee$.
- Alle anderen Knoten behalten ihre Beschriftung.
- Die Kante e wird aus S entfernt. Stattdessen werden zwei neue Kanten e_1 und e'_1 von v_1 nach v und eine neue Kante e_2 von v nach v_2 hinzugenommen: $E'_S = (E_S \smallsetminus \{e\}) \dot\cup \{e_1, e'_1, e_2\}$

Offensichtlich berechnet S' immer noch die gleiche Funktion wie S. Der neue Knoten hat die Tiefe $d_1 + 1$, und folglich hat auch S' die gleiche Tiefe wie S. Man überlegt sich, daß die Breite jeder Schicht von S' mit der der entsprechenden Schicht von S übereinstimmt, also haben S' und S auch die gleiche Breite. Die Größe von S' ist um eins größer als die von S.

Ist nun S' synchron, so ist man fertig. Andernfalls wiederholt man die eben beschriebene Konstruktion, bis man einen synchronen Schaltkreis erreicht hat. Wir wollen noch grob die Anzahl dabei neu hinzukommender Knoten nach oben abschätzen. Nicht einmal schlimmstenfalls muß man für jede ursprünglich vorhandene Kante „etwas unternehmen". Deren Anzahl ist kleiner oder gleich $2size(S)$. Für jede von ihnen müssen weniger als $depth(S) \leq size(S)$ neue Knoten eingefügt werden. Also ist $size(S') \leq size(S) + 2(size(S))^2$. ∎

Das folgende Lemma zeigt, daß die gegebene Definition von Schaltkreisfamilien noch zu allgemein ist.

5.16 Lemma

Für jede (!) formale Sprache $L \subseteq \mathbb{B}^+$ gibt es eine Schaltkreisfamilie C, die L erkennt. C kann sogar synchron gewählt werden und so, daß $Width_C$ durch eine Konstante beschränkt ist.

5.17 Den Beweis dieses Lemmas möchten wir Ihnen überlassen. Der Nachweis der ersten Behauptung ist noch recht naheliegend. Etwas schwerer tut man sich mit der zweiten. Das liegt unter Umständen daran, daß eine Lücke klafft zwischen der intuitiven Vorstellung von der Breite eines Schaltkreises und ihrer exakten Definition. Also lesen Sie letztere noch einmal genau nach, und versuchen Sie sich dann am zweiten Teil des Lemmas!

5.18   Wie kommt es, daß man mit Schaltkreisfamilien Sprachen erkennen kann, die nicht rekursiv aufzählbar sind? Was ist denn der wesentliche Unterschied zum Beispiel zu Turingmaschinen? Nun: bei Turingmaschinen gibt es *eine*, die für alle Wortlängen arbeitet. Bei Schaltkreisfamilien hingegen, darf man für jede Wortlänge einen eigenen Schaltkreis unabhängig von allen anderen konstruieren. Für die meisten Schaltkreisfamilien kann es (schon aus Kardinalitätsgründen) keine endliche Beschreibung geben. Das ist offensichtlich zuviel des Guten. Wir werden daher im folgenden den Kreis „erlaubter" Schaltkreisfamilien einschränken.

5.2   Uniformität von Schaltkreisfamilien

Wir wollen nun festlegen, welche Schaltkreisfamilien $(C^{(n)})_{n \in \mathbb{N}_+}$ im folgenden noch betrachtet werden. Man sollte wohl zumindest verlangen, daß die einzelnen Schaltkreise „nicht vom Himmel fallen". Genauer gesagt, sollte die Bestimmung von $C^{(n)}$ zu gegebenem n algorithmisch effektiv durchführbar sein. In den beiden folgenden Definitionen werden die Hilfsmittel für eine formale Präzisierung dieser Forderung bereitgestellt.

5.19 Definition
Die **Codierung** $\overline{S}$ *eines Schaltkreises S ist das Wort aller Quadrupel* $[\overline{v}, \overline{t}, \overline{v_l}, \overline{v_r}]$. *Dabei durchlaufe v alle Knoten von S und* $\overline{v}$ *sei die Dualzahldarstellung der Nummer eines Knotens v. Wir verlangen, daß die Knoten fortlaufend ab Null numeriert sind und daß die Nummer jedes Knotens größer ist als die aller seiner Vorgänger.*

$\overline{t}$ *sei eine naheliegende Codierung des Knotentyps, also* $\wedge$, $\vee$, $\neg$, π *oder* ι. *In den ersten beiden Fällen seien* v_l *und* v_r *die Knoten, mit denen die Eingänge von v verbunden sind. Für* $\neg$-*Knoten sei* $v_l = v_r$ *der Knoten, dessen Ausgang mit seinem Eingang verbunden ist. Bei Eingangs- und Ausgangsknoten sei* $\overline{v_l} = \overline{v_r}$ *jeweils die Angabe, das wievielte Bit der Ein- bzw. Ausgabe gelesen bzw. geliefert wird.*

5.20 Definition (EA-Turingmaschine)
Eine **EA-Turingmaschine** *ist eine E-Turingmaschine, die neben dem Eingabeband und einem oder mehreren Arbeitsbändern auch noch ein* **Ausgabeband** *mit einem Kopf hat, auf dem die Turingmaschine nur schreiben und den Kopf nur nach rechts bewegen kann.*

*Das Wort, das eine EA-Turingmaschine bis zum Anhalten auf das Ausgabeband geschrieben hat, bezeichnen wir als **die Ausgabe der EA-Turingmaschine** oder auch als den von der EA-Turingmaschine berechneten Wert.*

Bei der Bestimmung der Raumkomplexität einer EA-Turingmaschine werden wieder nur die Arbeitsbänder berücksichtigt.

Man könnte nun einfach hergehen und von den Schaltkreisfamilien C, die wir noch weiter betrachten wollen, verlangen, daß die Abbildung $1^n \mapsto \overline{C^{(n)}}$ von einer EA-Turingmaschine berechenbar ist. Diese Turingmaschine wollen wir auch den **Schaltkreiskonstruktor** nennen. Die von solchen Schaltkreisfamilien erkannten Sprachen sind sicher alle rekursiv. Trotzdem werden wir aber nicht beliebige Konstruktoren zulassen. Warum?

Das Ziel ist eine Definition, bei der sich ein enger Zusammenhang zwischen uniformen Schaltkreisfamilien und CREW–PRAMs ergibt. So sollten etwa keine „allzu großen" Unterschiede zwischen den Zeitkomplexitäten der beiden Modelle bestehen. Damit das der Fall ist, dürfen aber die Schaltkreiskonstruktoren weder zu einfach noch zu kompliziert sein. Steckt man zu viel Aufwand in die Konstruktoren, leisten womöglich sie die eigentliche Arbeit und die Schaltkreise sind „über Gebühr schnell". Sind die Konstruktoren zu primitiv, dann sind es auch die konstruierten Schaltkreise, und sie zeigen eher Komplexitäten wie sequentielle Maschinen.

5.21 Definition
*Eine Schaltkreisfamilie $C = \left(C^{(n)}\right)_{n \in \mathbb{N}_+}$ heiße genau dann **uniform**, wenn es eine EA-Turingmaschine gibt, die für jedes $n \in \mathbb{N}_+$ bei Eingabe von 1^n die Codierung von $C^{(n)}$ berechnet und deren Platzbedarf (auf den Arbeitsbändern!) $O(\log(Size_C))$ ist.*

5.22 Folgerung
Der Zeitbedarf eines Schaltkreiskonstruktors für eine uniforme Schaltkreisfamilie C ist durch ein Polynom in $Size_C$ beschränkt.

5.23 Die in 5.21 getroffene Definition der Uniformität erscheint zunächst recht willkürlich, ist aber, wie wir später noch sehen werden, sinnvoll. Sie wurde von Cook in [Coo79] eingeführt. Dabei handelt es sich um eine der grundlegenden, ersten Arbeiten über uniforme Schaltkreisfamilien. In der Literatur finden sich aber auch andere Uniformitätsbegriffe; man lese zum Beispiel bei Borodin [Bor77], Pippenger [Pip79] und Reischuk [Rei90] nach. Die konkrete Wahl ist aber im allgemeinen ohne große Bedeutung, wie Ruzzo in seinem Artikel [Ruz81] gezeigt hat. In den drei zuvor genannten Arbeiten sowie in der von Pippenger und Fischer [PiF79] finden sich auch die im folgenden noch vorzustellenden Ergebnisse (bzw. Verschärfungen davon).

5.24 Definition (Komplexitätsklassen)
Wir bezeichnen mit UCIR–WIDTH–SIZE–DEPTH *(w, s, d) die Familie aller Sprachen*
L, für die es eine uniforme Schaltkreisfamilie C gibt, die L erkennt und für die
Width$_C$ ≤ w, Size$_C$ ≤ s und Depth$_C$ ≤ d ist.

5.25 Vereinbarung
Im folgenden werden wir uns nur noch mit uniformen Schaltkreisfamilien befassen.
Darüber hinaus werden wir uns auf solche beschränken, für deren Breite und Tiefe
gilt: *Width$_C$* $\in \Omega(\log(Size_C))$ und *Depth$_C$* $\in \Omega(\log(Size_C))$. Die Bedingung für die
Tiefe ist für Familien, bei denen jeder Schaltkreis nur einen Ausgang besitzt (wie
dies zum Beispiel bei der Erkennung formaler Sprachen der Fall ist) automatisch
erfüllt, da jeder Eingang mit dem Ausgang verbunden sein muß, aber alle Knoten
einen Eingangsgrad von höchstens 2 haben.

5.3   Beziehung zu Mehr-Kopf-Turingmaschinen

Nicht für alle Ergebnisse in diesem Abschnitt werden wir Beweise angeben oder
skizzieren. Dies trifft vor allem für die komplizierteren Aussagen am Ende zu.
Dann ist aber in jedem Fall eine Literaturstelle genannt, in der man Genaueres
findet.

5.26   Als erstes wollen wir zusammentragen, was man an der unseres Erachtens
nächstliegenden Simulation einer uniformen Schaltkreisfamilie durch eine Turingmaschine sieht und welche Anstöße für weitere Überlegungen man dadurch erhält.

Stellen Sie sich vor, Sie bekommen das Bild eines Schaltkreises S gezeigt und ein
Eingabetupel von Bits vorgelegt mit der Aufgabe, die zugehörige Ausgabe des
Schaltkreises zu bestimmen. Wenn er nicht besonders klein ist und Sie nicht so-
gleich eine bekannte Struktur erkennen, dann werden Sie wohl nach und nach die
Ausgaben aller Knoten des Schaltkreises bestimmen. Dabei kann man natürlich
unterschiedlich vorgehen. Betrachten wir zunächst eine einfache Möglichkeit (auf
eine etwas kompliziertere kommen wir später zu sprechen): Zuerst bestimmen Sie
die Ausgaben aller Knoten, deren Tiefe 1 ist. Daraus und aus den Eingaben bestimmen Sie als nächstes die Ausgaben aller Knoten der Tiefe 2, dann die aller
Knoten der Tiefe 3 und so weiter bis Sie am Ende die Ausgaben des Schaltkreises
erhalten.

Angenommen, man darf das Bild von S nur ansehen, aber nicht beschreiben. Wieviel Speicherplatz benötigt man bei dieser Vorgehensweise? Wenn man sich die
Ausgaben der einzelnen Gatter nicht länger als unbedingt nötig merkt, sie also
aus dem Speicher löscht, sobald man die Ausgaben aller Nachfolgegatter bestimmt
hat, muß man sich maximal *width(S)* Bits merken. (Man lese gegebenenfalls noch

einmal in Definition 5.7 nach.) Außerdem muß man sich bei einer naheliegenden Vorgehensweise zu der Ausgabe jedes Knotens auch noch dessen Nummer notieren. Der erforderliche Speicherplatz ist dann also (bis auf einen konstanten Faktor) durch $width(S) \cdot \log(size(S))$ beschränkt, wobei von den Eingabebits abgesehen wird.

Eine grobe Abschätzung für den Zeitbedarf ergibt sich aus der Beobachtung, daß man für jeden der $size(S)$ Knoten die maximal zwei Eingabebits aus einer Liste mit höchstens $width(S)$ Bits heraussuchen muß, wofür etwa jeweils $width(S) \cdot \log(size(S))$ Zeit ausreicht. Insgesamt sind bei einer groben Abschätzung jedenfalls nicht mehr als größenordnungsmäßig $(size(S))^3$ Schritte nötig.

Falls nun die Arbeit nicht von einem Menschen, sondern von einer Turingmaschine erledigt werden soll, muß zusätzlich noch der Aufwand für den Schaltkreiskonstruktor berücksichtigt werden. Wie dies geschickt geschehen kann, ist Gegenstand des folgenden Satzes.

5.27 Satz
Für Funktionen w und z mit $w \geq \log(z)$ gilt:

$$\text{UCIR--WIDTH--SIZE}\,(w, z) \subseteq \text{E--TM--SPACE--TIME}\,(\Theta(w^2), \text{Pol}(z)).$$

5.28 Beweis (siehe auch [Rei90])
Es sei $C = (C_n)$ eine uniforme Schaltkreisfamilie mit $Width_C \leq w$ und $Size_C \leq z$. Für ihren Schaltkreiskonstruktor K gilt $Space_K \in \mathrm{O}(\log(z)) \subseteq \mathrm{O}(w)$ und $Time_K \in \text{Pol}(z)$.

Eine TM T, die C „simuliert", erzeugt unter Verwendung von K für $v = 1, 2, \ldots$ nacheinander jeweils ein (!) Quadrupel $[\overline{v}, \overline{t}, \overline{v_l}, \overline{v_r}]$ (alle anderen werden nicht gespeichert) und bestimmt die Ausgabe des Knotens v. Da bei der Codierung von Schaltkreisen verlangt worden war, daß die Nummer jedes Knotens größer ist als die seiner Vorgänger, hat T die Ausgaben von v_l und v_r bereits berechnet. T speichert alle bei späteren Knoten noch benötigten Bits in einer Folge W von Paaren der Form (Bit,Gatternummer), deren Speicherbedarf höchstens proportional zu $width(C_n) \cdot \log(size(C_n))$ ist, dessen Größe sich wegen Vereinbarung 5.25 durch $(width(C_n))^2$ nach oben abschätzen läßt.

Die Arbeitsweise von T bei der Bearbeitung von $[\overline{v}, \overline{t}, \overline{v_l}, \overline{v_r}]$ läßt sich grob wie folgt beschreiben:

a) Aufsuchen der Ausgaben von v_l und v_r in W.

b) Bestimmen der Ausgabe von v anhand von $\overline{t}$.

c) Anfügen des neu berechneten Bits an das Ende von W.

d) Überprüfen, ob die Ausgaben v_l und v_r später noch einmal benötigt werden. Falls nicht, werden sie aus W gestrichen (und die Folge entsprechend zusammengeschoben).

Die Überprüfung in **d)** wird bewerkstelligt, indem T (mit Hilfe von K) nacheinander die Beschreibungen $[\overline{u}, \overline{t}, \overline{u_l}, \overline{u_r}]$ aller Knoten mit $u > v$ erzeugt. Dabei wird jedesmal überprüft, ob u_l oder u_r gleich v_l ist. Tritt dieser Fall einmal ein, wird v_l offensichtlich noch benötigt (analog für v_r).

Der Platzbedarf von T ergibt sich im wesentlichen durch die Speicherung der Folge W, die Speicherung einer konstanten Anzahl von Quadrupeln, deren jeweilige Länge proportional zu $\log(size(C_n))$ ist und durch den Platzbedarf von K. Also ist $Space_T \in O(Width_C^2)$.

Der Zeitbedarf von T ist im wesentlichen dadurch bestimmt, daß für die Berechnung der Ausgabe jedes Knotens einmal die gesamte Schaltkreiscodierung berechnet werden muß. Dies ist jedenfalls in $\mathrm{Pol}(z)$ Schritten möglich (siehe Folgerung 5.22).

∎

5.29 Im Beweis des vorangegangenen Satzes wurden die noch benötigten Ausgabebits zusammen mit den Gatternummern gespeichert. Wenn man die Bits in der sich natürlicherweise ergebenden Reihenfolge, d.h. nach aufsteigenden Gatternummern sortiert, speichert, kann man darauf verzichten, die Nummern selbst mit abzulegen. Als Folge ergibt sich eine Turingmaschine, deren Raumkomplexität sogar $\Theta(w)$ ist. Versuchen Sie eine entsprechende Konstruktion.

Wenden wir uns nun der umgekehrten Aufgabenstellung zu.

5.30 Satz
Es seien s und t zwei mit Platzbedarf $\log(s)$ berechenbare Funktionen, $s \in \Omega(\log(t))$ und $s \geq \log$. Dann gilt:

$$\mathrm{E\text{-}Tm\text{-}Space\text{-}Time}\,(s, t) \subseteq \mathrm{Ucir\text{-}Width\text{-}Size}\,(\Theta(s), \mathrm{Pol}(t)).$$

Um noch einen einigermaßen übersichtlichen Beweis geben zu können, beschränken wir uns hier auf (1)–E–Tm.

5.31 Beweis (in Anlehnung an [Gur89])
Zunächst wollen wir kurz andeuten, daß es keine Beschränkung der Allgemeinheit bedeutet, wenn im Anschluß nur (wie immer deterministische) (1)-E-Turingmaschinen betrachtet werden. Man kann nämlich k Arbeitsbänder mit $h_1, \ldots, h_k$ Köpfen auf einem einzigen Arbeitsband simulieren, indem es in k übereinanderliegende Spuren aufgeteilt wird, von denen jede die Beschriftung eines ursprünglichen Arbeitsbandes trägt sowie Markierungen für die Kopfpositionen. Für die Simulation eines Schrittes der ursprünglichen Maschine muß die simulierende Maschine (unter anderem) alle Markierungen aktualisieren. Das erfordert schlimmstenfalls

die Bewegung des Kopfes einmal über den gesamten benutzten Bandbereich. Die Raumkomplexität bleibt bei dieser Simulation unverändert, die Zeitkomplexität wächst höchstens um einen Faktor $Space_T \leq Time_T$.

Da wir auf der rechten Seite der in diesem Satz zu beweisenden Inklusion aber ohnehin beliebige Polynome der Zeitkomplexität zulassen, stellt ihre Quadrierung auf der linken Seite kein Problem dar.

Es sei nun also eine deterministische (1)-E-Turingmaschine T gegeben, deren Komplexitäten den angegebenen Schranken genügen. Wir wollen davon ausgehen, daß T in Normalform ist, d.h. also nur Felder mit Nummern größer gleich 1 benutzt (vgl. Definition 4.35).

Es ist klar, daß man alle Zustände und Bandsymbole von T und die Position des Kopfes auf dem Eingabeband durch jeweils gleich lange Wörter aus B^+ codieren kann.

Ein möglicher Schaltkreis für die Eingaben der Länge n ist etwa der folgende: Er besteht aus einem (höchst einfachen) Initialisierungsteil, $t(n)$ sich daran anschließenden, identisch aufgebauten Schaltkreisen, die für die Simulation jeweils eines Schrittes von T zuständig sind und einem kleinen Schaltkreis am Ende, der zu überprüfen hat, ob der erreichte Zustand der TM ein akzeptierender Endzustand ist und genau dann eine 1 und sonst eine 0 ausgibt.

Wir beschränken uns hier auf die Beschreibung des Teiles, der einen Schritt simuliert (siehe Abbildung 5.3).

Er bekommt an seinen Eingängen die Codierung eines Zustandes von T, die Nummer des Feldes des Eingabebandes, das T gerade liest und für jedes der Felder $1, 2, \ldots, s(n)$ die Codierung des Bandsymboles und ein zusätzliches Bit, das anzeigt, ob das betreffende Feld gerade vom Schreib-Lese-Kopf besucht wird.

Die einzelnen Teilschaltkreise arbeiten wie folgt:

- Die mit *sel2* bezeichneten Schaltkreise geben je nachdem, ob am rechten Eingang eine Eins anliegt oder nicht, den linken respektive den mittleren Eingang aus.
- Sind (von links nach rechts) r, y, x, z und l die Eingänge der mit *sel3* bezeichneten Schaltkreise, ist die Ausgabe gerade $ry \lor lz \lor \overline{(l \lor r)}x$.
- Der Teilschaltkreis *eingabe* bekommt als Eingabe die Position p des Eingabekopfes. Aus ihr *und aus den Werten an den Eingängen des Gesamtschaltkreises* bestimmt er das gelesene Eingabesymbol e, das zusammen mit der Position p ausgegeben wird.
- Der Teilschaltkreis *delta* berechnet aus Zustand, Eingabesymbol, Position des Eingabekopfes und Arbeitsbandsymbol den neuen Zustand, die neue Position des Eingabekopfes, das neue Arbeitsbandsymbol und liefert außerdem an

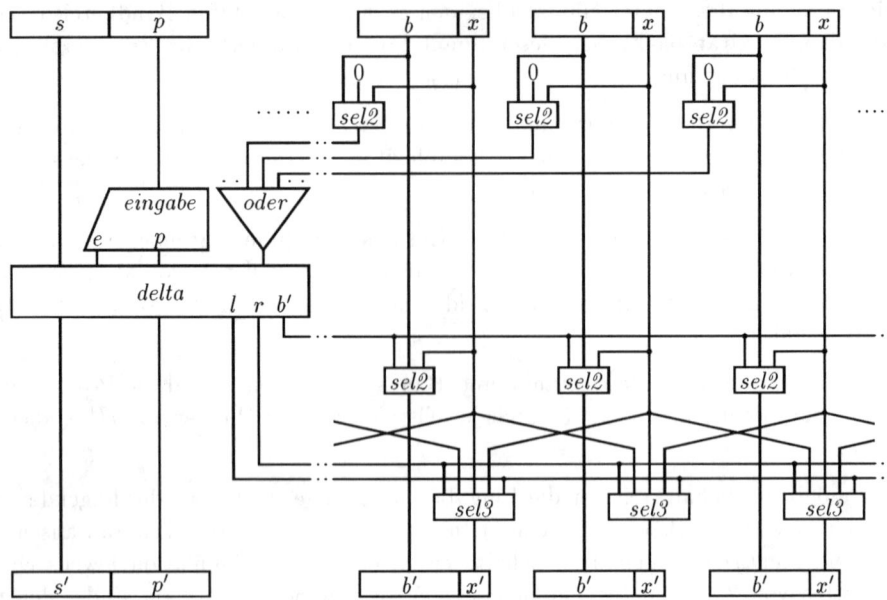

Abbildung 5.3: Ein Schaltkreis zur Simulation eines Schrittes einer TM. Dabei stehen s, p und b
jeweils für die Codierung respektive eines Zustandes, der Position des Kopfes auf
dem Eingabeband, eines Bandsymboles (jeweils mehrere Bits). Das einzelne Bit
x bei einem Bandsymbol gibt an, ob sich der Schreib-Lese-Kopf gerade auf dem
entsprechenden Feld befindet.

den Ausgängen l bzw. r genau dann eine Eins, wenn sich der Kopf auf dem
Arbeitsband nach links bzw. rechts bewegen soll.

Man überlegt sich, daß die Breite und die Größe des Teilschaltkreises für die Simulation eines Schrittes der Turingmaschine proportional zur Raumkomplexität von
T sind. Folglich ist auch $Width_C \in \Theta(Space_T)$ und $Size_C \in O(Space_T \cdot Time_T)$.

Es bliebe nachzuweisen, daß die beschriebene Schaltkreisfamilie auch wirklich uniform ist, d.h. daß ein Schaltkreiskonstruktor mit Raumkomplexität $\log(Size_C)$ existiert. Hierfür sind die an s und t gestellten Voraussetzungen offensichtlich nützlich.
Die Details überlassen wir als Übung.   ■

Es sei an dieser Stelle angemerkt, daß wir nicht versucht haben, im obigen Beweis
den Grad des die Größe des Schaltkreises bestimmenden Polynoms möglichst klein
zu halten. Wenn man aber genügend Aufwand treibt, kommt man sogar für Tu-

ringmaschinen mit mehreren Arbeitsbändern und Köpfen mit einem quadratischen Polynom aus. Zusammenfassend haben wir damit gezeigt:

5.32 Korollar

Erfüllen die Funktionen w und z gewisse Voraussetzungen, so gilt:

$$\begin{aligned}
\text{E--Tm--Space--Time}\,(\text{Pol}(w), \text{Pol}(z)) &= \text{Ucir--Width--Size}\,(\text{Pol}(w), \text{Pol}(z)) \\
\text{E--Tm--Space}\,(\text{Pol}(w)) &= \text{Ucir--Width}\,(\text{Pol}(w)) \\
\text{E--Tm--Time}\,(\text{Pol}(z)) &= \text{Ucir--Size}\,(\text{Pol}(z))
\end{aligned}$$

Wir hatten bereits weiter vorne erwähnt, daß die Ergebnisse über uniforme Schaltkreisfamilien darauf hinaus laufen werden, daß man es hierbei mit einem Modell für Parallelverarbeitung zu tun hat, das in gewisser Weise mit den parallelen CREW-Registermaschinen verwandt ist. Insofern sollte es nicht allzu sehr verwundern, daß wir uns nun mit dem Zusammenhang zwischen der Raumkomplexität sequentieller Turingmaschinen und der Tiefe uniformer Schaltkreisfamilien befassen. Und einigen von Ihnen werden hoffentlich die Aussagen und zum Teil sogar die Beweisprinzipien aus dem zweiten Abschnitt des Kapitels über parallele Registermaschinen bekannt vorkommen.

Zuvor sind allerdings noch ein paar Vorbereitungen technischer Art vonnöten.

5.33 Definition

*Ist $c = (s, b, e, p, q)$ eine Konfiguration einer E-Turingmaschine T, so soll (s, b, p, q) auch eine **partielle Konfiguration** von T heißen.*

5.34 Bei einer partiellen Konfiguration wird also lediglich die Beschriftung des Eingabebandes vernachlässigt. Dies bedeutet zum Beispiel, daß allen Anfangskonfigurationen einer E-Turingmaschine die gleiche partielle Konfiguration entspricht. Unter Berücksichtigung der Bezeichnungen aus Definition 1.23 ist dies gerade $(s_0, b_\square, ((1, 1) \ldots, (k, 1)), 1)$.

5.35 Lemma

Zu jeder E-Turingmaschine T gibt es eine E-Turingmaschine T', die die gleiche Sprache erkennt, größenordnungsmäßig die gleiche Raum- und Zeitkomplexität hat und nur eine partielle akzeptierende Endkonfiguration besitzt.

5.36 Beweisskizze

Zunächst einmal überlegt man sich leicht, daß es keine Einschränkung bedeutet zu verlangen, daß eine Turingmaschine nur genau einen akzeptierenden Endzustand besitzt. Eine geeignete partielle akzeptierende Endkonfiguration ist dann zum Beispiel diejenige, die sich nur im Zustand von derjenigen partiellen Konfiguration unterscheidet, die bei allen Anfangskonfigurationen einer E-Turingmaschine vorliegt: Die Arbeitsbänder sind alle leer, alle Köpfe stehen auf dem Feld 1 ihres Bandes, und die Steuereinheit befindet sich in *dem* akzeptierenden Endzustand. ∎

5.37 Vervollständigen Sie den eben begonnenen Beweis.

Damit haben wir alle nötigen Voraussetzungen, um das folgende Ergebnis zu beweisen:

5.38 Satz
Es sei $s \geq \log$ und von einer EA-Turingmaschine mit Platzbedarf s berechenbar. Dann gilt:

$$\text{E--Tm--Space}\,(s) \quad \subseteq \quad \text{Ucir--Size--Depth}\,(\text{Exp}(s), \Theta(s^2))$$
$$\subseteq \quad \text{Ucir--Depth}\,(\Theta(s^2))$$

5.39 Beweisskizze
Es sei T eine Turingmaschine mit $Space_T \leq s$.

Die Anzahl N der in Berechnungen für Eingaben der Länge $|w|$ möglicherweise auftretenden partiellen Konfigurationen kann bei geeigneter Wahl einer Konstanten r nach oben abgeschätzt werden durch $N \leq r^{s(|w|)}$. Die partiellen Konfigurationen seien durchnumeriert. Für ein Eingabewort w sei $X(w) = (x_{ij}(w))$ die Boolesche $N \times N$-Matrix mit

$$x_{ij}(w) = \begin{cases} 1 & \text{falls bei Eingabe von } w \; j \text{ Nachfolgekonfiguration von } i \text{ ist,} \\ 0 & \text{sonst} \end{cases}$$

Mit $X^*(w)$ bezeichnen wir analog zu Beispiel 5.12 die reflexiv-transitive Hülle von $X(w)$. Es seien a die Nummer der partiellen Anfangskonfiguration von T und e die Nummer der partiellen Endkonfiguration. Eine Eingabe w wird von T offensichtlich genau dann akzeptiert, wenn $x_{ae}^*(w) = 1$ ist.

Betrachten wir nun den in Abbildung 5.4 skizzierten Schaltkreis.

An den Eingängen liegen die einzelnen Symbole $w[1], \ldots, w[n]$ eines Eingabewortes der Länge n an. Sie müssen mit den „Eingängen" x_{ij} des Teilschaltkreises zur Berechnung der reflexiv-transitiven Hülle so verbunden sein, daß ihm für alle w die korrekte Matrix $X(w)$ zur Verfügung gestellt wird. Dazu geht man wie folgt vor. Es sei i eine Konfiguration, in der der Eingabekopf der Turingmaschine das k-te Eingabesymbol liest. Offensichtlich ist dies das einzige Symbol von w, das in der Konfiguration i einen Einfluß auf das Verhalten der Turingmaschine hat.

- Es wird π_k über ein Oder-Gatter mit x_{ij} verbunden, falls gilt: $i \vdash_T j \iff w[k] = 1$. (In Abbildung 5.4 zum Beispiel für $k = 2$.)
- Es wird π_k negiert mit x_{ij} verbunden, falls gilt: $i \vdash_T j \iff w[k] = 0$. (In Abbildung 5.4 zum Beispiel für $k = n$.)
- Es wird x_{ij} „konstant auf 1 gesetzt", falls unabhängig von $w[k]$ immer $i \vdash_T j$ gilt.

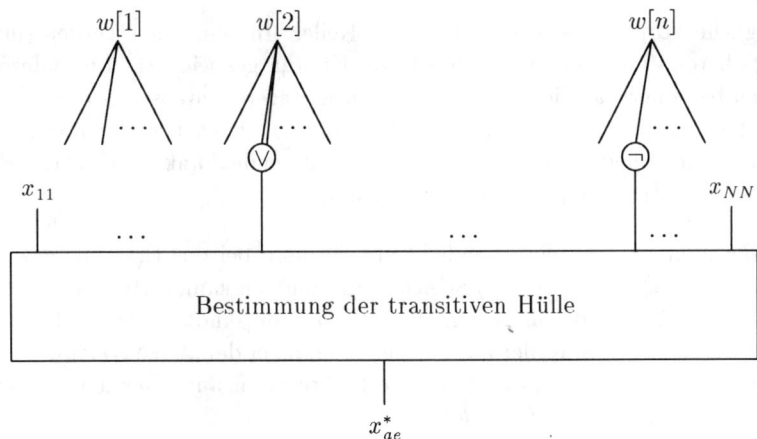

Abbildung 5.4: Ein Schaltkreis, der die Arbeit einer Turingmaschine für Eingaben der Länge n simuliert.

- Es wird x_{ij} „konstant auf 0 gesetzt", falls unabhängig von $w[k]$ nie $i \vdash_T j$ gilt.

Bei dieser Konstruktion erkennt der Schaltkreis gerade $L \cap \mathbb{B}^n$. Er ist so regelmäßig aufgebaut, daß man sich noch relativ leicht davon überzeugen kann, daß die Schaltkreisfamilie, die aus diesen Schaltkreisen besteht, sogar uniform ist. Deren Tiefe ist im wesentlichen durch die des Teilschaltkreises zur Berechnung der reflexivtransitiven Hülle bestimmt, die größenordnungsmäßig $\log^2 N$ also $(Space_T(n))^2$ ist. ∎

Als nächstes wenden wir uns nun natürlich umgekehrt der Simulation uniformer Schaltkreisfamilien durch sequentielle Turingmaschinen zu. Dabei wird eine andere Methode zur Bestimmung der Ausgabe eines Schaltkreises benutzt als die in Bemerkung 5.26 beschriebene.

5.40 Definition
Es sei $L_{cvp} := \{x_1 x_2 \ldots x_n 2\overline{S} \mid S \text{ ist } (n,1)\text{-Schaltkreis} \wedge \forall i : x_i \in \mathbb{B} \wedge f_S(x_1, \ldots, x_n)$
$= 1\}$. *(Der Index „cvp" rührt vom Englischen „circuit value problem" her.)*

5.41 Lemma
Es gibt eine Konstante $r \in \mathbb{N}_+$ *und eine E-Turingmaschine, die die Sprache* L_{cvp} *erkennt und deren Platzbedarf bei Eingabe von* $x_1 x_2 \ldots x_n 2\overline{S}$ *durch* $r \cdot depth(S) \cdot$
$\log(size(S))$ *beschränkt ist.*

5.42 Beweisskizze
Zur Bestimmung der Ausgabe eines Knotens werden rekursiv erst das linke und danach gegebenenfalls das rechte Eingabebit berechnet.

Eine mögliche Vorgehensweise benutzt zwei Keller. In dem einen werden (maximal $depth(S)$) bereits berechnete Ausgaben von Knoten gespeichert. Im anderen Keller werden bei einer naheliegenden Implementierung (ebenfalls maximal $depth(S)$) Nummern von Knoten abgelegt, deren Ausgabe erst noch berechnet werden muß (sowie der Einfachheit halber die dabei zu benutzende Funktion). Dies erfordert insgesamt $r \cdot depth(S) \cdot \log(size(S))$ Speicherplatz. ∎

5.43 Man überlege sich eine Möglichkeit, wie man bei der Erkennung von L_{cvp} mit nur $r(depth(S) + \log(size(S)))$ Speicher auskommen kann. (Hinweis: Es genügt, sich statt aller Knotennummern nur die des Ausgangsknotens zu merken und für jeden anderen Knoten im Keller nur zu speichern, ob er der „linke" oder der „rechte" Vorgänger seines Nachfolgers ist.) Dies erlaubte dann auch, beim nächsten Satz auf der rechten Seite statt s^2 einfach nur s zu schreiben.

5.44 Satz
Es sei $s \geq \log$. Dann ist

$$\textsc{Ucir--Depth}(s) \subseteq \textsc{E--Tm--Space}(\Theta(s^2)).$$

5.45 Beweisskizze
Es sei $C = \left(C^{(n)}\right)_{n \in \mathbb{N}_+}$ eine Schaltkreisfamilie mit $Depth_C \leq s$ und $w \in \mathbb{B}^n$.

Man wendet das eben bewiesene Lemma auf $w2\overline{C^{(n)}}$ an, um festzustellen, ob C w akzeptiert. Die Codierung $\overline{C^{(n)}}$ wird aber nie vollständig berechnet und abgespeichert. Vielmehr benutzt man den Schaltkreiskonstruktor von C, um jedesmal, wenn ein Bit von $\overline{C^{(n)}}$ benötigt wird, es zu berechnen, aber nicht abzuspeichern. Da $Depth_C \in \Omega(\log(Size_C))$ ist, reicht der erlaubte Platz dafür aus. ∎

Faßt man die Aussagen in den Sätzen 5.38 und 5.44 zusammen, so zeigt sich die polynomielle Verknüpftheit der beteiligten Komplexitätsmaße:

5.46 Korollar
Es sei s wie in Satz 5.38. Dann gilt:

$$\textsc{E--Tm--Space}(\text{Pol}(s)) = \textsc{Ucir--Depth}(\text{Pol}(s))$$

Man vergleiche dieses Ergebnis mit dem entsprechenden bei parallelen Registermaschinen (Korollar 4.25).

Zusammen mit dem Korollar 5.32 erhält man das doch recht erstaunliche Ergebnis:

5.47 Korollar
Für gewisse Funktionen s gilt:

$$\textsc{Ucir--Depth}(\text{Pol}(s)) = \textsc{Ucir--Width}(\text{Pol}(s))$$

In einigen der letzten Aussagen wurde jeweils ein Komplexitätsmaß für Turingma-schinen mit einem für uniforme Schaltkreisfamilien in Beziehung gesetzt. Es stellt sich die Frage, inwieweit diese Zusammenhänge gleichzeitig gelten. Für ein Paar von Komplexitätsmaßen für Turingmaschinen bzw. uniforme Schaltkreisfamilien gelang das bereits in Korollar 5.32. Dem am weitesten gehenden Satz in dieser Hinsicht müssen wir noch eine Definition vorausschicken. Denn den drei Komple-xitätsmaßen bei Schaltkreisfamilien stehen ja bisher nur zwei bei Turingmaschinen gegenüber.

5.48 Definition

a) *Ein Kopf einer Turingmaschine führt eine **Umkehr (reversal)** aus, wenn er sich in eine andere Richtung bewegt als in dem letzten vorangegangenen Schritt, in dem er sich überhaupt bewegt hat.*

b) *Die **Umkehr- oder auch Reversalkomplexität** einer Turingmaschine ist wie folgt definiert:*

$$rev_T : \quad A^+ \;\to\; \mathbb{R}_+$$
$$w \;\mapsto\; |\{t \leq time_T(w) \mid im\ t\text{-ten Schritt führt ein Kopf von } T$$
$$eine\ Umkehr\ aus\}|$$
$$Rev_T : \quad \mathbb{N}_+ \;\to\; \mathbb{R}_+$$
$$n \;\mapsto\; \max\{rev_T(w) \mid w \in A^n\}$$

Damit kann man nun die folgende Aussage formulieren, die von Dymond und Cook in [DyC80] bewiesen wurde:

5.49 Satz
Unter gewissen Voraussetzungen an die Funktionen s, t und r gilt:

$$\text{E–TM–SPACE–TIME–REVERSALS} (\text{Pol}(s), \text{Pol}(t), \text{Pol}(r)) =$$
$$\text{UCIR–WIDTH–SIZE–DEPTH} (\text{Pol}(s), \text{Pol}(t), \text{Pol}(r))$$

Zusammenfassung

- Nichtuniforme Schaltkreisfamilien können *alle* formalen Sprachen über dem Alphabet $\mathbb{B}$ erkennen.

- Uniforme Schaltkreisfamilien zeigen, bei geeigneter Definition von Uniformität, Eigenschaften wie parallele CREW-Registermaschinen.

- Der Zusammenhang zwischen „sequentiellem Raum" und „paralleler Zeit" (Ko-rollar 5.46) erscheint dank der Korollare 5.32 und 5.47 in einem neuen Licht.

Literaturverzeichnis

[Bor77]   A. Borodin. On relating time and space to size and depth. *SIAM Journal Comput.*, **6**, 1977, 733–744.

[Coo79]   S.A. Cook. Deterministic CFL's are accepted simultaneously in polynomial time and log square space. In: *Proc. 11th STOC*, 338–345, 1979.

[DyC80]   P.W. Dymond und S.A. Cook. Hardware complexity and parallel computation. In: *Proc. 21st Annual IEEE Symposium on FOCS*, 360–372. IEEE, 1980.

[Gur89]   E.M. Gurari. *An Introduction to the Theory of Computation.* Computer Science Press, 1989.

[PiF79]   N.J. Pippenger und M.J. Fischer. Relations among complexity measures. *Journal of the Association for Computing Machinery*, **26**, 1979, 361–381.

[Pip79]   N.J. Pippenger. On simultaneous resource bounds (preliminary version). In: *Proc. 20th Annual Symposium on FOCS*, 307–311. IEEE, 1979.

[Rei90]   K.R. Reischuk. *Einführung in die Komplexitätstheorie.* B. G. Teubner, 1990.

[Ruz81]   W. Ruzzo. On uniform circuit complexity. *Journal of Computer and System Sciences*, **22**(3), 1981, 365–383.

6 Pipelineverarbeitung in systolischen und zellularen Automaten

Überblick

Die tayloristische Betrachtung von Arbeitsvorgängen führte dazu, in Fabriken zur Fließbandproduktion überzugehen. Im Zusammenhang mit der Diskussion über die Humanisierung der Arbeitswelt wird dieser Ansatz inzwischen in Frage gestellt: Die zu weit gehende Spezialisierung der Menschen und die Erfordernisse einer gleichbleibenden Aufmerksamkeit und Geschwindigkeit beim Ausführen der speziellen Tätigkeiten sind psychologisch schwer zu verkraften.

Diese Aspekte können sich aber vorteilhaft auswirken, wenn eine Verarbeitung durch Automaten erfolgen soll: Eine Ermüdung tritt nicht ein, und spezialisierte Automaten sind oft einfacher zu entwerfen und billiger zu fertigen. Dies war ein Grund, mit dem Aufkommen der VLSI-Technologie Schaltungen zu schaffen, die nach dem Prinzip des Fließbandes arbeiten. Ein weiterer – und zwar der entscheidende – Vorteil ist der der Durchsatzerhöhung, vorausgesetzt die auszuführenden Operationen lassen sich geschickt zerlegen. Betrachten wir als Beispiel die Multiplikation von Paaren von Gleitkommazahlen:

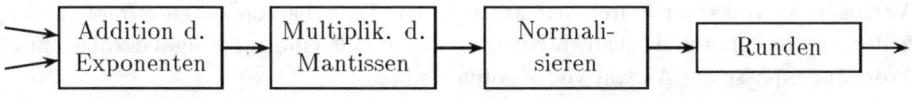

Abbildung 6.1: Fließbandartige Multiplikation von Gleitkommazahlen.

Unter der Annahme, daß jede Teiloperation eine Zeiteinheit benötigt und daß in jeder Zeiteinheit ein Paar von Zahlen in die Kette der Verarbeitungseinheiten einläuft, liegt das i-te Resultat ($i > 1$) eine Zeiteinheit nach dem $(i-1)$-ten vor, und zudem sind „im eingeschwungenen Zustand" alle Verarbeitungseinheiten ununterbrochen tätig.

Das Übertragen einer solchen Vorgehensweise auf eindimensionale Zellularräume scheint vom Bild her sehr einfach zu sein. Bei genauerer Betrachtung zeigt sich aber ein Problem: Ein *fester endlicher* Ausschnitt eines Zellularraumes besitzt nur sehr beschränkte Fähigkeiten. So liegt es nahe, auf andere Arten der Eingabe und auf andere Strukturen überzugehen.

Bevor Zellularautomaten auf ihre Eignung für eine Pipelineverarbeitung untersucht werden, werden spezialisierte Systeme betrachtet, sogenannte systolische Systeme, die gerade unter dem Gesichtspunkt der Modellierung einer derartigen Verarbeitung definiert wurden.

6.1   Systolische Trellisautomaten

Als erstes sei eine informelle Definition allgemeiner systolischer Automaten von Kung [Kun82] zitiert:

> „A systolic system consists of a set of interconnected cells, each capable of performing some simple operations ... Information in a systolic system flows between cells in a pipelined fashion, and communication with the outside world occurs only at the 'boundary cells'."

Wir wollen, ausgehend von der in Abbildung 6.2 dargestellten Struktur, zunächst eine informelle Beschreibung der Arbeitsweise systolischer Trellisautomaten geben. Aus der Darstellung erklärt sich auch der Name: „Trellis" kann mit „Spalier" übersetzt werden.

In dem Graphen repräsentieren Knoten (verallgemeinerte) Schaltkreise, die über die Kanten Eingaben empfangen, daraus einen Funktionswert ermitteln und ihn über alle ausgehenden Kanten weitergeben, wobei auf den Kanten jeweils eine Verzögerung von einer Zeiteinheit auftritt. Die Eingabe von außen erfolgt (gleichzeitig) in den Knoten desjenigen Niveaus, das gerade eine zur Eingabegröße, sprich Wortlänge, passende Anzahl von Knoten umfaßt.

Auf jedem Niveau empfangen alle Knoten ihre Eingaben zur gleichen Zeit und geben entsprechend dem oben beschriebenen Verarbeitungsverhalten ihre Ausgabe zur gleichen Zeit weiter. Der Knoten an der Spitze liefert das Ergebnis. Wird nur *ein* Eingabewort behandelt, so sind zu jedem Zeitpunkt der Verarbeitung nur die Knoten *eines* Niveaus aktiv, wird dagegen in einer hinreichend langen Folge von Schritten jeweils ein Eingabewort eingegeben, so sind nach einer gewissen Zeit alle Knoten aktiv und nach einer gewissen Anlaufzeit werden vom Knoten an der Spitze auch in aufeinanderfolgenden Schritten die Ergebnisse geliefert. Dies ist die für Pipelineverarbeitung charakteristische Situation.

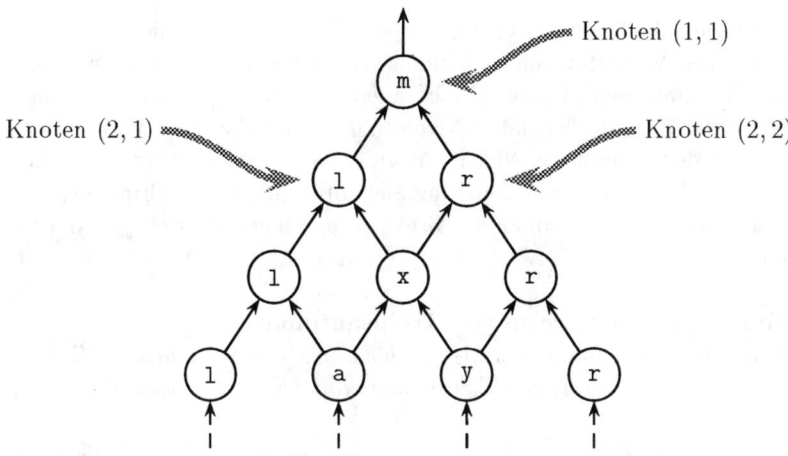

Abbildung 6.2: Schema einer Trellis-Struktur.

6.1 Definition

a) *Es sei $T = (V_T, E_T)$ der unendliche Graph mit Knotenmenge $V_T = \{(i, j) \mid i, j \in \mathbb{N}_+ \wedge j \leq i\}$ und Kantenmenge $E_T = \{(i + 1, j) \rightarrow (i, j) \mid (i, j) \in V_T\} \cup \{(i + 1, j + 1) \rightarrow (i, j) \mid (i, j) \in V_T\}$, der sozusagen die „unendliche Version" des in Abbildung 6.2 dargestellten Graphen ist. Außerdem sei Λ ein* **Markierungsalphabet.** *Jede Knotenbeschriftung $\lambda : V_T \rightarrow \Lambda$ legt einen markierten Graphen (T, Λ, λ) fest, der* **T-Struktur** *genannt wird. Der Knoten $(1, 1)$ einer T-Struktur wird auch als* **Wurzelknoten** *bezeichnet.*

b) *Für $i \in \mathbb{N}_+$ bezeichne $\mathrm{Niv}_T(i) = \{(i, j) \mid (i, j) \in V_T\}$ das i-te* **Niveau** *einer T-Struktur T.*

c) *Für $h \geq 1$ wird der maximale Teilgraph T_h einer T-Struktur mit der Knotenmenge $\bigcup_{i=1}^{h} \mathrm{Niv}_T(i)$* **T-Struktur der Höhe h** *genannt. Die Knoten in $\mathrm{Niv}_{T_h}(h)$ heißen die* **Eingabeknoten** *von T_h.*

Abbildung 6.2 stellt ein Beispiel für T_4 dar.

6.2 Definition (Trellisautomat)

Es sei (T, Λ, λ) eine T-Struktur. Dann ist ein **Trellisautomat** *(oder genauer sy-stolischer Trellisautomat) gegeben durch ein Tupel $S = (T, \Lambda, \lambda, A, B, B_+, f, g)$.*

*Dabei ist B das **Arbeitsalphabet** und $A \subseteq B$ das **Eingabealphabet**. $B_+ \subseteq B$ ist die Menge der **akzeptierenden Symbole**. f ist die **Eingabefunktion** $f :$ $\Lambda \times A \to B$ und g ist die **Überführungsfunktion** $g : \Lambda \times B \times B \to B$.*

Man interpretiert die Knoten als Schaltkreise, die entsprechend ihren Markierungen unterschiedliches Verhalten zeigen können. Die Knoten jedes Niveaus empfangen an den beiden „internen" Eingängen Elemente des Arbeitsalphabetes von jeweils zwei Knoten des darunterliegenden Niveaus. Die Eingabe eines Wortes der Länge n erfolgt über die Knoten des Niveaus n an den „externen" Eingängen (in Abbildung 6.2 gestrichelt). Die von den Eingabeknoten mittels der Eingabefunktion f erhaltenen Werte werden dann an die direkt verbundenen Knoten des Niveaus $n-1$ übermittelt.

6.3 Definition (Arbeitsweise von Trellisautomaten)

Jedes Eingabewort $w = w_1 w_2 \cdots w_n \in A^+$ der Länge $n = |w|$ eines Trellisautomaten S legt für jeden Knoten (i, j) von T_n wie folgt eindeutig ein Ausgabe $G_S(w, i, j)$ fest:

$$G_S(w, i, j) = \begin{cases} f(\lambda(n, j), w_j) & \text{falls } i = n \\ g(\lambda(i, j), G_S(w, i+1, j), G_S(w, i+1, j+1)) & \text{sonst} \end{cases}$$

6.4 Definition

Es sei $S = (T, \Lambda, \lambda, A, B, B_+, f, g)$ ein Trellisautomat.

a) *S **nimmt ein Wort** w genau dann **an**, wenn $G_S(w, 1, 1) \in B_+$ ist.*

b) *Die von S **erkannte Sprache** ist*

$$L(S) := \{ w \in A^+ \mid G_S(w, 1, 1) \in B_+ \}$$

6.5   Das leere Wort wird von keinem so definierten Trellisautomaten angenommen; es bietet sich ja auch keine naheliegende Eingabe an.

Aus den gleichen Gründen, aus denen man bei Schaltkreisfamilien die Struktur der Schaltkreise durch die Forderung der Uniformität einschränken mußte, darf man bei Trellisautomaten nicht beliebige Markierungen zulassen. Unter anderem werden die nachfolgend definierten Fälle betrachtet.

6.6 Definition

Es seien (T, Λ, λ) und (T, Λ', λ') zwei markierte T-Strukturen und $\gamma : \Lambda \to \Lambda'$ eine Abbildung.

a) *Gilt für alle $1 \le j \le i$ $\lambda'(i, j) = \gamma(\lambda(i, j))$, dann sagt man, T' **entsteht aus** T **durch die Codierung** γ und schreibt dafür $\gamma(T) = T'$.*

b) *Eine T-Struktur wird* **abwärts-deterministisch** *genannt, wenn es Abbildungen* $\sigma : \Lambda \to \Lambda$, $\tau : \Lambda \to \Lambda$ *und* $\mu : \Lambda \times \Lambda \to \Lambda$ *gibt, so daß für alle Knoten gilt:*

$$\begin{aligned}
\lambda(i+1,1) &= \sigma(\lambda(i,1)) \\
\lambda(i+1,i+1) &= \tau(\lambda(i,i)) \\
\text{und für } 1 < j \le i: \quad \lambda(i+1,j) &= \mu(\lambda(i,j-1),\lambda(i,j))
\end{aligned}$$

c) *T wird* **reguläre T-Struktur** *genannt, falls eine abwärts-deterministische T-Struktur T' existiert, so daß* $T = \gamma(T')$ *ist.*

Bei einer abwärts-deterministischen T-Struktur ist also die Markierung jedes Knotens eindeutig durch die Markierungen der mit ihm verbundenen Knoten auf dem darüberliegenden Niveau (gemäß im gesamten Graphen einheitlicher Regeln) bestimmt. Bei regulären T-Stukturen ist das nicht unbedingt so.

6.7 Beispiel
In Abbildung 6.3 ist eine abwärts-deterministische T-Struktur dargestellt. Jede abwärts-deterministische T-Struktur ist auch regulär (man wähle $\gamma = $ id), die Umkehrung gilt aber nicht. Abbildung 6.4 zeigt eine reguläre T-Struktur, die nicht abwärts-deterministisch ist, da z.B. aus der Kombination **aa** auf Niveau 6 auf Niveau 7 sowohl **a** als auch **m** „resultiert".

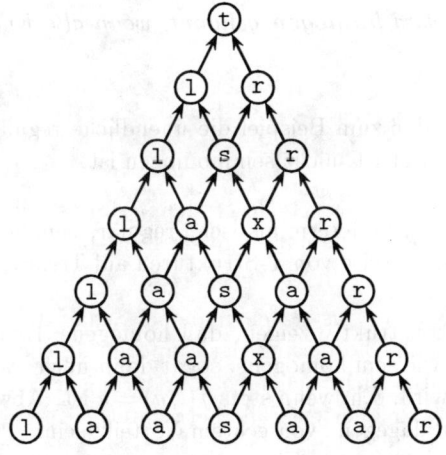

Abbildung 6.3: Beispiel einer abwärts-deterministischen T-Struktur (T, Λ, λ) (aus [CGS84a]).

Wir wollen nun Trellisautomaten mit noch weiter eingeschränkten Markierungen einführen.

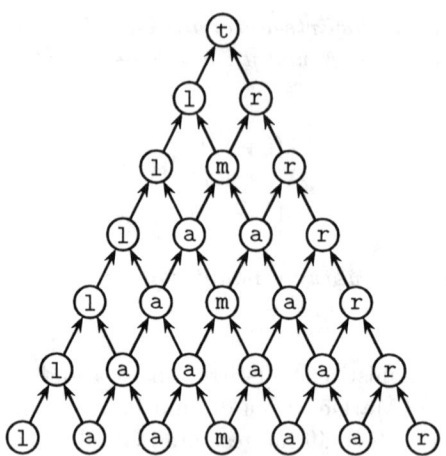

Abbildung 6.4: Beispiel einer regulären T-Struktur (T, Λ', λ'), die aus (T, Λ, λ) (siehe Abbildung 6.3) entsteht (aus [CGS84a]).

6.8 Definition

a) *Eine unendliche markierte T-Struktur heißt* **semihomogen**, *wenn sie nur endlich viele unterschiedliche unendliche markierte Unter-Trellis-Strukturen besitzt.*

b) *Eine T-Struktur wird* **homogen** *genannt, wenn alle Knoten die gleiche Markierung tragen.*

Man mache sich klar, daß zum Beispiel die unendliche reguläre T-Struktur, die in Abbildung 6.4 angedeutet ist, nicht semihomogen ist.

6.9   Die Begriffe abwärts-deterministisch, regulär, semihomogen und homogen werden in naheliegender Weise von T-Strukturen auf Trellisautomaten übertragen.

6.10   Es läßt sich konstruktiv zeigen, daß homogene Trellisautomaten dieselbe Mächtigkeit besitzen wie semihomogene, sogar dann noch, wenn auf eine Eingabecodierung verzichtet wird, d.h. wenn stets $f(l, a) = a$ ist. Abwärts-deterministische Markierungen können dagegen „von echtem Vorteil" sein:

6.11 Satz
Die Klasse der von homogenen Trellisautomaten akzeptierten Sprachen ist eine echte Teilklasse der Klasse der von abwärts-deterministischen Trellisautomaten akzeptierten Sprachen.

6.12 Beweis

Der Beweis wird mit Hilfe der Sprache

$$L = \{a^{2^m} \mid m \geq 0\}$$

geführt. Zunächst wird ein abwärts-deterministischer Trellisautomat konstruiert, der diese Sprache akzeptiert; im zweiten Teil des Beweises wird dann gezeigt, daß L von keinem homogenen Trellisautomaten erkannt werden kann.

Es sei T die abwärts-deterministische T-Struktur, die wie folgt aufgebaut ist (siehe auch Abbildung 6.5): Das Markierungsalphabet ist $\Lambda = \{0, 1\}$. Die Ränder von T sind vollständig mit Einsen markiert, und im Inneren ergibt sich die Markierung jedes Knotens durch die Summe modulo 2 der Markierungen der beiden darüberliegenden Knoten. (Es handelt sich also um das Pascalsche Dreieck modulo 2.)

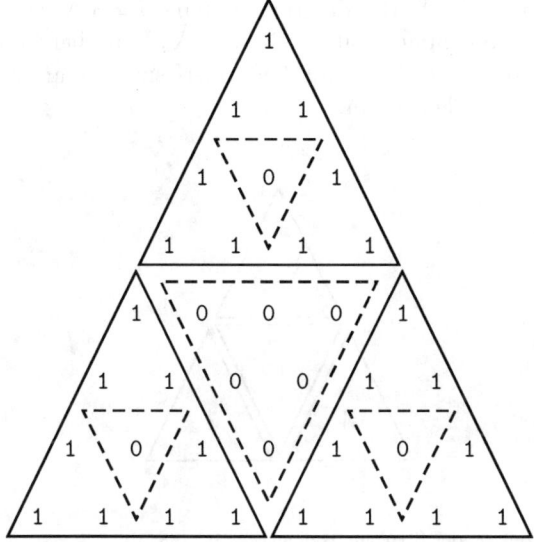

Abbildung 6.5: Aufbau einer abwärts-deterministischen T-Struktur (hier X_3) zur Erkennung von L (nach [CGS84a]).

Für $i \in \mathbf{N}_+$ seien X_i und Y_i die folgendermaßen definierten Dreiecke mit den Markierungen 1 resp. 0: X_i ist das aus 2^i Reihen bestehende Dreieck an der Spitze von T und Y_i das ausschließlich mit 0 markierte (auf dem Kopf stehende) Dreieck mit $2^i - 1$ Zeilen (und $2^i - j$ Nullen in der j-ten Zeile).

Mit vollständiger Induktion wird gezeigt, daß für $i > 1$ X_i von der in Abbildung 6.6 dargestellten Form ist und daß alle 2^i Elemente der untersten Zeile von X_i mit 1 markiert sind.

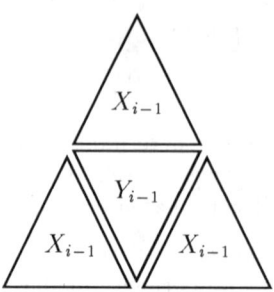

Abbildung 6.6: Struktur von X_i (aus [CGS84a]).

Aus Abbildung 6.5 ist ersichtlich, daß für $i = 2$ und $i = 3$ X_i von der behaupteten Form ist. Sei nun angenommen, für $k > 3$ habe X_{k-1} die behauptete Form, wobei alle Elemente der untersten Reihe mit 1 markiert sind. Dann muß X_k von der in Abbildung 6.7 gezeigten Form sein.

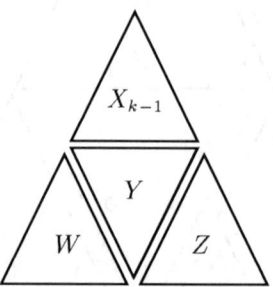

Abbildung 6.7: Zum Beweis der Struktur von X_k (aus [CGS84a]).

Da alle 2^{k-1} Elemente der untersten Reihe von X_{k-1} mit 1 markiert sind, kann das Dreieck Y nach Konstruktionsvorschrift nur 0-Markierungen enthalten. Aus der Definition von X_k folgt, daß alle Knoten, die den linken Schenkel des Dreiecks W bilden und alle, die den rechten Schenkel des Dreiecks Z bilden mit 1 markiert sind, also auch die die jeweiligen Spitzen bildenden Knoten. Da Y nur mit 0 markiert ist, folgt daraus, daß die den rechten Schenkel darstellenden Knoten von W und die den linken von Z darstellenden mit 1 markiert sind. Daraus folgt, daß $W = X_{k-1} = Z$. Folglich ist die i-te Zeile von T genau dann *ausschließlich* mit 1 markiert, wenn $i = 2^k$ für ein $k \in \mathbb{N}_0$ gilt. In allen anderen Zeilen kommt mindestens eine 0 vor.

Auf der Grundlage dieser abwärts-deterministischen T-Struktur, wird nun der Trellisautomat definiert, der L akzeptiert: {a} ist das Eingabealphabet, $B = \{\text{a}, \text{b}\}$ das Arbeitsalphabet und $B_+ = \{\text{a}\}$ die Menge der akzeptierenden Symbole. Wird einem mit 1 (bzw. 0) markierten Knoten eine externe Eingabe gegeben, so gibt er a (bzw. b) aus. Die inneren Knoten geben genau dann ein a aus, wenn beide Eingaben a's sind. Damit ist klar, daß bei zu akzeptierenden Wörtern im Verlauf des Erkennungsvorgangs kein b erzeugt werden darf, und daraus folgt, daß ein Wort genau dann akzeptiert wird, wenn es auf einem Niveau eingegeben wird, dessen Knoten *alle* nur a ausgeben, d.h. mit 1 markiert sind. Dies ist genau dann der Fall, wenn die Nummer das Eingabeniveaus – und damit auch die Länge des Eingabewortes – eine Zweierpotenz ist.

Es bleibt noch zu zeigen, daß es keinen *homogenen* Trellisautomaten gibt, der L akzeptiert. Für einen Widerspruchsbeweis nehmen wir an, S wäre ein solcher. Das Eingabealphabet von S ist {a} und das Arbeitsalphabet B enthalte k Symbole. Wir betrachten nun ein festes m mit $m > k$ und folglich auch $2^m - 2^{m-1} > k$.

Nach Bemerkung 6.10 können wir ohne Beschränkung der Allgemeinheit annehmen, daß die Eingabeknoten von S ihre Eingaben stets einfach an die darüberliegenden Knoten weitergeben. Also sind die Ausgaben aller Eingabeknoten identisch und da S homogen ist, gilt damit auch für jedes der darüberliegenden Niveaus, daß die Ausgaben aller seiner Knoten übereinstimmen.

Folglich existieren zwei Niveaus i_1 und i_2 mit $1 \leq i_1 < i_2 \leq 2^m$ und $i_2 - i_1 \leq k$ und ein Symbol b aus dem Arbeitsalphabet, so daß für das Eingabewort $w = \text{a}^{2^m}$ für alle Knoten j_1 bzw. j_2 der beiden Niveaus gilt:

$$G_S(w, i_1, j_1) = \text{b} = G_S(w, i_2, j_2)$$

Man kann daher einen Streifen der „Dicke" $i_2 - i_1$ aus S_n herausschneiden (in Abbildung 6.8 grau dargestellt) und die beiden verbleibenden Teile zur korrekten Berechnung des Trellisautomaten für das entsprechend verkürzte Eingabewort zusammensetzen. Damit ist dann aber offensichtlich

$$G_S(\text{a}^{2^m - (i_2 - i_1)}, 1, 1) = G_S(\text{a}^{2^m}, 1, 1) \in B_+.$$

Wegen $2^m - 2^{m-1} > k \geq i_2 - i_1$ gilt $2^{m-1} < 2^m - (i_2 - i_1) < 2^m$. Deshalb ist zwar $\text{a}^{2^m - (i_2 - i_1)} \notin L$, wird aber von S genau wie a^{2^m} akzeptiert, womit ein Widerspruch hergeleitet ist. ∎

Im Zusammenhang mit der gerade diskutierten Sprache $\{\text{a}^{2^m} \mid m \in \mathbb{N}_+\}$ sei noch kurz ein anderer Typ systolischer Automaten, der **systolische Baumautomat**, eingeführt (für eine eingehendere Behandlung sei auf [CSW84] verwiesen). Ein Beispiel eines solchen Automaten ist in Abbildung 6.9 dargestellt. Überträgt man

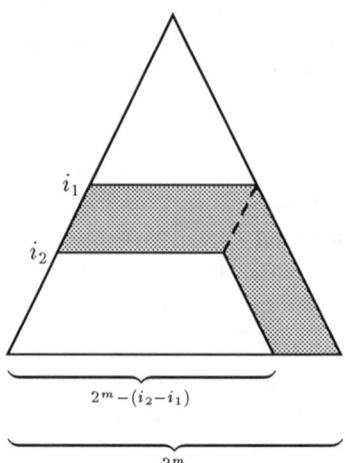

Abbildung 6.8: Zum Beweis der Nichterkennbarkeit von L durch homogene Trellisautomaten.

in naheliegender Weise die Begriffsbildungen des systolischen Trellisautomaten auf ihn, so ist leicht einzusehen, daß die obige kontextsensitive Sprache von Automaten dieses Typs erkennbar ist. Ihre spezielle Struktur begrenzt allerdings ihre Fähigkeiten recht stark.

Wir wollen nun am Beispiel der Palindromsprache einsehen, daß die Erkennungsmächtigkeit von homogenen Trellisautomaten nicht gar zu eingeschränkt ist. Eine Möglichkeit, dies zu tun, besteht natürlich darin, die folgende Übungsaufgabe zu bearbeiten.

6.13 Man konstruiere einen homogenen Trellisautomaten, der L_{pal} erkennt.

Eine mögliche Lösung wird sich aber auch aus dem (konstruktiven) Beweis des folgenden Satzes ergeben.

6.14 Satz
Homogene Trellisautomaten erkennen genau die gleichen Sprachen wie Zellularautomaten mit $\bar{H}_1$-Nachbarschaft in Realzeit.

6.15 Beweis
Die Idee für die eine Richtung des Beweises ergibt sich aus der Beobachtung, daß das Raum-Zeit-Diagramm eines in Realzeit arbeitenden Zellularautomaten mit $\bar{H}_1$-Nachbarschaft sehr stark einem Trellisautomaten ähnelt (insbesondere dann, wenn man eines von beiden auf den Kopf stellt).

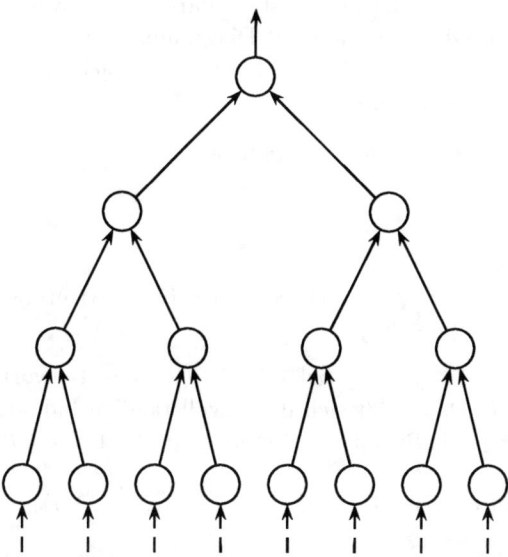

Abbildung 6.9: Aufbau eines (binären) systolischen Baumautomaten.

Der wesentliche Unterschied besteht darin, daß für eine Eingabe der Länge n das Raum-Zeit-Diagramm jeweils $n + 1$ Knoten breit und hoch[1] ist, während der Trellisautomat für die gleiche Eingabe nur n Knoten breit und hoch ist. Man muß also „eine Ebene sparen". Dies gelingt salopp gesprochen, weil man sich bei Trellisautomaten keine Mühe geben muß, um den richtigen Zeitpunkt zu „markieren", zu dem das Ergebnis abgelesen wird.

Um unübersichtliche Indexrechnungen zu vermeiden, führen wir für Trellisautomaten S_n den Begriff der **Ebenen** ein. Damit sind die Niveaus gemeint, jedoch mit anderer Numerierung: Die breiteste Ebene habe die Nummer 0, die unmittelbar darüberliegende die Nummer 1, usw. und der Knoten an der Spitze ist auf Ebene $n - 1$. Dementsprechend definieren wir auch

$$\bar{G}_S(w, t, j) := G_S(w, |w| - t, j)$$

als die Ausgabe von Knoten j auf Ebene t bei Eingabe w.

Es sei nun $C = (S, \square, F_+, F_-, A, \bar{H}_1, \delta, 1)$ ein Zellularautomat, der in Realzeit arbeite. Wir konstruieren einen $L(C)$ erkennenden homogenen Trellisautomaten

---

[1] Ein Raum-Zeit-Diagramm, das die Realzeitarbeitsweise eines Zellularautomaten mit n Zellen beschreibt, enthält $n+1$ Zeilen, nämlich die Anfangskonfiguration und n Nachfolgekonfigurationen.

$S = (T, \Lambda, \lambda, A, B, B_+, f, g)$. Die Idee besteht darin, jeden Knoten nicht nur den „entsprechenden" Zustand des Raum-Zeit-Diagrammes ausgeben zu lassen, sondern auch den, den die Zelle des Zellularautomaten im nächsten Schritt annehmen würde, wenn das der letzte wäre.

Formal ergeben sich die folgenden Festlegungen:

- Λ und λ sind trivial.
- $B = A \cup (S \times S)$,
- $\forall a \in A : f(a) = (a, \delta(a, \square))$,
- $\forall (s_1, t_1), (s_2, t_2) \in S \times S : g((s_1, t_1), (s_2, t_2)) = (\delta(s_1, s_2), \delta(\delta(s_1, s_2), t_2))$ und
- $B_+ = \{(s, t) \in S \times S \mid t \in F_+\}$.

Wir bezeichnen nun für $1 \leq j < i \leq |w| + 1$ mit $w^{(j,i)}$ das Teilwort $w[j] \cdots w[i-1]$ von w der Länge $i - j$. Dann läßt sich durch vollständige Induktion über t leicht zeigen, daß für alle $w \in A^+$, für alle $t \leq |w|$ und für alle $1 \leq j \leq t$ gilt:

$$\bar{G}_S(w, t, j) = ({}^t\Delta_C(c_w)(j), {}^{t+1}\Delta_C(c_{w^{(j,j+t)}})(j))$$

Insbesondere ist also $G_S(w, 1, 1)[2] = \bar{G}_S(w, n-1, 1)[2] = {}^n\Delta_C(c_w)(1)$, was auch die Wahl von B_+ rechtfertigt.

Die umgekehrte Simulation eines homogenen Trellisautomaten durch einen unidirektionalen Zellularautomaten mit $\bar{H}_1$-Nachbarschaft ist einfacher und wird Interessierten als Übung überlassen. Ein vollständiger Beweis findet sich auch in [ChC84]. ∎

Hinsichtlich der Erkennungsmächtigkeit homogener Trellisautomaten sei auch auf [CGS84b] verwiesen. Dort wurde gezeigt, daß von ihnen alle linearen Sprachen akzeptiert werden, aber zum Beispiel auch $\{a^i @ a^j @ a^k @ a^l \mid i + k = j + l\}$, $\{v @ v^R w @ w^R \mid v, w \in \{a, b\}^+\}$ und $\{w @ w \mid w \in \{a, b\}^+\}$. Dagegen ist von $\{ww \mid w \in \{a, b\}^+\}$ nicht bekannt, ob es einen homogenen Trellisautomaten gibt, der sie akzeptiert; wohl gibt es aber einen entsprechenden regulären Trellisautomaten.

Es sei nochmals auf die kennzeichnenden Eigenschaften *homogener* Trellisautomaten hingewiesen: Ihre Verarbeitungselemente sind gleichartige Schaltkreise, und sie sind auch bezüglich ihrer Verbindungsstruktur homogen. Dies prädestiniert sie, als VLSI-Schaltungen realisiert zu werden.

Wegen ihres Aufbaus aus gedächtnislosen Elementen ist auch der Verarbeitungsmodus bestimmt: In jedem Takt wird die Information den Knoten der nächsten Schicht übergeben, was natürlich aber auch zur Folge hat, daß in jedem Takt eine neue Eingabe erfolgen kann, so daß nach einer gewissen (durch die Höhe des Trellisautomaten bestimmten) Anlaufzeit in jedem Takt ein Ergebnis vorliegt. Dies bedeutet, daß sie ideal zur Pipelineverarbeitung geeignet sind.

Allerdings tritt auch bei der Realisierung solcher Automaten wieder das Problem der festen Größe auf: Schon aus technischen Gründen (um die Anzahl der Pins nicht zu stark anwachsen zu lassen) wird man nur Eingaben in die unterste Schicht vorsehen, so daß man zumindest auf den ersten Blick nur Wörter einer festen Länge bearbeiten kann. Wenn man auch kaum erwarten wird, auf einfache Art mit größeren Aufgaben zurecht zu kommen, so wäre es aber auf jeden Fall wünschenswert, *kleinere* Probleme mit dem gleichen Trellisautomaten lösen zu können. In [CGS86] wird diese Frage für systolische Trellisautomaten behandelt. Dort werden die Konzepte der **Stabilität** und **Superstabilität** eingeführt. Im ersten Fall wird bei der Eingabe kleinerer Wörter das Wort linksbündig in die unterste Schicht des Trellisautomaten geschrieben, und die auf der rechten Seite freibleibenden (externen) Eingänge erhalten Sonderzeichen. Bei der Superstabilität wird ein „zu kleines" Wort ebenfalls durch Sonderzeichen auf die „richtige" Länge gebracht, jedoch können in diesem Fall an beliebigen Stellen diese Einfügungen vorgenommen werden und zwar jeweils in beliebigen Anzahlen (bis die entsprechende Länge erreicht ist). Es wurde in [CGS86] gezeigt, daß zu jedem homogenen Trellisautomaten effektiv ein solcher konstruiert werden kann, der die derart modifizierten Eingaben akzeptiert.

6.2 Pipelineverarbeitung in zellularen Automaten

Einführung

Systolische Trellisautomaten sind offensichtlich zur Pipelineverarbeitung geeignet. Bei Zellularautomaten ist dies dagegen weniger klar. Unter welchen Umständen und wie auch dies möglich ist, darauf wollen wir in diesem Abschnitt zu sprechen kommen (siehe auch [Vol87]).

6.16 Vereinbarung

Zunächst sei daran erinnert, daß wir bei eindimensionalen Zellularautomaten je nachdem, ob sie H_1- oder $\bar{H}_1$-Nachbarschaftsindex besitzen, von bidirektionalen bzw. unidirektionalen Zellularautomaten sprechen (siehe 2.8). In beiden Fällen ist gemäß Definition 2.9 die am linken Ende des Eingabewortes gelegene Zelle diejenige, deren Endzustand darüber entscheidet, ob die Eingabe angenommen oder abgelehnt wird. Daneben werden wir im weiteren aber auch Zellularautomaten mit $(-\bar{H}_1)$-Nachbarschaft betrachten. In diesem Fall können Informationen also nur „von links nach rechts" fließen. Daher soll dann abweichend von Definition 2.9 die am rechten Ende gelegene Zelle die Entscheidung über die Annahme bzw. Ablehnung eines Wortes treffen.

Bei der Verarbeitung in Zellularautomaten gingen wir bisher von der Vorstellung aus, daß das zu bearbeitende Muster, im eindimensionalen Fall ein Wort, zu Beginn in ihm enthalten ist, d.h. die Zeit zum Einschreiben eines Musters wird nicht weiter berücksichtigt. Bei einer Hardwarerealisierung müßte jeder einzelne Automat über je eine Eingabeleitung (zusätzlich zu den bisher betrachteten Verbindungsleitungen) verfügen, über die in einem Taktschritt das Einlesen erfolgen kann.

Bei Pipelineverarbeitung werden Folgen von Wörtern eingegeben, die alle die gleiche Größe haben müssen. Es stellt sich die Frage, ob dies eine zu große Einschränkung darstellt oder ob man Aufgaben findet, die in diesem Rahmen sinnvoll zu lösen sind. Einfache Beispiele hierfür existieren etwa im Bereich der Erkennung zweidimensionaler Muster. Wenn sie Rechteckform haben, so kann man sich vorstellen, daß sie Zeile für Zeile (oder Spalte für Spalte) eingegeben werden. In diesem Fall liegt dann offensichtlich eine Folge gleich langer Wörter vor. Eine einfache Aufgabe, die man so lösen kann, ist die Überprüfung eines Musters darauf hin, ob es sich um das Bild einer dreifarbigen Flagge handelt, bei der alle drei Streifen gleich breit sind. Würde man im Falle z.B. der deutschen die Eingabe spaltenweise vornehmen, so hätte man zu testen, ob stets die drei Farbabschnitte von gleicher Länge und in der richtigen Reihenfolge sind. Damit hätten wir also im wesentlichen wieder das Problem aus Beispiel 2.11, auf das wir im folgenden eingehen werden.

Bei Pipelineverarbeitung mit Zellularautomaten, die in Realzeit arbeiten, erhält man bei dem naheliegenden naiven Ansatz qualitativ einen Ablauf gemäß Abbildung 6.10. Die **Pipelineperiode**, d.h. der Abstand zwischen den Zeitpunkten, zu denen jeweils Ergebnisse vorliegen, beträgt dann $|w|$.

In Abbildung 6.10 stellen die linken Dreiecke die für das Ergebnis der entsprechenden Berechnung im Zeitablauf relevanten Teile des Zellularautomaten dar. Natürlich finden auch in den rechten Dreiecken Berechnungen statt, sie können jedoch keinen Einfluß mehr auf das Ergebnis ausüben. Das heißt, daß im Mittel nur etwa die Hälfte der Einzelautomaten zur Problemlösung eingesetzt ist. Dieser Prozentsatz ließe sich unter Umständen dadurch verbessern, daß zum Beispiel am rechten Rand die Symbole des nächsten zu bearbeitenden Wortes (sequentiell) nachgeschoben würden. Es ist aber keineswegs offensichtlich, wann und wie dieses Nach-links-Schieben beendet werden sollte und wie der eigentliche Verarbeitungsprozeß ohne zusätzlichen Zeitaufwand, z.B. unter Benutzung von Synchronisationsalgorithmen, zu starten wäre. Jedenfalls würde ein anderes Eingabekonzept erforderlich. Wir werden ein solches auch besprechen, allerdings wird das Prinzip beibehalten werden, daß benachbarte Einzelsymbole in benachbarte Einzelautomaten eingegeben werden.

Das primäre Ziel besteht aber nicht darin, einen möglichst hohen Beschäftigungsgrad der Einzelautomaten zu erreichen, sondern darin, mit möglichst kleinen Pipelineperioden auszukommen. Intuitiv hat man den Eindruck, daß es Zusammenhän-

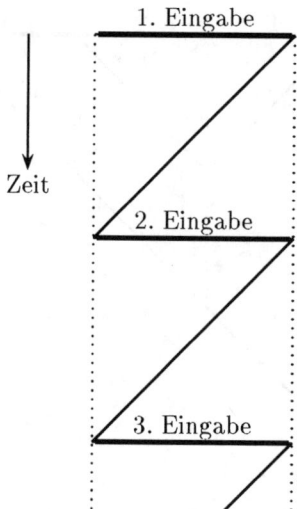

Abbildung 6.10: Schema bei Realzeitverarbeitung.

ge zwischen diesen beiden Größen gibt. Im weiteren wollen wir darauf noch zu sprechen kommen, werden aber zunächst etwas weiter ausholen.

Zusammenhang zwischen bidirektionalen und unidirektionalen Zellularautomaten

Betrachten wir wie schon in Kapitel 2 nochmals die Sprache $L_{123} = \{1^m 2^m 3^m \mid m \in \mathbb{N}_+\}$ und skizzieren zunächst einen bidirektionalen Zellularautomaten mit H_1-Raster, der sie akzeptiert:

Vom ersten Symbol des 1-Teilwortes und vom letzten Symbol des 2-Teilwortes sowie vom ersten Symbol des 2-Teilwortes und dem letzten Symbol des 3-Teilwortes starten Signale in der in Abbildung 6.11 skizzierten Art.

Die Signale bewegen sich mit Einheitsgeschwindigkeit. Genau dann, wenn sich die Signale (1) und (2) an der Trennlinie zwischen dem 1- und dem 2-Teilwort und die Signale (3) und (4) an der Trennlinie zwischen dem 2- und dem 3-Teilwort treffen, besitzen die drei Teilwörter die gleichen Längen. Die Ergebnisse dieser Längenprüfungen werden von Signal (5) „gesammelt", das ebenfalls zu Beginn am rechten Rand gestartet wurde und das zusätzlich die Aufgabe hat zu testen, ob das vorgelegte Wort von der Form $\{1\}^*\{2\}^*\{3\}^*$ ist. Nur wenn alle diese Tests zu einem positiven Ergebnis führten, veranlaßt das Signal (5) den Annahmeautomaten,

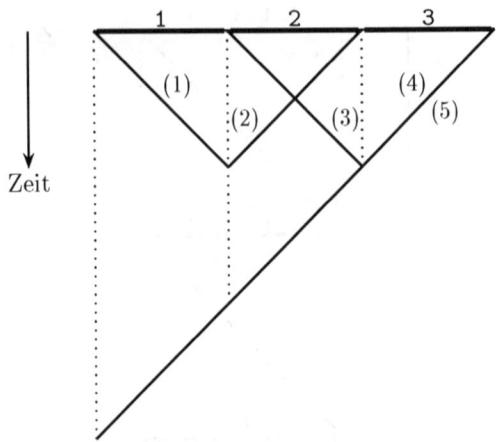

Abbildung 6.11: Raum-Zeit-Diagramm eines Zellularautomaten mit H_1-Raster zur Erkennung eines Wortes aus L_{123}.

einen akzeptierenden Zustand anzunehmen. Mit dieser Vorgehensweise wird eine Erkennung der Sprache in Realzeit erreicht.

Man könnte nun den Verdacht haben, daß das „Hin- und Herlaufen" von Signalen der Pipelineverarbeitung entgegensteht. Wir werden deshalb unser Augenmerk verstärkt auf unidirektionale Zellularautomaten und auf die Beziehungen zwischen bidirektionalen und unidirektionalen Zellularautomaten lenken.

Für die obige Sprache gibt es auch einen unidirektionalen Zellularautomaten, der sie in Realzeit akzeptiert. Er wurde bereits in Kapitel 2 vorgestellt; deshalb sei hier nur der Signalverlauf skizziert (Abbildung 6.12), vor allem, um einen anschaulichen Vergleich zur Arbeitsweise des bidirektionalen Zellularautomaten vornehmen zu können.

Für dieses Beispiel gelang es, einen unidirektionalen in der gleichen Zeit arbeitenden Zellularautomaten zu finden. Im allgemeinen ist dies nicht möglich, es gilt jedoch der folgende Satz ([UMS82]):

6.17 Satz
Zu jedem Zellularautomaten C mit H_1-Nachbarschaft, der eine Sprache L in Realzeit akzeptiert, läßt sich ein Zellularautomat C' mit $(-\bar{H}_1)$-Nachbarschaft konstruieren, der L in der doppelten Zeit akzeptiert. (Vgl. auch 6.16.)

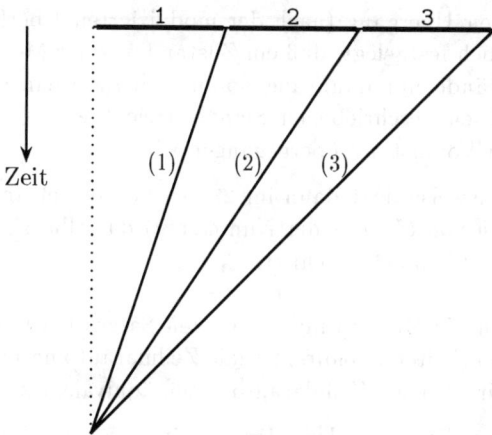

Abbildung 6.12: Raum-Zeit-Diagramm eines Zellularautomaten mit $\bar{H}_1$-Raster zur Erkennung eines Wortes aus L_{123}.

6.18 Beweis

Wir gehen davon aus, daß ein Wort der Länge n zu bearbeiten ist, das symbolweise in den Automaten mit den Nummern 1 bis n codiert ist. Die Automaten 0 und $n+1$ sind im Ruhezustand und markieren dadurch die Enden des Wortes.

Zunächst ist zu beachten, daß der am weitesten rechts gelegene Automat n, der über die Annahme des Wortes zu entscheiden hat, sich wegen des vorgegebenen $(-\bar{H}_1)$-Rasters nicht selbst als rechter Randautomat identifizieren kann. Da andererseits festgelegt wurde, daß ein Automat, der einen Annahmezustand angenommen hat, in einem solchen verbleiben muß, lassen sich Schwierigkeiten am leichtesten dadurch vermeiden, daß zu Beginn im ersten Automaten ein Signal mit der Geschwindigkeit $1/2$ gestartet wird und daß Automaten nur dann in einen Annahme- oder Ablehnungszustand übergehen dürfen, wenn sie von diesem Signal erreicht wurden.

Um die Arbeitsweise eines Zellularautomaten mit H_1-Raster nachvollziehen zu können, werden die Informationen der bezüglich $-\bar{H}_1$ benachbarten Automaten in Zwischenschritten jeweils zusätzlich aufgenommen, so daß danach jeder Automat über die in drei nebeneinanderliegenden Automaten ursprünglich befindliche Informationsmenge verfügt. Die am rechten „Rand" stehende Information verschwindet dabei natürlich nach und nach, was aber nicht stört, da sie ja bei Realzeitarbeitsweise von C auch nicht mehr auf den Annahmeautomaten Einfluß hat.

Im einzelnen geschieht dies folgendermaßen: Für $(0 \leq i \leq n-1)$ übernehmen im $(2i+1)$-ten Schritt die Automaten $(i+1), \ldots, n$ zusätzlich zu ihrem Zustand jeweils den Zustand ihres linken Nachbarn. Im darauffolgenden Schritt führen diese

Automaten dann einen Übergang (nach der modifizierten Überführungsfunktion) durch. Dabei wird noch festgelegt, daß ein Zustand aus der Menge der Annahme- oder Ablehnungszustände nur dann angenommen wird, wenn der entsprechende Automat von dem oben beschriebenen Signal erreicht wurde, während sonst in einen entsprechenden Vorzustand übergegangen wird.

Nach dieser Vorgehensweise liegt dann im $2n$-ten Schritt im am weitesten rechts stehenden Automaten von C' (mit der Nummer n) dasselbe Ergebnis vor wie im ersten Automaten von C im n-ten Schritt.   ∎

In [ChC84] wird auch die Umkehrung des obigen Satzes bewiesen. Damit ist gezeigt, daß in Realzeit arbeitende bidirektionale Zellularautomaten und in doppelter Zeit arbeitende unidirektionale Zellularautomaten äquivalent sind.

Des weiteren ist über die generellen Möglichkeiten von in Realzeit arbeitenden unidirektionalen Zellularautomaten bekannt, daß sie gegenüber denen von bidirektionalen Zellularautomaten echt eingeschränkt sind: In [Sei79] wurde gezeigt, daß Sprachen über einem einelementigen Alphabet, die in Realzeit von unidirektionalen Zellularautomaten akzeptiert werden, regulär sind. Zum Beweis beachte man Satz 6.14 und überlege, was im zweiten Teil von Beweis 6.12 eigentlich gezeigt wurde.

6.19 Beispiel
Die (nichtreguläre) Sprache $\{a^{2^m} \mid m \in \mathbb{N}_+\}$ ist jedoch in Realzeit von einem bidirektionalen Zellularautomaten akzeptierbar, z.B. mittels eines Algorithmus aus [ChC84] (siehe Abbildung 6.13):

In dem am weitesten links gelegenen Automaten starten zu Beginn zwei Signale (1) und (2) und in dem am rechten Ende befindlichen Automaten ein Signal (3) mit den Geschwindigkeiten 1, $\frac{1}{3}$ und 1. Trifft das Signal (1) auf das Signal (2) oder gelangt es in den ersten Automaten, so wird es reflektiert. Bei geeigneter Wahl der Anfangssituation trifft das Signal (1) zu den Zeitpunkten 2^m ($m \in \mathbb{N}_+$) im Annahmeautomaten ein. Dieser nimmt einen akzeptierenden Zustand genau dann an, wenn die Signale (1) und (3) gleichzeitig in ihm eintreffen.

Zellularautomaten mit schräger Eingabe

Kommen wir nun wieder auf die Fähigkeiten von Zellularautomaten zur Pipelineverarbeitung zurück, wofür wir noch eine weitere Verabredung treffen:

6.20 Vereinbarung
Im folgenden wollen wir uns zur Vereinfachung der Sprechweise vorstellen, daß das erste und das letzte Symbol des Eingabewortes jeweils entsprechend gekennzeichnet seien, um auf den Übergangsschritt zur Identifizierung der betreffenden Einzelautomaten verzichten zu können.

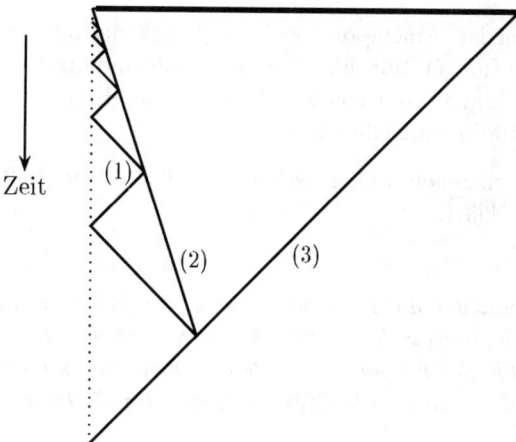

Abbildung 6.13: Raum-Zeit-Diagramm eines Zellularautomaten bei der Erkennung eines Wortes aus $\{a^{2^m} \mid m \in \mathbb{N}_+\}$ (nach [ChC84]).

Beim naiven Ansatz, wie er in Abbildung 6.10 dargestellt ist, ist es im allgemeinen nicht möglich, eine kürzere Pipelineperiode als $|w|$ zu erzielen, da die vom Automaten am rechten Rand erforderliche Information eine entsprechende Zeit benötigt, um zum Annahmeautomaten zu gelangen.

Betrachtet man andererseits das in Abbildung 6.10 skizzierte Raum-Zeit-Diagramm, so stellt man fest, daß nur der Inhalt des am weitesten rechts stehenden Automaten zu Beginn der Berechnung das Ergebnis beeinflussen kann und daß generell nur die ersten $|w| - (i-1)$ Zustände des i-ten Automaten eine Auswirkung auf das Resultat haben können. Wir nennen diesen „relevanten" Bereich den **Einflußkegel**; bei Realzeitarbeitsweise wird er durch das beschriebene Dreieck gebildet, bei längeren Berechnungszeiten hat er die Form eines Rechtecks mit unten angesetztem Dreieck. Die rechten Teildreiecke des Raum-Zeit-Diagramms sind für die Ergebnisse der Berechnungen irrelevant. Es ist also möglich, das letzte Symbol eines zweiten zu bearbeitenden Eingabewortes dem am weitesten rechts stehenden Automaten zum Zeitpunkt 2 einzugeben und allgemein, das i-te Symbol zum Zeitpunkt $|w| - (i-1) + 1$.

Einen solchen Eingabemodus werden wir künftig eine **schräge Eingabe** nennen.

Welchen Einfluß hat nun eine solche schräge Eingabe auf die Pipelineperiode? Wenn wir berücksichtigen, daß bei einer Realzeitarbeitsweise der Annahmeautomat $|w|$ Zustände annimmt – im allgemeinen allerdings nicht verschiedene –, können wir nicht ohne weiteres erwarten, daß die Pipelineperiode bei schräger Eingabe kürzer als $|w|$ wird. Zu klären bleibt, ob die angegebene Zahl von Zustandsübergängen auch wirklich nötig ist – insbesondere im Hinblick darauf, daß jetzt nicht mehr mit der maximalen Informationsübertragungsgeschwindigkeit argumentiert werden kann, da doch ein Signal vom rechten Rand mit der Eingabe des ersten Symbols im Annahmeautomaten eintreffen kann.

Bevor wir darauf eingehen wollen, seien zunächst die Verhältnisse bei schräger Eingabe generell geklärt.

6.21 Definition
Ein Zellularautomat, der die Eingaben in schräger Form erhält und der für jedes Wort w spätestens $p(|w|)$ Schritte ($p : \mathbb{N}_+ \to \mathbb{R}_+$) nach dem Empfang des letzten Eingabesymbols (d.h. der Eingabe des ersten Symbols dieses Wortes) akzeptiert oder abgelehnt hat, wird ein **in p-schr-Zeit arbeitender** *Zellularautomat genannt.*

Bei einem in p-schr-Zeit arbeitenden Zellularautomaten läßt sich eine Pipelineperiode von p erreichen.

6.22 Satz
Zu jedem Zellularautomaten mit H_1-Nachbarschaft, der eine Sprache L in Realzeit akzeptiert, gibt es einen Zellularautomaten, der diese Sprache in $\mathrm{id}_\mathbb{N}$-schr-Zeit akzeptiert.

6.23 Beweis
Für den Beweis wollen wir zwischen bidirektionalen und unidirektionalen Zellularautomaten unterscheiden.

a) Bidirektionale Zellularautomaten C' mit schräger Eingabe, die einen L in Realzeit akzeptierenden bidirektionalen Zellularautomaten C (mit normaler Eingabe) simulieren, arbeiten folgendermaßen: Jeder der Einzelautomaten mit Ausnahme des ersten beginnt nach dem Empfang eines neuen Eingabesymbols mit der Verzögerung um einen Schritt zu arbeiten und führt in einer ersten Phase (gesteuert durch einen modulo 2-Zähler) nur in jedem zweiten Schritt einen „eigentlichen" Zustandsübergang – dem von C entsprechend – durch, übernimmt aber dazwischen die Information seines rechten Nachbarn. Damit ist die jeweils benötigte Information verfügbar.

Betrachten wir dies im Detail, wobei zum Vergleich die Abbildung 6.14 herangezogen wird. In Abbildung 6.15 wird das Wort $a^0 b^0 c^0 d^0 e^0$ als schräge Eingabe[2] dem Zellularautomaten eingegeben – und zwar das letzte Symbol e^0 zum Zeitpunkt 1, d^0 zum Zeitpunkt 2, usw. Der Automat 3 z.B. hat zum Zeitpunkt 4 seine Eingabe (c^0) noch nicht verändert, sondern sich nur notiert, daß ein Zwischenschritt vorliegt – durch Überstreichen gekennzeichnet – und hat einen

---

[2]Die hochgestellten Zahlen dienen lediglich der zeitlichen Durchnumerierung.

Teil des Inhalts des rechts von ihm stehenden Automaten übernommen. Zeitgleich trifft das Symbol b^0 im Automaten 2 ein. Der Automat 3 sieht damit u.a. die Informationen b^0, c^0 und d^0 in seiner Nachbarschaft und kann deshalb zum Zeitpunkt 5 einen Übergang (nach c^1) ausführen, der dem des Automaten 3 im „normalen" Zellularautomaten zum Zeitpunkt 2 entspricht.

Zeit-	Automat Nr.				
punkt	1	2	3	4	5
1	a^0	b^0	c^0	d^0	e^0
2	a^1	b^1	c^1	d^1	e^1
3	a^2	b^2	c^2	d^2	e^2
4	a^3	b^3	c^3	d^3	e^3
5	a^4	b^4	c^4	d^4	e^4

Abbildung 6.14: Raum-Zeit-Diagramm eines Zellularautomaten mit „normaler" Eingabe (Einflußkegel ist der Bereich oberhalb der „Treppe"). Für Beweisteil a) sei dies das Raum-Zeit-Diagramm eines bidirektionalen, für Beweisteil b) das eines unidirektionalen Zellularautomaten.

Zeit-	Automat Nr.				
punkt	1	2	3	4	5
1					e^0
2				d^0	$\bar{e}^0/\#$
3			c^0	$\bar{d}^0/e^0$	e^1
4		b^0	$\bar{c}^0/d^0$	d^1	$\bar{e}^1/\#$
5	a^0	$\bar{b}^0/c^0$	c^1	$\bar{d}^1/e^1$	e^2
6	a^1	b^1	$\bar{c}^1/d^1$	d^2	$\bar{e}^2/\#$
7	a^2	b^2	c^2	$\bar{d}^2/e^2$	e^3
8	a^3	b^3	c^3	d^3	$\bar{e}^3/\#$
9	a^4	b^4	c^4	d^4	e^4

Abbildung 6.15: Raum-Zeit-Diagramm eines bidirektionalen Zellularautomaten mit schräger Eingabe.

Nachdem der erste Automat ein Eingabesymbol erhalten hat, sendet er u.a. ein Signal nach rechts (in Abbildung 6.15 durch die gepunktete Linie gekennzeichnet), das die zweite Phase initiiert und die Arbeitsweise der durchlaufenen Automaten so ändert, daß sie in jedem Schritt einen Zustandsübergang ausführen.

Auf diese Weise ist $|w|$ Schritte nach Eingabe des ersten Symbols nicht nur der Annahmeautomat im gleichen Zustand wie der zu simulierende, sondern dies gilt für alle Einzelautomaten. Es sei allerdings bemerkt, daß dies nicht nötig wäre, wirkt sich doch nur die im Einflußkegel enthaltene Information (in Abbildung 6.15 oberhalb der „Treppe") auf das Resultat aus.

b) Bei der Simulation eines unidirektionalen Zellularautomaten mit $\bar{H}_1$-Raster durch einen unidirektionalen Zellularautomaten mit demselben Raster und schräger Eingabe wird folgendermaßen vorgegangen. Da ein Übergang nur vom eigenen Zustand und dem des rechten Automaten abhängig ist, braucht in jedem Automaten lediglich zusätzlich der jeweils vorangegangene Zustand gespeichert zu werden (siehe Abbildung 6.16). So verfügt z.B. der Automat 3 zum Zeitpunkt 4 u.a. über die Information c^1 und d^1 und kann deshalb einen „normalen" Übergangsschritt (mit c^2 als Ergebnis) ausführen.

Zeit- punkt	\multicolumn{5}{c}{Automat Nr.}				
	1	2	3	4	5
1					e^0
2				d^0	e^0/e^1
3			c^0	d^0/d^1	e^1/e^2
4		b^0	c^0/c^1	d^1/d^2	e^2/e^3
5	a^0	b^0/b^1	c^1/c^2	d^2/d^3	e^3/e^4
6	a^0/a^1	b^1/b^2	c^2/c^3	d^3/d^4	
7	a^1/a^2	b^2/b^3	c^3/c^4		
8	a^2/a^3	b^3/b^4			
9	a^3/a^4				

Abbildung 6.16: Raum-Zeit-Diagramm eines unidirektionalen Zellularautomaten (mit $\bar{H}_1$-Raster) mit schräger Eingabe.

Damit erfolgt die gesamte Abarbeitung in derselben schrägen Form wie die Eingabe. ∎

Es sei noch bemerkt, daß auch im bidirektionalen Fall ein Symbol eines weiteren Eingabewortes jeweils $|w|$ Schritte nach dem des vorhergehenden Eingabewortes übernommen werden kann, so daß bei einer Pipelineverarbeitung mit schräger Eingabe qualitativ die in Abbildung 6.17 skizzierten Verhältnisse vorliegen.

Damit wird allerdings der Eindruck erweckt, als ob hinsichtlich der Pipelineperiode keine Verbesserung gegenüber der herkömmlichen Eingabe erfolgt wäre. Wie jedoch

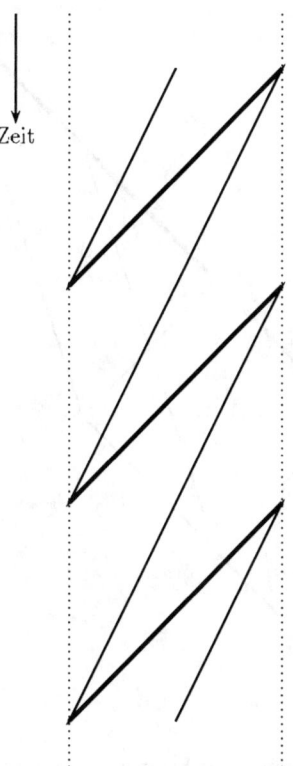

Abbildung 6.17: Pipelineverarbeitung durch Zellularautomaten mit schräger Eingabe in Realzeit.

die folgenden Beispiele zeigen werden, ist die zuvor beschriebene Simulation nicht immer die bestmögliche.

6.24 Beispiel (Erkennung von L_{123} mit kleiner linearer Pipelineperiode)
Wir wollen die Sprache $\{1^m 2^m 3^m \mid m \in \mathbb{N}_+\}$ im Hinblick auf die Verarbeitung mit schräger Eingabe untersuchen. Der in Abbildung 6.11 vorgestellte Algorithmus braucht nur geringfügig bezüglich der Signalgeschwindigkeiten modifiziert zu werden, so daß wir uns mit der Angabe des entsprechenden Raum-Zeit-Diagramms begnügen wollen (siehe Abbildung 6.18). Die Geschwindigkeit der Signale (1), (2) und (5) ist 1 und die der Signale (3) und (4) ist $\frac{1}{3}$.

Mit diesem Eingabemodus ist damit gegenüber dem ersten Ansatz eine Verbesserung der Pipelineperiode um $\frac{1}{3}|w|$ möglich geworden. In Anbetracht der Tatsache, daß sich insbesondere die Signale (1) und (2) schon mit maximaler Geschwindig-

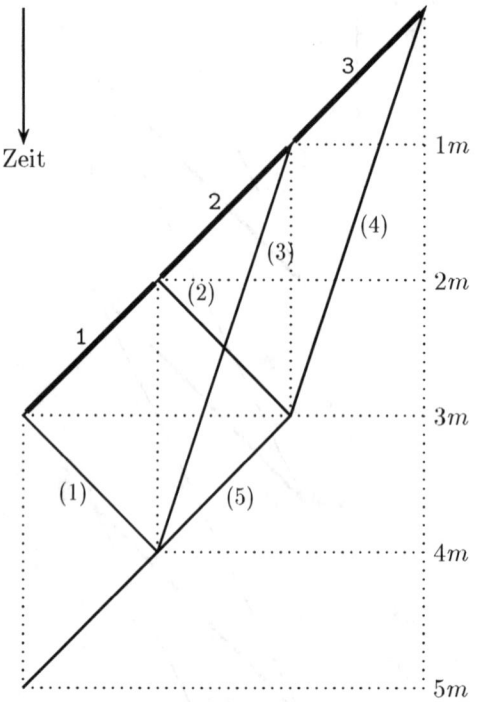

Abbildung 6.18: Raum-Zeit-Diagramm zur Erkennung der Sprache L_{123} in $\frac{2}{3}|w|$-schr-Zeit.

keit bewegen, scheint es zumindest nicht einfach, die Pipelineperiode weiter zu verkürzen. Dagegen sind die Verhältnisse bei unidirektionalen Zellularautomaten mit schräger Eingabe anders: Im Gegensatz zu der oben beschriebenen Vorgehensweise bei normaler Eingabe begrenzt nun die Geschwindigkeit des Signals (3) nicht mehr die Erkennungszeit (Abbildung 6.19).

Die Geschwindigkeiten der Signale (1), (2) und (3), mit v_1, v_2 und v_3 resp. bezeichnet, müssen so festgelegt werden, daß sie bei Vorlage eines Wortes aus der Sprache zur gleichen Zeit den Annahmeautomaten erreichen. Gemäß der physikalischen Formel $t = \frac{s}{v}$ ist dies dann der Fall, wenn gilt:

$$3m(1/v_3) = m + 2m(1/v_2)$$
$$m + 2m(1/v_2) = 2m + m(1/v_1)$$

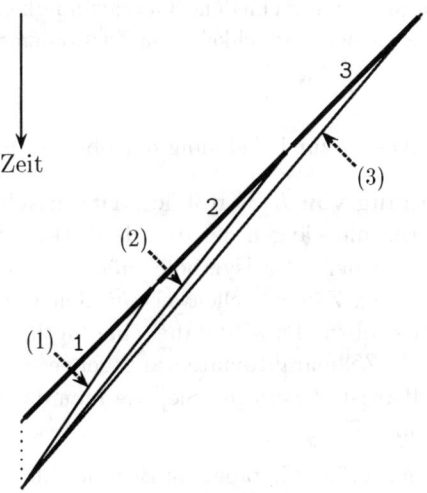

Abbildung 6.19: Raum-Zeit-Diagramm zur Erkennung der Sprache L_{123} durch einen unidirektionalen Zellularautomaten mit schräger Eingabe.

Dieses Gleichungssystem ist unterbestimmt. Daraus folgt, daß die Geschwindigkeiten beliebige Werte annehmen können, für die folgende Gleichungen erfüllt sind:

$$3(1/v_3) = 2(1/v_2) + 1$$
$$2(1/v_2) = (1/v_1) + 1$$

Dabei müssen v_1, v_2 und v_3 Werte < 1 annehmen und wegen der endlichen Zustandszahl auch nur rationale. Eine Erhöhung der Geschwindigkeiten v_i ($i = 1, 2, 3$) führt zu einer Verkürzung der Pipelineperiode. Sie beträgt $m(\frac{1}{v_1} - 1)$, bleibt damit aber proportional zu $|w|$. Es sei noch erwähnt, daß Signale, die mit Geschwindigkeiten nahe 1 laufen, nur durch eine große Zahl von Zuständen realisierbar sind, was sich u.a. auf die Zahl der Annahmezustände auswirkt.

Bevor wir auf einen Algorithmus zu sprechen kommen, bei dem die Pipelineperiode asymptotisch signifikant kleiner ist, zunächst noch zwei Bemerkungen:

1. Es ist klar, daß der zuletzt angegebene Algorithmus auch für Zellularautomaten mit bidirektionalem Informationsfluß funktioniert. Es erscheint aber näherliegend, zu einer solchen Vorgehensweise zu gelangen, wenn man unidirektionale Zellularautomaten im Auge hat.

2. Es ist nicht möglich, für jedes Wort in einer Pipelinefolge einen anderen Eingabemodus zu wählen, obwohl dies für das letzte Beispiel denkbar erscheint.

Dann würden aber jeweils verschiedene Geschwindigkeiten der Signale erforderlich sein, was wegen der Endlichkeit der Zustandsmenge nicht realisierbar ist.

Nun zu einem anderen Ansatz zur Erkennung der obigen Sprache:

6.25 Beispiel (Erkennung von L_{123} mit logarithmischer Pipelineperiode)
Das Prinzip besteht darin, die Längen der drei Teilketten zu messen (was gleichzeitig mit dem Ankommen der Einzelsymbole möglich ist) und sie anschließend zu vergleichen. Dazu werden Zähler stellenweise in den Einzelautomaten initiiert und dann nach links verschoben. Es wird dabei eine Methode aus [Vol78] benutzt, die dort für bidirektionale Zellularautomaten angegeben wurde, die aber auch für unidirektionale verwendbar ist. Überlegen Sie, wie man das Beispiel 1.5 auf Zellularräume übertragen kann.

Wir betrachten weiterhin schräge Eingabe. Zu Beginn, d.h. also zu dem Zeitpunkt, zu dem das letzte Symbol des Eingabewortes eingegeben wird, startet in dem betreffenden Automaten der Zählprozess. Das niedrigstwertige Bit des Zählers bewegt sich synchron zu dem jeweils gerade eingegebenen Symbol, während die übrigen Bits unmittelbar folgen. Wird eine 2 angetroffen, so wird das Zählen im ersten Zähler beendet und ein neuer Zähler gestartet, der die Länge des 2-Teilwortes aufnimmt. Der erste Zähler wird aber weiter „mitgeschleppt". Analoges geschieht beim Antreffen eines 1-Symbols. Der zweite Zähler wird angehalten und zusammen mit dem ersten mitgeschleppt und ein dritter gestartet. Den gesamten Prozeß veranschaulicht man sich am einfachsten dadurch, daß man sich die Einzelautomaten in mehrere Teilautomaten aufgespalten vorstellt. Es ist wichtig, sich klarzumachen, daß sich die niedrigstwertigen Bits der drei Zähler zu jedem Zeitpunkt im gleichen Einzelautomaten befinden und daß dies jeweils die Stelle ist, an der die aktuelle Eingabe erfolgt.

Annahmeautomat ist der am weitesten links gelegene. In einem Zellularautomaten mit $\bar{H}_1$-Raster kann er sich allerdings nicht selbst identifizieren, so daß jeder der Automaten so agieren muß, als ob er Annahmeautomat wäre: Die Inhalte der drei Zähler werden verglichen (die Enden mit dem höchstwertigen Bits sind jeweils gekennzeichnet). Eine notwendige Bedingung für das Übergehen in einen Annahmezustand ist das Übereinstimmen der Zähler. Dieser Vergleich kann erst nach Eingabe des ersten Symbols durchgeführt werden und benötigt O(log) Schritte. Mit diesem Algorithmus ist also eine Pipelineperiode von O(log) erreichbar.

Nach dem bisher Dargestellten ist wohl deutlich geworden, daß der schräge Eingabemodus für Pipelineverarbeitung natürlicher ist als eine Eingabe in „klassischer" Weise, aber auch vorteilhafter, da mit ihr Pipelineperioden kleiner als $|w|$ erreichbar sind, wie dies an Beispielen gezeigt wurde.

Es stellt sich jetzt die Frage nach den Grenzen einer solchen Vorgehensweise, vor allem natürlich im Hinblick auf das Erzielen „kurzer" Pipelineperioden.

Zustandsänderungskomplexität und ihre Anwendung

Um negative Aussagen machen zu können – und darauf wird es hinauslaufen –, reicht es nicht aus, mit Beispielen zu argumentieren, sondern es müssen theoretisch faßbare Begriffe geschaffen werden. Es wird dabei auf das Konzept der Zustandsänderungskomplexität zurückgegriffen, wie es für Zellularautomaten in [Vol81] eingeführt wurde. Damit soll herausgearbeitet werden, wieviele Zustandsübergänge Einzelautomaten in einem Zellularautomaten mindestens ausführen müssen, um die gewünschte Erkennung von Wörtern zu ermöglichen.

6.26 Definition
Die folgenden Verabredungen gelten für beliebige Zellularautomaten. Da deterministische Arbeitsweise vorausgesetzt wird, liefert die wiederholte Anwendung der globalen Überführungsfunktion Δ auf eine Anfangskonfiguration c_0^w – wobei der Exponent w darauf hinweisen soll, daß die Anfangskonfiguration durch das zu untersuchende Eingabewort w festgelegt ist – eine eindeutige Folge von Konfigurationen $c_0^w, c_1^w, c_2^w, \ldots$, die $\textbf{Verhaltensfolge}$ genannt und mit $\langle c_0^w \rangle$ bezeichnet werde. Dabei gilt für alle $t \geq 0$

$$c_{t+1}^w = \Delta(c_t^w) = {}^{t+1}\Delta(c_0^w)$$

Es wird immer nur ein endliches Anfangsstück der unendlichen Verhaltensfolge von Interesse sein. Die aus den ersten $m + 1$ Konfigurationen ($m \geq 0$) bestehende Teilverhaltensfolge von $\langle c_0^w \rangle$ wird als $\textbf{m-Verhaltensfolge}$ $\langle c_0^w \rangle_0^m$ bezeichnet.

Ein „räumlicher" Ausschnitt der Verhaltensfolge $\langle c_0^w \rangle$ bzw. der m-Verhaltensfolge $\langle c_0^w \rangle_0^m$, der nur die Automaten i bis j umfaßt, wobei $1 \leq i, j \leq |w|$ und $i \leq j$ wird mit $\langle c_0(i,j) \rangle$ bzw. $\langle c_0(i,j) \rangle_0^m$ bezeichnet. Ist $i = j$, so wird abgekürzt $\langle c_0(i) \rangle$ bzw. $\langle c_0(i) \rangle_0^m$ geschrieben.

Bei eingehender Betrachtung des Ablaufs von Berechnungsvorgängen in Zellularautomaten (z.B. bei der obigen Erkennung der Sprache L_{123}) fällt auf, daß während des größten Teils der Zeit die Einzelautomaten nicht „eigentlich" Arbeit leisten, sondern im selben Zustand bleiben. In den Diagrammen drückt sich dies so aus, daß nur wenige Signale dargestellt sind, die schon alle Aktivitäten beschreiben.

Zunächst soll nur diese Beobachtung formal gefaßt werden.

		Automatennummer																	
Schritt	1	2	3	4	5	6	7	8	9	10	11	12	13	14	15	16	17	18	
#	1	1	1	1	1	1	2	2	2	2	2	2	3	3	3	3	3	3	#
1						a					u						z		
2						b					v					z			
3						c				w					z				
4					a					u					z				
5					b					v				z					
6					c				w					z					
7				a					u					z					
8				b					v				z						
9				c				w				z							
10			a					u				z							
11			b					v			z								
12			c				w				z								
13		a					u			z									
14		b					v		z										
15		c				w			z										
16	a					u	z												
17	b^+	z^v																	
18	α																		

Abbildung 6.20: Raum-Zeit-Diagramm zur Erkennung der Sprache L_{123} durch einen unidirektionalen Zellularautomaten (nur „Stellen", an denen sich etwas ändert, sind angegeben).

6.27 Definition

a) *Die Anzahl der **eigentlichen Zustandsänderungen** (oder abgekürzt: der Änderungen) eines Automaten i $(1 \leq i \leq |w|)$ vor dem Zeitpunkt m ist definiert durch*

$$\text{zä}_m(w,i) := |\{t \mid c_t^w(i) \neq c_{t+1}^w(i) \wedge 0 \leq t < m\}|.$$

b) *Die Maximalzahl von eigentlichen Zustandsänderungen in einem m-Verhaltensfolgenausschnitt $\langle c_0^w(i,j)\rangle_0^m$ ist definiert durch*

$$\text{maxzä}(\langle c_0^w(i,j)\rangle_0^m) := \max\{\text{zä}_m(w,k) \mid i \leq k \leq j\}.$$

c) *Die Maximalzahl von eigentlichen Zustandsänderungen bei der Bearbeitung eines Wortes $w \in A^+$ ist*

$$\text{maxzä}(w) := \max\{\text{zä}_{time(w)+1-i}(w,i) \mid 1 \leq i \leq |w|\}.$$

6.28   Da wir ja Zellularautomaten betrachten, sind bei Eingabe eines Wortes w nur die Zellen $1,\dots,|w|$ von Bedeutung. Auf den Zustand der erkennenden Zelle zum Zeitpunkt $time(w)$ wirken nur die Zustände im entsprechenden Einflußkegel. Deswegen wurden im letzten Teil der vorigen Definition für Zellen mit größeren Nummern nur die Zustandsänderungen in einem immer kürzeren Zeitintervall berücksichtigt.

Für das Beispielwort w, das in Abbildung 6.20 skizziert ist, gilt – mit der Verabredung, die Eingabe nicht als Zustandsänderung zu zählen – u.a. :

$\text{zä}_1(w, 1) = \text{zä}_1(w, 2) = 0$, $\text{zä}_1(w, 18) = 1$, $\text{zä}_{18}(w, 1) = 3$, $\text{zä}_{18}(w, 4) = 6$ und $\text{maxzä}(\langle c_0^w(i, j)\rangle_0^{18}) = \text{maxzä}(\langle c_0^w(i, j)\rangle_0^{18+\kappa}) = 6$ für alle $\kappa \geq 1$ und $1 \leq i \leq j \leq 18$. Dabei wird angenommen, daß die Überführungsfunktion des Zellularautomaten so festgelegt ist, daß nach dem Durchlauf des von dem am weitesten rechts liegenden Automaten gestarteten Signals keine Änderungen mehr stattfinden. Außerdem ist $\text{maxzä}(w) = 6$.

Man stellt fest, daß zu jedem Zeitpunkt kleiner gleich $|w|$ in mindestens einem Automaten eine eigentliche Zustandsänderung vorkommt; wäre dies nicht der Fall, so würde sich wegen der deterministischen Arbeitsweise der Zellularautomaten überhaupt nichts mehr ändern.

6.29 Definition
Es sei $f : \mathbb{N}_+ \to \mathbb{R}_+$.

a) *Ein Zellularautomat C **arbeitet für ein Wort** $w \in A^+$ **f-änderungsbeschränkt**, wenn*

$$\text{maxzä}(w) \leq f(|w|).$$

b) *Ein Zellularautomat zur Erkennung der Sprache $L \subseteq A^+$ wird **f-änderungsbeschränkt** genannt, wenn C für alle $w \in A^+$ f-änderungsbeschränkt arbeitet.*

c) *Entsprechende Begriffe sollen auch für Zellularautomaten mit schräger Eingabe gelten.*

6.30 Bei Teil b) der Definition ist zu beachten, daß nicht nur die Wörter der Sprache selbst mit nicht mehr als der entsprechenden Zahl von Zustandsänderungen zu erkennen sind, sondern Analoges für die Wörter aus dem Komplement der Sprache gelten muß.

Außerdem ist klar, daß entsprechende Definitionen auch für Zellularautomaten eingeführt werden können, die nicht zur Spracherkennung, sondern z.B. zur Transformation von Mustern benutzt werden.

6.31 Beispiel
Bei dem Zellularautomaten in Abbildung 6.20 ist die Anzahl der Zustandsänderungen in jedem einzelnen Automaten höchstens 6 – unabhängig von der Eingabelänge. In einem solchen Fall sagen wir auch, der Zellularautomat sei **const-änderungsbeschränkt**.

Welcher Zusammenhang besteht nun zwischen der Zahl der Zustandsänderungen und der Pipelineperiode? Zunächst ist einleuchtend, daß es Zustandsänderungen gibt, die nicht wirklich notwendig sind; so kann man z.B. jedem Zustand z einen Zustand $\bar{z}$ zuordnen und dann, solange keine andere Änderung auftritt, von z zu $\bar{z}$ wechseln, dann wieder von $\bar{z}$ zu z, usw. Daraus folgt natürlich auch, daß nicht von vornherein klar ist, ob die Überführungsfunktion so ausgelegt wurde, daß nur „relevante" Änderungen auftreten. Ist aber zu einem gewissen Zeitpunkt eine Zustandsänderung „unvermeidlich", so wird sich dies auch auf die Pipelineperiode auswirken. Mit anderen Worten: Jede untere Schranke für die Maximalzahl von eigentlichen Zustandsübergängen ist auch eine untere Schranke für die Pipelineperioden bei der Verarbeitung in Zellularautomaten. Genauer:

6.32 Lemma
Es seien $f : \mathbb{N}_+ \to \mathbb{R}_+$ und L eine Sprache, die von keinem $O(f)$-änderungsbeschränkten Zellularautomaten erkannt wird. Dann gibt es keinen Zellularautomaten mit schräger Eingabe, der L erkennt und dessen Pipelineperiode in $O(f)$ liegt.

6.33 Beweis
In einem Zellularautomaten mit schräger Eingabe und Pipelineperiode π führt jeder der Einzelautomaten bei der Bearbeitung eines Wortes höchstens π Zustandsübergänge aus, so daß also auch die Maximalzahl der Zustandsänderungen mit π abgeschätzt werden kann. Da sich aber ein Zellularautomat mit schräger Eingabe in einem Zellularautomaten mit normaler Eingabe dadurch simulieren läßt, daß am rechten Rand ein Signal gestartet wird, das mit Einheitsgeschwindigkeit nach links läuft und die Einzelautomaten zur „eigentlichen Arbeit" aktiviert, wozu nur höchstens zwei zusätzliche Änderungen notwendig sind, würde sich bei einer Pipelineperiode aus $O(f)$ ein Widerspruch zur Voraussetzung ergeben. ∎

Im folgenden soll u.a. gezeigt werden, daß es Sprachen gibt, für deren Erkennung keine *const*-änderungsbeschränkten Zellularautomaten existieren. Dazu werden einige Lemmata benötigt.

Im Rest dieses Kapitels werden nur Zellularautomaten mit H_1-Raster betrachtet.

6.34 Lemma
Jeder f-änderungsbeschränkte Zellularautomat ist gleichzeitig auch $\mathrm{id}_\mathbb{N} \cdot f$-zeitbeschränkt.

6.35 Beweis
In einem f-änderungsbeschränkten Zellularautomaten finden insgesamt höchstens $\mathrm{id}_\mathbb{N} \cdot f$ Zustandsänderungen statt. Da in jedem Schritt mindestens einer der Einzelautomaten seinen Zustand ändern muß – sonst würde wegen der deterministischen Arbeitsweise überhaupt keine Änderung mehr erfolgen – gerät er nach höchstens $\mathrm{id}_\mathbb{N} \cdot f$ Schritten in eine stabile Konfiguration. ∎

6.36 Lemma

Es sei $C = (S, \ldots)$ ein Zellularautomat, $w := w^1 w^2 \cdots w^k$ und $\bar{w} := \bar{w}^1 \bar{w}^2 \cdots \bar{w}^l$ zwei Wörter über A, $1 \leq i < k$, $1 \leq j < l$ und $m \in \mathbf{N}_+$. Sind die beiden Verhaltensfolgenausschnitte $\langle c_0^w (i, i+1) \rangle_0^m$ und $\langle c_0^{\bar{w}} (j, j+1) \rangle_0^m$ gleich, so gilt für $w' := w^1 \cdots w^i \bar{w}^{j+1} \cdots \bar{w}^l$ und $\bar{w}' := \bar{w}^1 \cdots \bar{w}^j w^{i+1} \cdots w^k$:

$$\langle c_0^{w'} (1) \rangle_0^m = \langle c_0^w (1) \rangle_0^m$$
$$\langle c_0^{\bar{w}'} (1) \rangle_0^m = \langle c_0^{\bar{w}} (1) \rangle_0^m.$$

Insbesondere gelten also $w' \in L(C) \iff w \in L(C)$ und $\bar{w}' \in L(C) \iff \bar{w} \in L(C)$.

6.37 Beweis

Bei dem vorausgesetzten H_1-Raster und der Gleichheit der Verhaltensfolgenausschnitte sind bei der „kreuzweisen Kombination" die jeweiligen Zustände des Automaten rechts von i und des Automaten links von $j+1$ gleich denen bei den „ursprünglichen" Verhaltensfolgen. Für die übrigen Automaten ändert sich a fortiori nichts und deshalb auch nichts für die jeweiligen ersten.   ∎

Solch eine Argumentation ist ähnlich der mit **crossing sequences** ([Hen65]) bei Turingmaschinen.

6.38 Lemma

Es seien $C = (S, \ldots)$ ein Zellularautomat und $m, \rho \in \mathbf{N}_+$ mit $\rho \leq m$. Dann ist die Anzahl der verschiedenen m-Verhaltensfolgenausschnitte $\langle c_0^w (i, i+1) \rangle_0^m$, mit $1 \leq i \leq |w| - 1$ und höchstens ρ eigentlichen Zustandsänderungen pro Automat beschränkt durch

$$m^{2\rho} |S|^{2(\rho+1)}.$$

6.39 Beweis

Um die Anzahl der verschiedenen m-Verhaltensfolgenausschnitte $\langle c_0^w (i) \rangle_0^m$ mit höchstens ρ Zustandsänderungen für $1 \leq i \leq |w|$ abzuschätzen, werden Vektoren der Länge $m+1$ betrachtet. An maximal ρ Stellen können dann Änderungen auftreten. Es gibt $|S|$ Möglichkeiten für den Zustand zu Beginn des Vektors und $|S|^\rho$ Möglichkeiten für die neuen Zustände nach den Wechseln. Die Anzahl dieser Vektoren ist beschränkt durch

$$\binom{m}{\rho} |S|^{\rho+1},$$

und dies ist

$$\leq m^\rho |S|^{\rho+1}.$$

Daraus folgt unmittelbar die obige Aussage.   ∎

Aus beweistechnischen Gründen betrachten wir nun eine leicht modifizierte Version einer Palindromsprache. Für sie wollen wir zeigen, daß sie noch nicht einmal von einem z.B. $id_N^{1/2}$-änderungsbeschränkten Zellularautomaten erkannt werden kann – von *const*-änderungsbeschränkten Zellularautomaten ganz zu schweigen.

6.40 Lemma
Es sei $f : N_+ \to R_+$ *und* $f \in o(n^{1-\varepsilon})$ *für ein* $\varepsilon \in R_+$. *Dann gibt es keinen* f*-änderungsbeschränkten Zellularautomaten, der die Sprache* $L = \{u@@u^R \mid u \in \{a,b\}^+\}$ *erkennt.*

6.41 Beweis
Die Wörter in L haben alle gerade Länge. Sei daher $n \in N_+$ gerade und $k = \frac{n}{2} - 1$. Ein $n^{1-\varepsilon}$-änderungsbeschränkter Zellularautomat ist nach Lemma 6.34 auch $n^{2-\varepsilon}$-zeitbeschränkt.

Wir wollen nun zeigen, daß es für hinreichend große n mehr Wörter in L gibt als bei ihrer Erkennung auftretende m-Verhaltensfolgenausschnitte $\langle c_0^w(k+1,k+2)\rangle_0^m$ „in der Mitte" der Raum-Zeit-Diagramme.

m kann nach oben durch $n^{2-\varepsilon}$ abgeschätzt werden. Nach Lemma 6.38 ist dann die Zahl der m-Verhaltensfolgenausschnitte, wobei jeder Einzelautomat höchstens $n^{1-\varepsilon}$ Änderungen durchführt, beschränkt durch

$$(n^{(2-\varepsilon)})^{2n^{(1-\varepsilon)}}|S|^{2(n^{(1-\varepsilon)}+1)}.$$

Für n mit $n^{1-\varepsilon} \geq 1$ ist dieser Ausdruck

$$< (n^2)^{2n^{(1-\varepsilon)}}(|S|^2)^{2n^{(1-\varepsilon)}},$$

und daraus folgt für $n \geq |S|$

$$\leq (n^4)^{2n^{(1-\varepsilon)}} = 2^{(\frac{n}{2}16n^{-\varepsilon}\operatorname{ld}n)}.$$

In L gibt es $2^k = 2^{(\frac{n}{2}-1)}$ verschiedene Wörter der Länge n. Da $\lim_{n\to\infty} n^{-\varepsilon} \operatorname{ld} n = 0$ ist, gibt es für hinreichend große n mehr verschiedene Wörter dieser Länge in L als m-Verhaltensfolgenausschnitte.

Dann gibt es Wörter $w = u@@u^R$ und $\bar{w} = \bar{u}@@\bar{u}^R$ mit $u \neq \bar{u}$ und $|u| = |\bar{u}| = k$, so daß $\langle c_0^w(k+1,k+2)\rangle_0^m = \langle c_0^{\bar{w}}(k+1,k+2)\rangle_0^m$. Nach Lemma 6.36 würde dann aber auch u.a. $u@@\bar{u}^R$ als zu L gehörig erkannt werden, was im Widerspruch zur Definition von L steht. ∎

Mit Lemma 6.32 ergibt sich daraus das folgende, bereits angekündigte (bedauerliche) Ergebnis.

6.42 Satz

Es gibt Sprachen, für deren Erkennung keine Zellularautomaten mit schräger Eingabe existieren, deren Pipelineperiode der Größenordnung nach höchstens gleich $n^{1-\varepsilon}$ ist, also z.B. gleich der Quadratwurzel der Wortlänge ist.

Verfeinerungen dieser Aussage ebenso wie andere Beispiele von Sprachen finden sich in [Sue90]. Da die in Lemma 6.40 untersuchte, kontextfreie Sprache von einem Zellularautomaten in Realzeit erkennbar ist (für eine sehr ähnliche wurde dies ja oben gezeigt), kann man schließen, daß sie „nicht besonders" schwierig ist. Für die nicht-kontextfreie, kontextsensitive Sprache $\{u@@u \mid u \in \{\mathtt{a},\mathtt{b}\}^+\}$ gilt Lemma 6.40 natürlich auch.

Somit ist klar, daß es Sprachen gibt, zu deren Erkennung Zellularautomaten mit schräger Eingabe „fast" nicht unter eine Pipelineperiode von $|w|$ gedrückt werden können. *Bisher* spricht andererseits nichts – insbesondere nicht Lemma 6.32 – dagegen, daß zumindest für einige „interessante" Sprachen – z.B. L_{123} – eine konstante Pipelineperiode erreichbar wäre. Weiter vorne wurde gezeigt, daß sie von *const*-änderungsbeschränkten Zellularautomaten erkennbar ist und wie bei schräger Eingabe eine Pipelineperiode von $O(log)$ erreicht werden kann. Die Hoffnung, man könnte diese auch noch auf eine Konstante drücken, erfüllt sich leider nicht. Es läßt sich nämlich beweisen:

6.43 Satz

Zellularautomaten mit schräger Eingabe und konstanter Pipelineperiode erkennen genau die regulären Sprachen.

Zum Beweis sei nur eine Bemerkung gemacht; er besteht im Prinzip aus der Konstruktion eines endlichen erkennenden Automaten, erfordert aber (hier nicht interessierende) technische Einzelheiten: Bei der Verarbeitung durch einen Zellularautomaten mit schräger Eingabe und konstanter Pipelineperiode π hat das Raum-Zeit-Diagramm die in Abbildung 6.21 dargestellte Form, ein Ausschnitt davon ist in Abbildung 6.22 abgebildet.

Unmittelbar ersichtlich ist, daß es nur endlich viele verschiedene Dreiecke der in Abbildung 6.22 schraffiert dargestellten Form gibt. Die Zustandsmenge eines endlichen erkennenden Automaten, der dieselbe Sprache wie der Zellularautomat erkennt, umfaßt dann gerade die Zustände, die die Information repräsentieren, die in jeweils einem solchen Dreieck „enthalten" ist.

Daraus läßt sich auch ersehen, daß man zu jedem Zellularautomaten mit schräger Eingabe und konstanter Pipelineperiode einen entsprechenden Zellularautomaten mit Pipelineperiode 1 konstruieren kann.

Um mit Zellularautomaten mit normaler Eingabe zu vergleichen, sei bemerkt, daß mit 1-änderungsbeschränkten Zellularautomaten nur reguläre Sprachen erkennbar

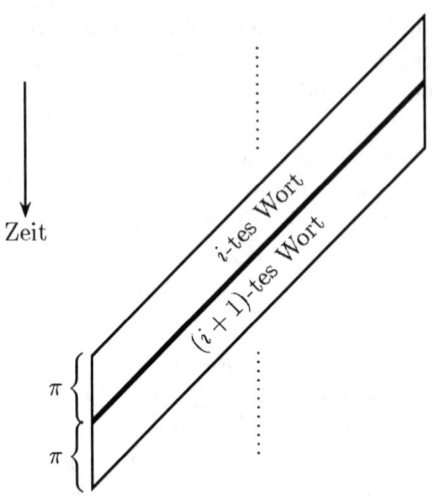

Abbildung 6.21: Raum-Zeit-Diagramm bei schräger Eingabe und konstanter Pipelineperiode π.

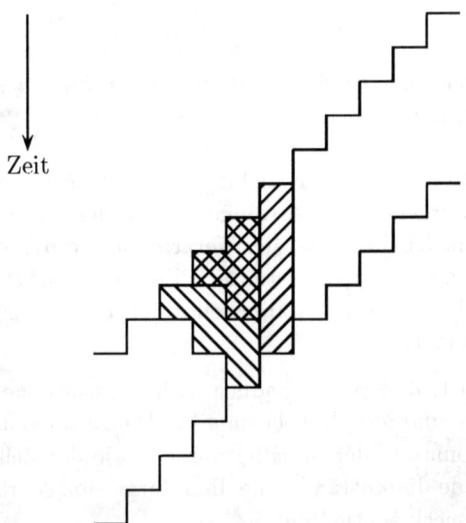

Abbildung 6.22: Ein Ausschnitt aus der vorangegangenen Abbildung.

sind und daran erinnert, daß es *const*-änderungsbeschränkte Zellularautomaten gibt, die – wie oben gezeigt – *nicht*-reguläre Sprachen erkennen.

Um zu demonstrieren, daß es auch Zellularautomaten mit schräger Eingabe mit einer Pipelineperiode O(log) die der Zustandsänderungszahl bei der Erkennung mit normaler Eingabe entspricht, werde nochmals die Sprache $\{a^{2^m} \mid m \in \mathbb{N}_+\}$ betrachtet. Bei einer (naiven) Umsetzung des in Beispiel 6.19 vorgestellten Erkennungsalgorithmus auf Zellularautomaten mit schräger Eingabe erhält man eine Pipelineperiode $O(\mathrm{id}_\mathbb{N})$. Wendet man aber das ebenfalls beschriebene Konzept des Arbeitens mit Zählern an, so kann man die Pipelineperiode auf $O(log)$ verkürzen: Am rechten Rand, d.h. bei Eingabe des letzten Symbols des zu überprüfenden Wortes, startet ein Zählprozeß, bei dem ein Dualzähler „mitgeschleppt" wird. Das niedrigstwertige Bit des Zählers befindet sich – vor dem abschließenden Vergleich – jeweils in dem Einzelautomaten, in dem gerade eine Eingabe erfolgt, und das höchstwertige Bit des Zählers ist markiert. Nach durchgeführter Eingabe muß der Zähler auf das Vorliegen einer 2^m repräsentierenden Dualzahl getestet werden. Dazu sind $O(log)$ Schritte notwendig. Damit ist in diesem Fall eine Pipelineperiode erzielt worden, die größenordnungsmäßig mit der Maximalzahl von Änderungen eines „normalen" in Realzeit arbeitenden Zellularautomaten übereinstimmt, allerdings unter Verwendung eines anderen Verfahrens.

Zum Abschluß dieses Kapitels sei nochmals kurz das Verhältnis von systolischen Automaten und Zellularautomaten beleuchtet: Die Pipelineperiode von 1 wird in systolischen Trellisautomaten durch einen Aufwand von $O(\mathrm{id}_\mathbb{N}^2)$ an aktiver Hardware erkauft. Bei systolischen Baumautomaten liegt er in der Größenordnung $O(\mathrm{id}_\mathbb{N})$, dafür sind deren Erkennungsfähigkeiten eher bescheiden. Solches läßt sich erst recht über Zellularautomaten sagen, will man mit ihnen (bei schräger Eingabe) eine konstante Pipelineperiode erreichen; sie bestehen dann aber auch nur aus $|w|$ aktiven Elementen. Man überlegt sich, daß in Fällen, in denen eine Pipelineperiode von z.B. $O(log)$ oder $O(\mathrm{id}_\mathbb{N}^{1/2})$ erreicht werden kann, durch das Einführen zusätzlicher Schichten von Einzelautomaten Pipelineperioden von 1 erzielbar sind, dann aber mit einem größeren Hardwarebedarf (für die genannten Beispiele von $O(\mathrm{id}_\mathbb{N} \cdot log)$ bzw. $O(\mathrm{id}_\mathbb{N}^{3/2})$. Somit sind Zellularautomaten mit schräger Eingabe in mancher Hinsicht flexibler als die beiden anderen Automatentypen.

Literaturverzeichnis

[CGS84a] K. Culik II, J. Gruska und A. Salomaa. Systolic trellis automata I. *International Journal of Computer Mathematics*, **15**, 1984, 195–212.

[CGS84b] K. Culik II, J. Gruska und A. Salomaa. Systolic trellis automata II. *International Journal of Computer Mathematics*, **16**, 1984, 3–22.

[CGS86]   K. Culik II, J. Gruska und A. Salomaa. Systolic trellis automata: Stability, decidability and complexity. *Information and Control*, **71**, 1986, 218–230.

[ChC84]   C. Choffrut und K. Culik II. On real time cellular automata and trellis automata. *Acta Informatica*, **21**, 1984, 393–407.

[CSW84]   K. Culik II, A. Salomaa und D. Wood. Systolic tree acceptors (VLSI systolic trees as acceptors). *RAIRO Informatique théorique*, **18**, 1984, 53–69.

[Hen65]   F. Hennie. One-tape, off-line Turing machine computations. *Information and Control*, **8**, 1965, 553–578.

[Kun82]   H.T. Kung. Why systolic architectures? *Comput. Magazine*, **15**(1), 1982, 37–46.

[Sei79]   S.R. Seidel. *Language Recognition and the Synchronization of Cellular Automata*. PhD thesis, University of Iowa, 1979.

[Sue90]   T. Suel. *Zur Zustandsänderungskomplexität von Zellularautomaten*. Diplomarbeit, Technische Universität Braunschweig, 1990.

[UMS82]   H. Umeo, K. Morita und K. Sugata. Deterministic one-way simulation of two-way real-time cellular automata and its related problems. *Information Processing Letters*, **14**(4), 1982, 158–161.

[Vol78]   R. Vollmar. On two modified problems of synchronization in cellular automata. *Acta Cybernetica*, **3**, 1978, 293–300.

[Vol81]   R. Vollmar. On cellular automata with a finite number of state changes. *Computing, Suppl. vol.*, **3**, 1981, 181–191.

[Vol87]   R. Vollmar. Some remarks on pipeline processing by cellular automata. *Computers and Artificial Intelligence*, **6**, 1987, 263–278.

7 Maschinenklassen, parallele Berechnungshypothesen, Realisierbarkeit

Überblick

Wir haben inzwischen mehrere Modelle kennengelernt: Ein-Kopf-Turingmaschinen, Mehr-Kopf-Turingmaschinen, Systeme von Turing-Automaten, Zellularräume, parallele Registermaschinen (CREW–PRAMs und NLPRAMs), uniforme Schaltkreisfamilien und systolische Trellisautomaten. Es gibt eine Vielzahl weiterer Modelle (siehe Literaturliste). Im ersten Abschnitt stellen wir einen Versuch vor, sie zumindest grob zu klassifizieren im Hinblick auf ihre Fähigkeiten zur Parallelverarbeitung.

Insbesondere hat sich im Laufe der Jahre eine Klasse von Modellen herauskristallisiert, die üblicherweise als „vernünftig" hinsichtlich ihrer Fähigkeiten zur Parallelverarbeitung angesehen werden. Sie werden häufig mit Hilfe der „parallel computation thesis" charakterisiert, die Gegenstand des zweiten Abschnittes ist.

Das Adjektiv vernünftig war eben in Anführungszeichen gesetzt, weil man dazu natürlich verschiedene Ansichten haben kann. Welche Auswirkungen es hat, wenn man nur zwei ganz „harmlose" physikalische Tatsachen berücksichtigt, ist Gegenstand des letzten Abschnittes.

7.1 Maschinenklassen

Die Idee, die wir verfolgen wollen, besteht darin, Modelle als „ähnlich" anzusehen, wenn sie für jedes Problem in etwa gleichen Aufwand erfordern.

7.1 Definition
a) *Sind C_1, D_1 und E_1 Komplexitätsmaße für ein Maschinenmodell M_1, und analog C_2, D_2 und E_2 für M_2, und sind f, g und h drei Funktionen, so sagen wir, C_1, D_1 und E_1 seien für (f, g, h) **gleichzeitig polynomiell verknüpft** mit C_2, D_2 und E_2, falls gilt:*

$$M_1\text{-}C_1\text{-}D_1\text{-}E_1(\text{Pol}(f), \text{Pol}(g), \text{Pol}(h)) = M_2\text{-}C_2\text{-}D_2\text{-}E_2(\text{Pol}(f), \text{Pol}(g), \text{Pol}(h))$$

Dafür schreiben wir auch

$$M_1\text{-}C_1\text{-}D_1\text{-}E_1(f,g,h) \stackrel{pol}{\approx} M_2\text{-}C_2\text{-}D_2\text{-}E_2(f,g,h)$$

b) *Eine analoge Definition denke man sich für je ein oder zwei Komplexitätsmaße.*

Zum Beispiel haben wir gesehen, daß Tm–Space–Time und Cs–Space–Time für alle Raum- und Zeitschranken gleichzeitig polynomiell verknüpft sind und ebenso Tm–Space–Time und Sta–Space–Time. Hieraus folgt natürlich auch, daß Cs–Space–Time und Sta–Space–Time für alle Raum- und Zeitschranken gleichzeitig polynomiell verknüpft sind. Genauer gesagt ist es in diesen Fällen sogar so, daß die Raumkomplexitäten linear verknüpft sind.

Man beachte, daß aus $M_1\text{-}C_1\text{-}D_1(\mathrm{Pol}(f),\mathrm{Pol}(g)) = M_2\text{-}C_2\text{-}D_2(\mathrm{Pol}(f),\mathrm{Pol}(g))$ sowohl $M_1\text{-}C_1(\mathrm{Pol}(f)) = M_2\text{-}C_2(\mathrm{Pol}(f))$ als auch $M_1\text{-}D_1(\mathrm{Pol}(g)) = M_2\text{-}D_2(\mathrm{Pol}(g))$ folgt, die Umkehrung aber nicht gilt. Es wird nämlich darüber hinaus zugesichert, daß beide polynomielle Verknüpfungen „gleichzeitig" gelten.

Es wird nun eine sehr grobe Einteilung der verschiedenen (parallelen) Maschinenmodelle vorgenommen, indem man diejenigen, bei denen gewisse Komplexitätsmaße eng miteinander verknüpft sind, als „ähnlich" ansieht und andere nicht. Diese Einteilung geht auf van Emde Boas zurück. Im folgenden halten wir uns an [Emd90] (siehe aber auch [Hon86]).

7.2 Vereinbarung (Maschinenklassen)

a) Die **erste Maschinenklasse** Mc1 beinhaltet alle Maschinenmodelle S, für die gilt:

$$S\text{-Space-Time}(\Theta(s),\mathrm{Pol}(t)) = \text{E-Tm-Space-Time}\,(\Theta(s),\mathrm{Pol}(t))$$

b) Die **zweite Maschinenklasse** Mc2 beinhaltet alle Maschinenmodelle P, für die gilt:

$$P\text{-Time}(\mathrm{Pol}(\mathrm{id}_\mathbb{N})) = \text{E-Tm-Space}\,(\mathrm{Pol}(\mathrm{id}_\mathbb{N}))$$

7.3   Wie Ihrer Aufmerksamkeit vielleicht nicht entgangen ist, haben wir eben nur eine Vereinbarung getroffen und nicht eine Definition angegeben. Den Grund findet man auch recht schnell. Im ersten Punkt wurde nicht gesagt, für welche s und t die Gleichheit denn gelten soll. Wir drücken uns hier genau wie van Emde Boas [Emd90] um eine präzise Formulierung. Zum einen ist es sinnvoll, sich auf gewisse „schöne" Funktionen zu beschränken, deren genaue Definitionen hier aber nicht eingeführt werden sollen.

Zum anderen stellt sich die Frage, ob nicht unter Umständen das Wachstum der betrachteten Funktionen beschränkt werden sollte. Man betrachte zum Beispiel die O-Turingmaschinen. Sind sie in der ersten Maschinenklasse? Man kann sich recht leicht überlegen, daß einerseits für alle Raumkomplexitätsschranken O–Tm–Space–Time (s, t) in E–Tm–Space–Time $(\Theta(s), \mathrm{Pol}(t))$ enthalten ist, aber umgekehrt E–Tm–Space–Time (s, t) in O–Tm–Space–Time $(\Theta(s), \mathrm{Pol}(t))$ nur für $s \geq \mathrm{id}_\mathbb{N}$. Für $s = \log$ gilt die Inklusion zum Beispiel nicht (man denke an die Palindrome), denn diese Schranke ist für O-Turingmaschinen sozusagen „sinnlos". Wir wollen für das Folgende auch annehmen, daß bei Vergleichen zweier verschiedener Modelle immer nur Komplexitätsschranken zu betrachten sind, die für beide sinnvoll sind.

7.4 Beispiel
Neben den Turingmaschinen enthält Mc1 zum Beispiel auch die Systeme von Turing-Automaten und die Zellularräume und weitere, hier nicht näher behandelte Modelle wie etwa die sequentiellen Registermaschinen.

Mc2 enthält etwa die parallelen Registermaschinen, und zwar die Crew–Prams, und die uniformen Schaltkreisfamilien. Dazu gehören aber auch wieder eine Reihe von Modellen, für die wir es bei einer bloßen Aufzählung belassen müssen: alternierende Turingmaschinen ([CKS81]), rekursive Turingmaschinen ([Sav77]), Vektormaschinen ([PrS76]), uniforme Aggregate ([DyC80]), SIMDAGs ([Gol82]), Hardware-Modifikations-Maschinen ([DyC80]) und viele andere mehr. Ausdrücklich erwähnen wollen wir noch, daß man auch Modelle aus der zweiten Maschinenklasse erhält, wenn man ein sequentielles Modell um sehr mächtige Maschinenbefehle erweitert. Das ist zum Beispiel der Fall, wenn man sequentielle Registermaschinen um Befehle zur Multiplikation und Division erweitert ([HaS74]).

Die zweite Maschinenklasse enthält also erstaunlich viele verschiedene Modelle. Die verschiedenen Ansätze zur Modellierung von Parallelverarbeitung sind im Sinne der obigen Definition äquivalent. Dies wird allgemein als Anzeichen dafür verstanden, daß es sich um eine „vernünftige" Klasse handelt.

Wenn auch die Bezeichnungen etwas anderes suggerieren, so ist doch keineswegs klar, ob ein Modell aus Mc2 nicht doch auch in Mc1 sein kann. Es gilt aber:

7.5 Lemma
Falls P *ungleich* NP *ist, sind* Mc1 *und* Mc2 *disjunkt.*

7.6 Beweis
Sei M ein Maschinenmodell, das in beiden Maschinenklassen liegt. Dann kann man der Reihe nach folgern:

$$
\begin{aligned}
\mathrm{NP} \;&=\; \textsc{Ntm--Space}(\mathrm{Pol}(\mathrm{id}_\mathbb{N})) && \\
&=\; \textsc{Tm--Space}\,(\mathrm{Pol}(\mathrm{id}_\mathbb{N})) && \text{Satz von Savitch} \\
&\subseteq\; M\textsc{--Space}(\mathrm{Pol}(\mathrm{id}_\mathbb{N})) && \text{da } M \in \textsc{Mc}1 \\
&\subseteq\; M\textsc{--Time}(\mathrm{Pol}(\mathrm{id}_\mathbb{N})) && \text{da } M \in \textsc{Mc}2 \\
&\subseteq\; \textsc{Tm--Time}\,(\mathrm{Pol}(\mathrm{id}_\mathbb{N})) && \text{da } M \in \textsc{Mc}1, \\
&=\; \mathrm{P}. &&
\end{aligned}
$$

Also ist dann $\mathrm{P} = \mathrm{NP}$.   ■

7.7 Lemma
Falls P *nicht in* POLYLOGSPACE *enthalten ist, gibt es Probleme, für die man beim Übergang von Modellen aus* MC1 *zu Modellen aus* MC2 *keinen exponentiellen Speedup erhält.*

7.8 Beweis
$\mathrm{P} \nsubseteq$ POLYLOGSPACE $=$ MC2–TIME(Pol(log)).   ■

Man beachte, daß der Speedup immer noch hyperpolynomial sein kann, z.B. von $n^k = 2^{k\,\mathrm{ld}\,n}$ auf $2^{k(\mathrm{ld}\,n)^{1/2}}$.

7.9 Lemma
Falls P *nicht in* POLYLOGSPACE *enthalten ist, ist* NLPRAM $\nsubseteq$ MC2.

7.10 Beweis
Aus NLPRAM $\in$ MC2 folgt NTM–TIME(t) $\subseteq$ NLPRAM–TIME $(O(\log t))$ $\subseteq$ TM–SPACE $(\mathrm{Pol}(\log t))$ also insbesondere: $\mathrm{P} \subseteq \mathrm{NP} \subseteq$ POLYLOGSPACE.   ■

7.2   Parallele Berechnungshypothesen

7.11 (Parallele Berechnungshypothese) Ein Maschinenmodell P modelliert genau dann auf „vernünftige" Weise die parallele Arbeitsweise, wenn gilt:

$$
\textsc{Tm--Space} \stackrel{\text{pol}}{\approx} P\textsc{--Time}.
$$

Der Begriff „parallel computation thesis" wurde anscheinend zuerst von Goldschlager in [Gol82] benutzt, angeregt durch einen Artikel von Chandra und Stockmeyer [ChS76], in dem es heißt: „We propose a ... thesis for parallel computation, so that ... ". Wir wollen nun noch kurz etwas zur Klärung des Zusammenhanges zwischen Modellen aus den beiden Maschinenklassen beitragen. Wir hatten bei den uniformen Schaltkreisfamilien gesehen, daß man den erstaunlichen Zusammenhang zwischen „sequentiellem Raum" und „paralleler Zeit" erklären kann. Es war gelungen, einen intuitiv näherliegenden Zusammenhang zwischen Turingmaschinen und uniformen Schaltkreisfamilien nachzuweisen (siehe Satz 5.49), aus dem mit Hilfe einer Eigenschaft uniformer Schaltkreisfamilien (siehe 5.47) das folgt, was die Motivation für die parallele Berechnungshypothese liefert.

Man kann sich nun davon überzeugen, daß eine ähnliche Vorgehensweise auch bei anderen Modellen für Parallelverarbeitung als uniformen Schaltkreisfamilien möglich ist. Es gilt (siehe [Hon86]):

7.12 Satz
Für alle oben genannten Maschinenmodelle P aus der zweiten Maschinenklasse kann man ein Komplexitätsmaß HARDW *definieren, so daß gilt:*

$$\text{TM–SPACE –REVERSALS} \overset{pol}{\approx} P\text{–HARDW–TIME}$$
$$P\text{–HARDW} \overset{pol}{\approx} P\text{–TIME}$$

Hinreichend langes Nachdenken zeigt, daß der Zusammenhang zwischen sequentiellen und parallelen Modellen relativ naheliegend ist. Erstaunlich ist bei genauerem Hinsehen das polynomielle Verknüpftsein von HARDW und TIME bei den parallelen Modelle. Satz 7.12 gibt Anlaß zu folgender Hypothese:

7.13 (Erweiterte parallele Berechnungshypothese) Ein Maschinenmodell P modelliert genau dann auf „vernünftige" Weise die parallele Arbeitsweise, wenn gilt:

$$\text{TM–SPACE –REVERSALS} \overset{pol}{\approx} P\text{–HARDW–TIME}$$
$$P\text{–HARDW} \overset{pol}{\approx} P\text{–TIME}$$

Man mache sich klar, daß die in der parallelen Berechnungshypothese geforderte Eigenschaft aus den beiden eben genannten folgt.

7.3 Physikalisch realisierbare Modelle

Im vorangegangenen Abschnitt wurden mit Hilfe der parallelen Berechnungshypothese bzw. der erweiterten parallelen Berechnungshypothese gewisse Modelle für parallele Datenverarbeitung als „vernünftig" charakterisiert. Nun mag zwar einerseits die Tatsache, daß sehr viele Modelle in die zweite Maschinenklasse fallen, dafür sprechen, daß es sich dabei um keine allzu abstruse Klasse handelt. Andererseits läßt aber zum Beispiel die Möglichkeit, bei PRAMs im Laufe der Zeit eine exponentiell wachsende Zahl von Prozessoren in eine Berechnung mit einzubeziehen, doch auch eine gewisse Skepsis berechtigt erscheinen.

Wir wollen uns daher noch etwas genauer mit der Frage beschäftigen, ob man Rechner wie die PRAMS „wirklich" physikalisch realisieren kann. Was ist damit gemeint?

Erst einmal kann man sich ja auf den folgenden Standpunkt stellen: Nach den Erkenntnissen der Wissenschaftler gibt es im Weltall nur endlich viele Protonen und Neutronen. Folglich sind alle tatsächlich „physikalisch realisierbaren" Maschinen endliche Automaten und alle „physikalisch erkennbaren" Sprachen regulär. Und damit wäre auch dieses Kapitel beendet.

Wir wollen aber einen weniger restriktiven Standpunkt einnehmen. Denn schließlich ist zwar ganz zweifellos jeder Rechner, der in irgendeinem Rechenzentrum auf der Welt steht, ein endlicher Automat, gleichwohl ist das aber keine adäquate Sicht der Rechner. Die Vorstellung, es handele sich dabei um Registermaschinen oder etwas ähnliches ist offensichtlich von großem Vorteil.

Die folgenden Überlegungen werden wir wieder anhand von Schaltkreisen durchführen. Zum einen kann man sich wohl alle existierenden Rechner zumindest als aus ihnen aufgebaut vorstellen. Zum anderen waren ja die uniformen Schaltkreisfamilien ein Modell aus der zweiten Maschinenklasse. Es ist daher besonders lehrreich, sich einmal anzusehen, was passiert, wenn man – im Unterschied zu den bisherigen Untersuchungen – die beiden folgenden physikalischen Grundtatsachen berücksichtigt:

7.14 Tatsachen
a) Jedes Gatter nimmt ein endliches, aber nicht verschwindendes Volumen v ein.

b) Die Übertragung von Information über eine Entfernung d benötigt mindestens $\frac{d}{c}$ Zeit, wobei c die Lichtgeschwindigkeit ist.

Welche Folgerungen sich aus diesen Annahmen ergeben, wurde zuerst von Schorr in [Sch83] dargestellt. Wir beginnen mit der folgenden Beobachtung:

7.15
Es sei $\left(R^{(n)}\right)_{n \in \mathbb{N}_+}$ eine physikalisch realisierbare Schaltkreisfamilie.
a) Es existiert eine Konstante v, so daß für die Volumina $Vol_R(n)$ der $R^{(n)}$ gilt:
$\forall n \in \mathbb{N}_+ : Vol_R(n) \geq v Size_R(n)$

b) Es bezeichne $l_R(n)$ den maximalen geometrischen Abstand eines Gatters vom Ausgang in $R^{(n)}$. Dann existiert eine Konstante a, so daß $\forall n \in \mathbb{N}_+ : l_R^3(n) \geq a \cdot Size_R(n)$.

7.16 Lemma

Es sei L eine formale Sprache und R eine physikalisch realisierbare Schaltkreis-familie, die L erkennt und unter allen solchen Familien die kleinste Komplexität[1] $Size_R$ hat. Dann gibt es eine Konstante a' mit: $Time_R^3 \geq a' \cdot Size_R$.

7.17 Beweis

Es sei R von der geforderten Art. Dann muß von jedem Gatter Information zum Ausgang transportiert werden. Der Zeitbedarf dafür ist größer gleich $\frac{l_R}{c}$. Also ist $Time_R \geq \frac{l_R}{c}$, also $Time_R^3 \geq \frac{l_R^3}{c^3} \geq \frac{a}{c^3} Size_R$.   ■

7.18   Es ist also mit anderen Worten stets $Time_R \geq a' Size_R^{1/3}$. Insbesondere sind also zum Beispiel logarithmische Zeiten für nicht triviale Probleme unmöglich, da für sie $Size_R \in \Omega(\mathrm{id}_{\mathbb{N}})$.

7.19 Satz

Ist U eine uniforme, physikalisch realisierbare Schaltkreisfamilie, dann gibt es ein Polynom p und eine Turingmaschine T, die die gleiche Sprache L(U) erkennt und für deren Zeitkomplexität gilt: $Time_T \leq p(Time_U)$.

7.20 Beweis

Es sei U eine uniforme, physikalisch realisierbare Schaltkreisfamilie. Dann gibt es nach Satz 5.27 eine äquivalente Turingmaschine T und ein Polynom p' mit $Time_T \leq p'(Size_U)$. Nach dem vorangegangenen Lemma ist $Size_U \leq p''(Time_U)$ für ein Polynom p'' dritten Grades. Also existiert auch ein Polynom p wie gesucht.   ■

Zusammenfassung

- Die erste Maschinenklasse beinhaltet die „vernünftigen" sequentiellen und die zweite Maschinenklasse die „vernünftigen" parallelen Modelle. Letztere werden auch durch die Parallele Berechnungshypothese charakterisiert.

- Physikalisch realisierbare Modelle (im Sinne von Bemerkung 7.14) können in Polynomialzeit von Turingmaschinen simuliert werden.

Literaturverzeichnis

[ChS76]   A.K. Chandra und L.J. Stockmeyer. Alternation. In: *Proc. 17th Annual IEE Symposium on FOCS*, 98–108. IEEE, 1976.

---

[1] Da wir nicht die Existenz eines Schaltkreiskonstruktors verlangen, kann man sinnvoll von der kleinsten Komplexität sprechen.

[CKS81] A.K. Chandra, D.C. Kozen und L.J. Stockmeyer. Alternation. *Journal of the Association for Computing Machinery*, **28**, 1981, 114–133.

[DyC80] P.W. Dymond und S.A. Cook. Hardware complexity and parallel computation. In: *Proc. 21st Annual IEEE Symposium on FOCS*, 360–372. IEEE, 1980.

[Emd90] P. van Emde Boas. *Machine Models and Simulations*, Band A aus der Reihe *Handbook of Theoretical Computer Science*, 1–66. Elsevier, 1990.

[Gol82] L.M. Goldschlager. A universal interconnection pattern for parallel computers. *Journal of the Association for Computing Machinery*, **29**, 1982, 1073–1086.

[HaS74] J. Hartmanis und J. Simon. On the power of multiplication in random access machines. In: *Proc. 15th Ann. IEEE Conf. on Switching and Automata Theory*, 13–23, 1974.

[Hon86] J.-W. Hong. *Computation: Computability, Similarity and Duality*. Pitman, London, 1986.

[PrS76] V.R. Pratt und L.J. Stockmeyer. A characterization of the power of vector machines. *Journal of Computer and System Sciences*, **12**, 1976, 198–221.

[Sav77] W.J. Savitch. Recursive Turing machines. *International Journal of Computer Mathematics*, **6**, 1977, 3–31.

[Sch83] A.R. Schorr. Physical parallel devices are not much faster than sequential ones. *Information Processing Letters*, **17**, 1983, 103–106.

Teil II: Maschinen

Dieser Teil enthält Anmerkungen zu Konzepten für und Realisierungen von parallelarbeitenden Computern. Die Ausführungen sind von unterschiedlicher Tiefe; sie dienen lediglich dazu zu zeigen, daß die in Teil I beschriebenen Modelle Entsprechungen in der Hardware haben. Die ausführlicheren Erläuterungen einiger Architekturen sollen das Verständnis dafür förden, daß zwischen der „realen Welt" und den (theoretischen) Modellen eine tiefe Kluft besteht: Nur weitgehende Abstraktionen und Vereinfachungen ermöglichen es, allgemeinere Aussagen für Modelle zu machen und diese damit z.B. in eine Hierarchie einordnen zu können.

Insofern soll dieser Teil auch nur im Hinblick auf den ersten gesehen werden und nicht etwa als generelle Einführung in die Architektur von Parallelrechnern verstanden werden; dazu sei auf die große Zahl von Büchern verwiesen, in denen die hier skizzierten Systeme ausführlich behandelt werden.

Bei der Reihenfolge halten wir uns nicht an unser Palindromprinzip, vielmehr gehen wir analog zum ersten Teil vor: Der groben Taxonomie von Flynn folgend werden zunächst Konzepte und Architekturen des SIMD-Typs vorgestellt, entsprechend der Ausführung *eines* einheitlichen Programmes, wie sie z.B. bei Zellularautomaten gegeben ist. Anschließend werden einige Systeme des MIMD-Typs behandelt, für die sich ein Bezug zu PRAMs herstellen läßt. Pipelinerechnern, deren Einordnung in das Flynnsche System ja problematisch ist, ist ein eigenes Kapitel gewidmet. Der Zusammenhang zu Kapitel 6 des ersten Teils ergibt sich bereits aus den Bezeichnungen.

Insgesamt beschränken wir uns also – einer Einführung entsprechend – auf „konventionelle" Parallelrechner. Dies führt zu bedauerlichen Lücken, wobei wir vor allem an „Zellularmaschinen" denken. Deshalb seien wenigstens zwei Vertreter erwähnt, nämlich die Rechner der CAM-Reihe (siehe z.B. [TM88]) und die Zellprozessoren von Legendi ([LKTZ88]).

Das Vorstellen der verschiedensten Maschinen soll das Bewußtsein vertiefen, daß es nicht *den* Parallelrechner gibt, sondern daß ein ganzer Raum aufgespannt wird und daß es unseres Erachtens nicht sinnvoll ist, die verschiedenen Architekturen gegeneinander auszuspielen, sondern daß es darauf ankommt, für jede Problemstellung das jeweils geeignete Gerät auszusuchen.

8   SIMD-Rechner

Überblick

In diesem Kapitel werden wir uns mit SIMD-Rechnern beschäftigen. Es ist klar, daß
hier keine umfassende Einführung in diesen Teil der Rechnerarchitektur gegeben
werden kann. Wenn Sie ein weitergehendes Interesse an diesem Thema haben,
mögen Sie hierzu die einschlägigen Bücher etwa von Giloi [Gil81], Hockney und
Jesshope [HoJ88], Hwang und Briggs [HwB85], Trew und Wilson [TW91], Uhr
[Uhr84] und Ungerer [Ung89] konsultieren.

Im ersten Abschnitt werfen wir einen Blick zurück in die Zeit vor 1965. Dabei wird
sich zeigen, daß etliche grundlegende Ideen schon sehr früh zumindest teilweise
angedacht waren. In den vier anschließenden Abschnitten gehen wir weiter chro-
nologisch vor und beschreiben *einige* der unseres Erachtens wichtigsten Rechner,
die alle in mehr oder weniger großen Stückzahlen gebaut wurden.

8.1   Ein Blick in die frühe Geschichte

Der Atanasoff-Berry-Computer

Der Atanasoff-Berry-Computer (ABC) war noch kein frei programmierbarer Rechner. Vielmehr war er speziell für die Lösung linearer Gleichungssysteme mit 29
Unbekannten nach dem Verfahren der Gaußschen Elimination konstruiert worden,
und zwar etwa in den Jahren 1937 bis 1942. Einen Einblick unter anderem in die
Entstehungsgeschichte dieser Maschine gibt der Aufsatz von Mackintosh [Mac88].

Es ist bemerkenswert, welche Eigenschaften, die heute als selbstverständlich angesehen werden, bereits bei dieser frühen Entwicklung vorhanden sind. So arbeitet
sie bereits elektronisch und speichert Bits in Form von elektrischen Ladungen in
Kondensatoren. Das größte technische Problem bereiteten wohl die Lochkarten,
die für die Datenein- und -ausgabe verwendet wurden.

Und auch im Hinblick auf Parallelverarbeitung wies der Atanasoff-Berry-Computer
bereits ein interessantes Merkmal auf. Beim Gaußschen Eliminationsverfahren werden immer wieder „Gleichungen voneinander abgezogen". Dafür besaß der ABC

30 Rechenwerke, so daß die Subtraktionen für die Koeffizienten aller Unbekannten und für die Konstanten gleichzeitig durchgeführt werden konnten.

Man findet hier also bereits vor über 50 Jahren das folgende Prinzip technisch realisiert: Man hat „*mehrere Daten*", für die jeweils *unabhängig voneinander* die *gleiche Operation* durchzuführen ist. Dies wird von mehreren Rechenwerken *gleichzeitig* bewerkstelligt. Man kann hier also von einem Schritt in Richtung SIMD-Datenverarbeitung oder auch datenparallelem Rechnen sprechen.

Zuses Feldrechenmaschine

Im Jahre 1958 veröffentlichte Konrad Zuse in [Zus58] den Entwurf einer sogenannten Feldrechenmaschine. Unter einem „Feld" ist hierbei eine zweidimensionale Matrix von Werten zu verstehen. Die Motivation bestand darin, einen Rechner zu konstruieren, der zum Beispiel für die näherungsweise Lösung von partiellen Differentialgleichungssystemen geeignet ist, d.h. Aufgaben dieser Art schnell lösen kann.

Für die nachfolgende Beschreibung soll der Einfachheit halber davon ausgegangen werden, daß quadratische Matrizen mit k Zeilen und Spalten verarbeitet werden sollen. Welche Werte für k bei einer Hardwareimplementierung als realistisch anzunehmen sind, soll hier nicht weiter diskutiert werden. Das hängt damals wie heute unter anderem vom zur Verfügung stehenden Budget und dem Stand der Technik ab.

Dies gilt auch für die erwogenen Speichermedien. Wie man Abbildung 8.1 entnehmen kann, stellte sich Zuse vor, daß die Felder auf einer Magnettrommel abgelegt seien. Und zwar sollten jeweils alle Elemente einer Spalte auf einer Spur und nebeneinander liegende Spalten auf nebeneinander liegenden Spuren der Trommel gespeichert werden. Daher konnte jeweils eine ganze Zeile einer Matrix auf einmal von der Trommel gelesen werden. Da sie unter Umständen Platz für mehrere Felder nebeneinander bot, war ein Auswahlwerk vorgesehen, über das eine Zeile *einer* Matrix an die „Verarbeitungseinheit" geliefert wurde.

Sie bestand aus einem k Einzeladdierer umfassenden „Vektoraddierwerk", das zwei Matrixzeilen in allen Komponenten gleichzeitig (bitsequentiell) addieren konnte. Die Ergebnisse wurden in einen Akkumulator geschrieben, der eine ganze $k \times k$-Matrix aufnehmen konnte. Während ein Summand jeweils von der Magnettrommel gelesen wurde, stammte der andere aus dem Akkumulator. Auf dem Weg zum Addierwerk sollten durch geeignete Hardware noch verschiedene Verschiebungen ermöglicht werden. Jedes Element sollte in der Matrix um eine Zeile „nach oben" bzw. „unten" oder um eine Spalte „nach links" bzw. „rechts" verschoben werden können. Außerdem war an die (durch einfache Verschiebungen auf Bitniveau realisierbare) Verdoppelung und Halbierung der Werte gedacht. Natürlich sollte der Akkumulatorinhalt auch auf der Trommel abgespeichert werden können.

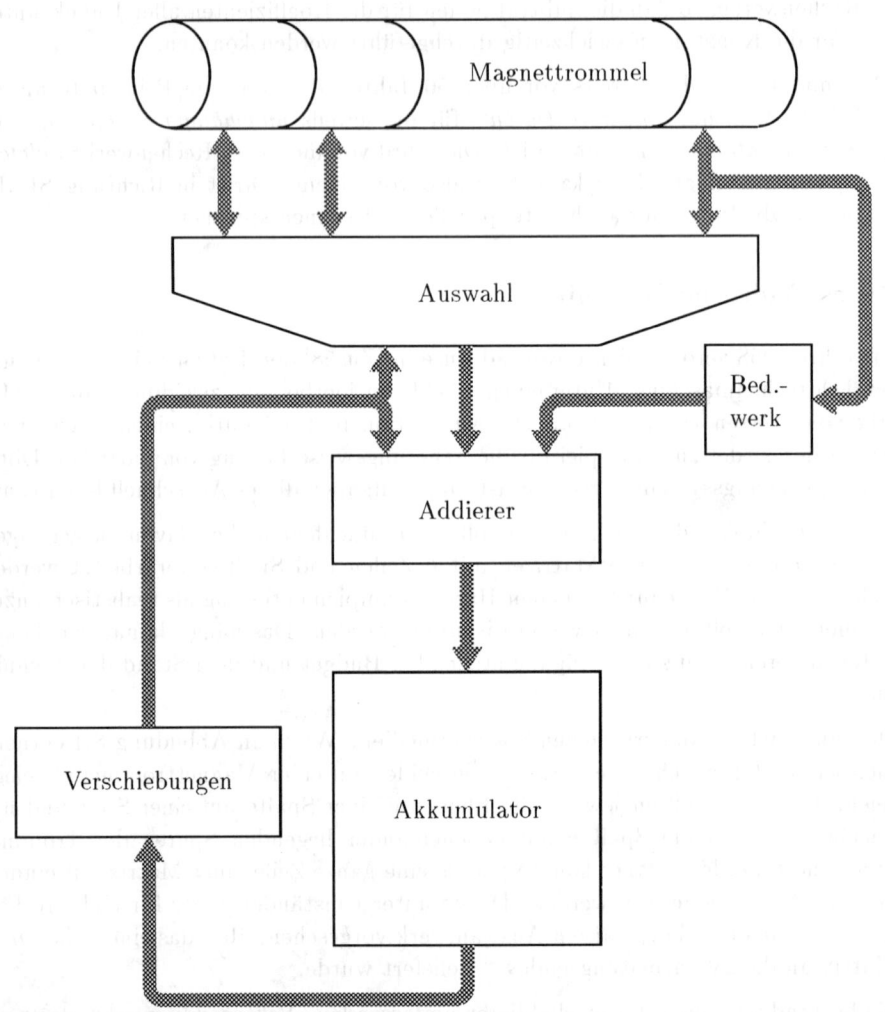

Abbildung 8.1: Die Struktur der Zuseschen Feldrechenmaschine.

Als letztes bleibt noch auf das sogenannte Bedingungswerk einzugehen. Das war im Zusammenhang mit einer Idee notwendig, die sich so direkt (bei sogenannten befehlssystolischen Feldern) oder in leicht abgewandelter Form als **Aktivitätsbits**, bei praktisch allen SIMD-Rechnern wie der Connection Machine CM-2 oder den MasPar-Rechnern, realisiert findet (vgl. den Abschnitt über SOLOMON). Zuse war klar, daß es Situationen gab, in denen es eine zu große Einschränkung bedeutete, daß zwei Matrixzeilen stets in wirklich *allen* Komponenten addiert werden mußten. Der Fall, den er unmittelbar vor Augen hatte, war die komponentenweise Multiplikation zweier Matrizen. Da nur Addierwerke vorgesehen waren, sollte sie nach der „Schulmethode" durch selektives (sic!) Addieren geeigneter „Verschiebungen" des Multiplikanden realisiert werden. Daher waren neben den $2k$ Eingängen für die Summanden an den Addierwerken auch noch k Eingänge für jeweils ein Bit vorgesehen. Über sie konnte gesteuert werden, ob an der entsprechenden Stelle tatsächlich eine Addition durchgeführt wurde, oder ob ein Summand (vermutlich der aus dem Akkumulator stammende) unverändert als Ergebnis geliefert werden sollte.

Unger's spatial computer

Ebenfalls im Jahre 1958 erschien ein Aufsatz [Ung58] von Unger über einen sogenannten „spatial computer". Mit den Begriffen von heute würde man ihn etwa wie folgt beschreiben. Er sollte aus 8×8 in einem zweidimensionalen Gitter angeordneten Verarbeitungselementen (processing elements, PEs) bestehen, die von einem zentralen Steuerwerk mit Befehlen versorgt werden sollten. Bei den PEs dachte Unger an einfache „logische Einheiten" mit einem Akkumulator und 6 Bits Schreib-/Lesespeicher.

Bemerkenswerterweise war bereits bei diesem frühen Entwurf eine – wenn auch noch sehr einfache – Möglichkeit vorgesehen, die es dem Steuerwerk erlaubte, in Abhängigkeit von den verteilt berechneten Ergebnissen den Kontrollfluß zu ändern. Die Werte aller Akkumulatorinhalte konnten durch ein logisches Oder miteinander verknüpft werden. Je nach Ergebnis wurde ein bedingter Sprung ausgeführt oder unterlassen.

Unger überschlug, daß für seinen Entwurf etwa einige zehntausend Gatter benötigt würden. Diese „alarming figures" veranlaßten ihn, eine Realisierung gar nicht erst zu versuchen.

SOLOMON

Auch der vier Jahre später entworfene Rechner SOLOMON wurde nie gebaut. In seiner Architektur findet sich aber erstmals explizit die Idee des **Aktivitätsbits** oder -**flags** in der auch heute noch in SIMD-Rechnern benutzten Form (vgl. aber die Anmerkungen zur Feldrechenmaschine). Insofern kann man sie wohl als wesentlich ansehen.

SOLOMON war als SIMD-Rechner entworfen. Ein zentrales Steuerwerk sendete in jedem Schritt einen Befehl an alle PEs. In jedem von ihnen befand sich ein 1

Bit großer Speicher für das Aktivitätsflag. Ein Befehl wurde (in der Regel) von
einem PE nur dann ausgeführt, wenn es 1 war. Die anderen PEs ignorieren alle,
oder vielmehr fast alle ankommenden Befehle. Man spricht auch von aktiven und
passiven PEs.

Zu Beginn einer Berechnung sind alle PEs aktiv. Es gibt zwei Möglichkeiten, (programmgesteuert) den Wert des Aktivitätsflags zu beeinflussen. Zum einen kann
es in Abhängigkeit von Ergebnissen zum Beispiel arithmetisch-logischer Operationen zurückgesetzt werden. Zum anderen gibt es immer einen Befehl zum Setzen
des Aktivitätsflags. Dies ist der einzige Befehl, der offensichtlich von allen PEs
ausgeführt werden muß, auch von den passiven.

Was kam dann?

Die Abbildung 8.2 zeigt einige (aber auch nur einige) der wichtigeren Linien der
weiteren Entwicklung der Architektur paralleler SIMD-Rechner.

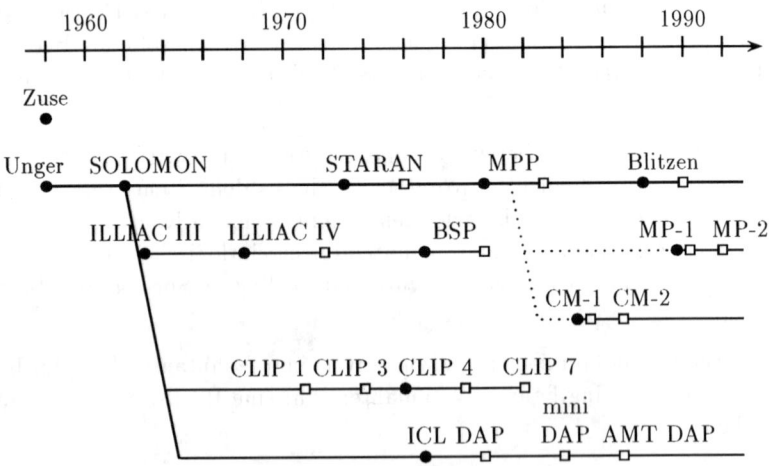

Abbildung 8.2: Einige der wichtigeren SIMD-Parallelrechner(entwürfe) der letzten 35 Jahre.
Schwarze Punkte markieren Zeitpunkte (wichtiger) Veröffentlichungen, weiße Quadrate Jahre, in denen unseres Wissens eines der ersten funktionsfähigen Exemplare
des jeweiligen Rechners installiert wurde.

In der angegebenen Literatur findet man Näheres zu den einzelnen Rechnern bzw.
Rechnerentwürfen. Wir werden in den folgenden Abschnitten nur auf vier von
ihnen etwas genauer eingehen. Dabei handelt es sich (in chronologischer Reihen-

folge) zunächst um die ILLIAC IV. Sie war der erste tatsächlich gebaute und über mehrere Jahre arbeitende SIMD-Rechner mit immerhin 64 PEs. Daran schließen sich Bemerkungen über die DAP-Architekturen an. Zum Schluß erläutern wir den Aufbau der Connection Machine CM-2 und der MasPar MP-1.

8.2 Die ILLIAC IV

Der einzige jemals gebaute Illinois Array Computer arbeitete von 1972 bis 1981 bei der NASA. Ursprünglich war eine Maschine aus vier identisch aufgebauten „Quadranten" geplant, von denen aber aus Kostengründen nur einer realisiert wurde.

Er bestand aus einer control unit (CU) und 64 PEs, die in einem 8×8-Gitter angeordnet waren. Man kann sich (leicht vereinfachend) vorstellen, daß in der zum Torus geschlossenen Struktur jedes PE mit seinen 4 unmittelbaren Nachbarn (gemäß $H_1^{(2)}$-Nachbarschaft) verbunden war. Außerdem waren alle über einen Ring miteinander verbunden. Jedes PE hatte seinen eigenen lokalen Speicher von 2048 Worten à 64 Bits. Er beinhaltete sowohl die vom jeweiligen PE zu verarbeitenden Daten als auch das Programm für die CU.

Abbildung 8.3 zeigt die Grobstruktur eines Quadranten. Über einen 512 Bits breiten Bus holt die CU jeweils 8 Wörter gleichzeitig aus Speichern der PEs. Die Befehle können in einem 64 Wörter großen Cache zwischengespeichert werden. Ein ebenso großer Datencache ist auch vorhanden. Man kann zwei Sorten von Befehlen für die CU unterscheiden. Zum einen diejenigen, die die Arbeit der CU selbst betreffen. Sie besitzt vier Akkumulatoren und eine arithmetisch-logische Einheit, mit der wie üblich gearbeitet werden kann. Zum anderen gibt es die Befehle für die PEs. Sie werden von der CU decodiert und dann über Steuerleitungen weitergegeben. Über einen globalen Bus können alle PEs gleichzeitig mit einem Datum versorgt werden. Umgekehrt kann die CU über Statusleitungen gewisse Informationen von den PEs lesen. Dazu gehören unter anderem auch die Aktivitätsbits.

Die wesentlichen Bestandteile eines PEs sind sechs Register, eine arithmetisch-logische Einheit und eine Einheit für die Zugriffe auf den lokalen Speicher. Ein Register (A) spielt die Rolle eines Akkumulators, ein zweites (B) ist für Operanden vorgesehen. Neben einem Allzweckregister (S), einem mit diversen Flags (M) und einem Register (R) für die Kommunikation zwischen den PEs ist noch ein Register X vorhanden. Dabei handelt es sich um ein bemerkenswertes Detail. Unter den PE-Befehlen für das Laden eines Wertes befinden sich auch solche, bei denen für die Berechnung der Adresse, unter der aus dem jeweiligen lokalen Speicher gelesen werden soll, der Inhalt dieses „Indexregisters" berücksichtigt wird. Damit ist es möglich, daß (trotz SIMD-Verarbeitung) verschiedene PEs gleichzeitig auf Spei-

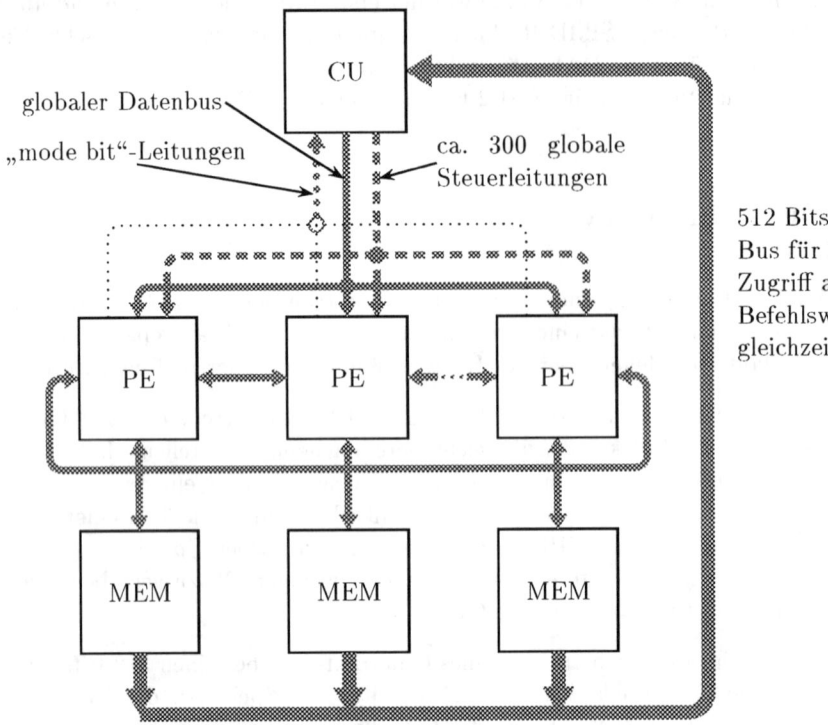

globaler Datenbus

„mode bit"-Leitungen

ca. 300 globale
Steuerleitungen

512 Bits breiter
Bus für Befehle;
Zugriff auf 8
Befehlswörter
gleichzeitig

Abbildung 8.3: Grobstruktur eines Quadranten der Illiac IV.

cherstellen mit verschiedenen Adressen zugreifen. Dies ist für die Verarbeitung von
Matrizen, für die die Illiac unter anderem konzipiert worden ist, sehr nützlich.

8.3 DAP

Mit dem Entwurf des ersten Distributed Array Processors wurde etwa 1974 begonnen. Zwei Jahre später stellte ICL den ersten Prototyp fertig. Seit der zweiten
Hälfte der achtziger Jahre wird der DAP von AMT gebaut und vertrieben. Dabei
handelt es sich um eine Version, die – aufgrund der technologischen Fortschritte –
wesentlich kleiner und zuverlässiger ist. Die konzeptionellen Unterschiede zwischen
beiden Maschinen halten sich in Grenzen. Wir werden am Ende auf sie eingehen.

Die PEs eines DAPs sind in einem zweidimensionalen Gitter der Größe 32×32 oder
64×64 angeordnet. (Wir gehen bei den folgenden Beschreibungen von 32×32 PEs

aus.) Die Befehle werden von der sogenannten Master Control Unit geliefert, die
über zwei „data highways" auch Daten mit den PEs austauschen kann. Jeweils alle
PEs einer Zeile bzw. einer Spalte sind an eine globale Datenleitung angeschlossen.
Die 32 Leitungen, die die zeilenweisen Verbindungen realisieren, bilden den einen
data highway, die 32 in Spalten verlaufenden Leitungen den anderen. Außerdem
ist jedes PE mit seinen vier unmittelbaren Nachbarn verbunden. An den Rändern
kann das Gitter programmgesteuert zu einem Torus geschlossen werden. Abbildung
8.4 zeigt die Verbindungen der PEs untereinander und mit der MCU.

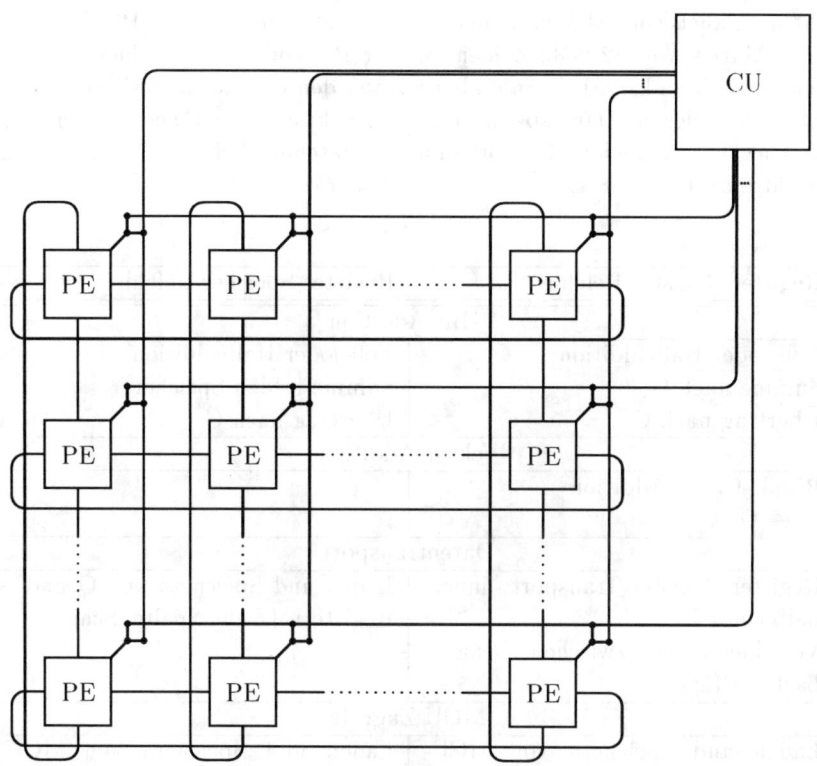

Abbildung 8.4: Die Datenpfade in einem DAP.

Jedes PE hat als Rechenwerk einen 1-Bit-Volladdierer und Zugriff auf mindestens 4
KBit (später 32 KBit) eigenen Speicher. Gelegentlich wird der DAP als Quader dargestellt, bei dem eine quadratische Seitenfläche/-schicht von den PEs gebildet wird
und sich daran 4096 (oder mehr) Speicherschichten anschließen. Da die PEs gleichzeitig immer alle auf die gleiche Adresse ihres jeweiligen Speichers zugreifen, spricht

man mitunter auch von einem **Bitschichtrechner**. Jedes PE enthält neben dem
Addierer drei Bits Speicher, nämlich für das Aktivitätsbit und für Summen- und
Übertragsbit. Letzteres steht auch allen vier Nachbarn zur Verfügung. Summen-
und Übertragsbit bilden stets zwei der drei Eingaben für den Addierer. Die dritte
kann wahlweise ein Bit aus dem Speicher, eines der vier Nachbarübertragsbits oder
konstant Null oder Eins gewählt werden.

Es gibt zwei naheliegende Möglichkeiten, zum Beispiel eine 32 Bits lange Zahl im
DAP abzuspeichern. Zum einen kann man sie in aufeinander folgenden Zellen des
Speichers nur eines PEs ablegen. Bei der Verarbeitung so gespeicherter Daten
spricht man auch vom Matrixmodus, da die in 32 Schichten der PE-Speicher vor-
liegende Matrix von 32×32 Zahlen Bit für Bit von der PE-Schicht verarbeitet
werden kann. Man kann jede Zahl aber auch in den nebeneinanderliegenden Zellen
einer Schicht ablegen. Dann spricht man vom Vektormodus. Diese beiden Möglichkeiten spiegeln sich auch in den vorhandenen Maschinenbefehlen wider. Eine grobe
Übersicht gibt Tabelle 8.1.

Register-Register-Befehle	Register-Speicher-Befehle
1-Bit-Addition	
Voll- oder Halbaddition Summe nach Q Übertrag nach C	Voll- oder Halbaddition Summe in den Speicher Übertrag nach C
Vektor-Addition	
Ripple-Carry-Addition $Q \leftarrow Q{+}C$	
Datentransport	
Register-Register-Transport inner- halb eines PEs Verschiebungen zwischen benach- barten PEs	Laden und Speichern von Q und A Registern (Zeile, Spalte, Schicht)
MCU-Zugriffe	
Laden und Speichern von MCU- Registern aus/nach Q- oder A- Registern, Broadcast an alle PEs	Laden und Speichern von MCU- Registern aus/nach PE-Speichern, Broadcast an alle PE-Speicher
nur die MCU betreffende Befehle	

Tabelle 8.1: Übersicht über die Maschinenbefehle des DAP (nach [HoJ88]).

Zum Abschluß einige Erläuterungen zu den Unterschieden zwischen ICL DAP und
AMT DAP.

Der eine betrifft die Verbindung mit dem „Host-Rechner". Bei der ICL-Version war der Speicher der PEs zugleich als Teil des Hauptspeichers von einem ICL 2900 Mainframe-Rechner ansprechbar. Je eine Zeile einer Schicht des DAP-Systems entsprach einem ICL-Wort. Auf diese Weise entfiel das Problem, unter Umständen große Datenmengen erst vom Host in den DAP laden zu müssen.

Beim AMT DAP sind die Verbindungen zur Außenwelt anders gestaltet. Der Host-Rechner ist über eine SCSI-Schnittstelle angeschlossen. Eine der Hauptanwendungen der DAPs ist die Bildverarbeitung. AMT hat daher eine zusätzliche Bitschicht eingeführt, die unabhängig vom restlichen Rechner betrieben werden kann. Sie kann benutzt werden, um schnell ein „Bild" zeilenweise ein- oder auszulesen.

Die letzte Neuerung betrifft die PEs. Die Tatsache, daß sie nur ein Bit pro Schritt verarbeiten können, erwies sich gelegentlich doch als recht hinderlich. Deshalb stellt AMT zum DAP optional eine Schicht komplexerer PEs zur Verfügung, die insbesondere Gleitkomma-Operationen unterstützen. Die Wahl fiel dabei auf einen selbst entworfenen 8-Bit-Prozessor. Denn einerseits wollte sich AMT nicht von Fremdherstellern abhängig machen, andererseits wären gängige 32-Bit-Gleitkomma-Einheiten überdimensioniert gewesen.

8.4 Die Connection Machine CM-2

Das Konzept der Connection Machine geht zurück auf die Dissertation von Daniel Hillis Mitte der achtziger Jahre [Hil85]. Diese Firma vertrieb zunächst die CM-1 und später die CM-2. Im Jahre 1991 wurde die CM-5 (die kein SIMD-Rechner mehr ist) angekündigt und erstmals in kleinen Ausführungen installiert. Wir werden im folgenden auf die CM-2 näher eingehen.

Systemumgebung und Parallelverarbeitungseinheit

Eine CM-2 wird als „Back-End" an bis zu vier handelsüblichen Arbeitsplatzrechnern betrieben. Auf diesen Hosts findet die Programm-Entwicklung und -Speicherung statt. Die großen Datenmengen, die mit der CM-2 als Parallelverarbeitungseinheit gehandhabt werden sollen, befinden sich auf einem schnellen, direkt an die CM-2 gekoppelten Festplattensystem, dem sogenannten „Data Vault". Ein Data Vault kann eine Speicherkapazität von 30 oder 60 GByte besitzen. Bis zu acht von ihnen können an eine CM-2 angeschlossen werden.

Eine CM-2 hat bis zu 65536 Prozessoren. Jeder von ihnen kann bis zu 128 KByte Speicher adressieren, so daß eine CM-2 im Maximalausbau insgesamt 8 GByte Hauptspeicher besitzt. Für die Programmierung stehen Erweiterungen von Fortran, C und Lisp zur Verfügung.

Man kann sich vorstellen, daß eine CM-2 aus zwei FIFO-Speichern besteht, über die ein Host-Rechner und ein sogenannter Sequencer miteinander verbunden sind[1]. Über die eine Warteschlange bekommt der Sequencer vom Host sogenannte Makro-Befehle, über die andere der Host die Ergebnisse der Rechnungen. Ein Beispiel für einen Makro-Befehl ist zum Beispiel: ADD 1000 2000 8. Das bedeutet: Addiere die an den Adressen 1000 und 2000 abgespeicherten 8 Bits langen Integer-Werte. Der Sequencer interpretiert die Makro-Befehle der Reihe nach. Dabei führt er sogenannte Mikro-Befehle aus und erzeugt Nano-Befehle, die ihrerseits an alle Prozessoren gesendet und gleichzeitig abgearbeitet werden. Der obige Makro-Befehl führt zum Beispiel dazu, daß eine Folge von Nano-Befehlen acht mal ausgeführt wird (für jedes Bit eine).

Der Aufbau des Hyperwürfels

In Abbildung 8.5 ist der Aufbau der CM-2 dargestellt. Während jeder Prozessor nur seinen eigenen Speicher mit maximal 1 MBit Kapazität adressieren und unmittelbar auf ihn zugreifen kann, kann der Sequencer die Speicher aller Prozessoren lesen und schreiben. Für den Datenaustausch der Prozessoren untereinander ist ein Kommunikationsnetzwerk vorhanden. Es ermöglicht drei verschiedene Arten des Informationsaustausches, auf die wir noch näher eingehen werden. Er wird über sogenannte **Router** bewerkstelligt.

An das Kommunikationsnetzwerk ist auch das schnelle Festplattensystem mit maximal 480 GByte Kapazität angeschlossen. In ihm wird ein 32 Bits breites Wort nicht auf einer Platte gespeichert, sondern zusammen mit 7 Zusatzbits auf 39 Platten verteilt. Die zusätzlichen Bits erlauben die Korrektur von Ein-Bit-Fehlern. Selbst wenn eine Platte völlig zerstört wird, können daher immer noch alle Daten rekonstruiert werden.

Bei den Prozessoren handelt es sich um Ein-Bit-Prozessoren. Damit auch Rechnungen mit Zahlen in Gleitkomma-Darstellung durchgeführt werden können, ist jeder Gruppe von 32 Ein-Bit-Prozessoren noch ein Gleitkomma-Prozessor zugeordnet. (Insgesamt gibt es also 2048 von ihnen.) Auf sie werden wir aber im folgenden nicht weiter eingehen.

Die lokalen Speicher der Prozessoren von maximal 1 MBit Größe sind auch tatsächlich bitweise organisiert. Alle Datenpfade sind ein Bit breit. Zum Beispiel wird die Addition von zwei 16 Bits langen Zahlen bitseriell in 16 Schritten durchgeführt, von denen jeder aus der Ausführung von drei Nanobefehlen besteht.

---

[1]In Wirklichkeit besteht die Parallelverarbeitungseinheit im Vollausbau aus vier identisch aufgebauten Teilen. Bis zu vier Front-End-Rechner können über einen bidirektionalen elektronischen Kreuzschienenverteiler mit einem oder auch mehreren Teilen verbunden werden. Dieser Aufbau hat Vorteile, wenn mehrere Benutzer gleichzeitig die Maschine benutzen möchten.

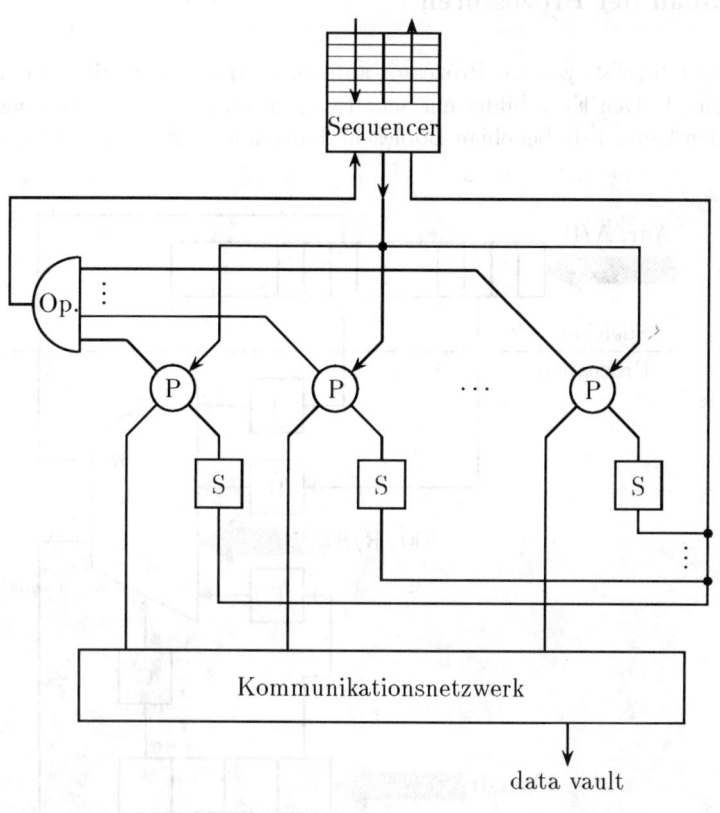

Abbildung 8.5: Struktur der Parallelverarbeitungseinheit einer CM-2.

Außer mit ihrem lokalen Speicher und dem Kommunikationsnetzwerk sind die Prozessoren auch noch mit Hardware verbunden, die es gestattet, je einen Wert aller Prozessoren sehr schnell gemäß einer binären assoziativen Operation (zum Beispiel logisches Und oder Maximumsbildung) miteinander zu verknüpfen.

Die Prozessoren arbeiten völlig synchron. *Alle bekommen* in einem Takt über einen „Broadcast"-Bus *den gleichen Befehl*. Ob sie ihn auch ausführen, hängt vom Aktivitätsbit ab, das bei der CM-2 **context flag** heißt.

Wir beschreiben nun zuerst den Aufbau der Ein-Bit-Prozessoren und gehen anschließend auf die Kommunikation zwischen ihnen ein.

Der Aufbau der Prozessoren

Abbildung 8.6 zeigt, wie ein Prozessor aufgebaut und wie er mit seinem Speicher verbunden ist. Den Kern bildet ein Schaltnetz, das über 16 Steuerleitungen veranlaßt werden kann, jede beliebige Boolesche Funktion $f : \mathbb{B}^3 \to \mathbb{B}^2$ zu berechnen.

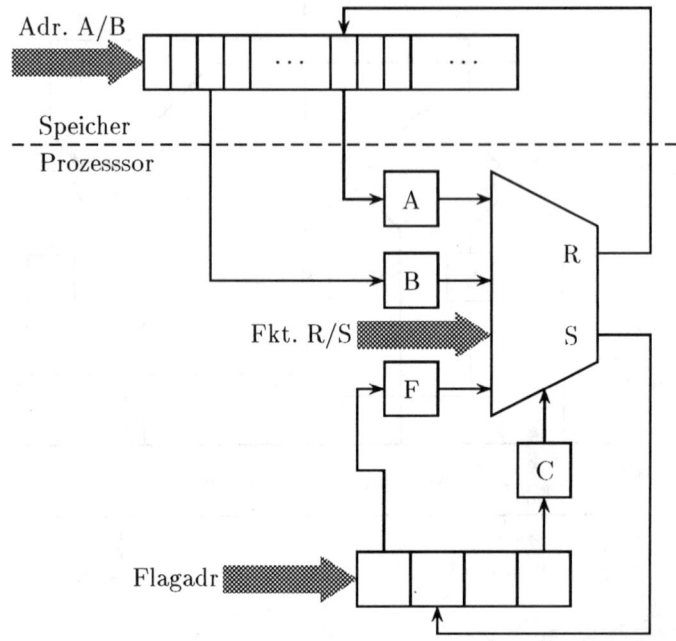

Abbildung 8.6: Aufbau eines Prozessors der CM-2.

Zwei Argumente stammen immer aus dem lokalen Speicher. Er ist bitweise organisiert und über 20 Leitungen adressierbar. Das dritte Argument für das Schaltnetz stammt aus einem von 4 prozessorinternen **Flags**. Von den beiden Ergebnis-Bits wird das eine in den lokalen Speicher geschrieben, das andere in ein unabhängig vom „Eingabe-Flag" auswählbares „Ausgabe-Flag".

Eines der Flags, das „context flag", spielt eine ausgezeichnete Rolle. Die Ergebnisse eines Prozessors werden in der Regel nur dann tatsächlich über R und S ausgegeben und abgespeichert, wenn es gesetzt ist. Ansonsten nimmt der Prozessor sozusagen nicht an der Berechnung teil; man sagt dann auch, er sei **passiv**. Allerdings muß es (natürlich) zumindest einen Nanobefehl geben, um das context flag eines passiven Prozessors wieder zu setzen.

Andere Nanobefehle sind zum Beispiel LOADA, LOADB und STORE (die einige Operanden haben). Der erste liest ein Bit aus dem Speicher und speichert es in dem Register A (siehe Abbildung 8.6), liest eines der Flags und speichert es in F und wählt die Funktion aus, mittels derer das Ergebnis R bestimmt wird. Der zweite liest ein Bit aus dem Speicher und speichert es in dem Register B, speichert das context flag in C und wählt die Funktion für S. Der dritte Befehl schreibt – sofern das context flag gesetzt ist – das Ergebnis R in die Speicherstelle, aus der A gelesen wurde und das Ergebnis S in eines der Flags.

Die bitserielle Arbeitsweise der Prozessoren hat Vor- und Nachteile. Einerseits kann der Speicher effizient genutzt werden, da man bei der Darstellung der Werte sehr flexibel ist. Wenn dafür ein Bit genügt (etwa bei boolean), dann kann man sich auch wirklich darauf beschränken. Und bei der Darstellung von Zahlen kann man (fast) beliebig genau vorgehen. Andererseits erkauft man sich diese Flexibilität aber mit Geschwindigkeitseinbußen. Dies kann man zum Teil durch viele Prozessoren wettmachen. Aber es ist wohl kein Zufall, daß bei der Weiterentwicklung der CM-1 zur CM-2 zusätzlich 2048 „Floating Point Units" vorgesehen wurden.

Mitunter ist es vorteilhaft, sich vorstellen zu können, man habe noch weitaus mehr Prozessoren zur Verfügung als die 65536 real existierenden, so daß insbesondere die Formulierung von Algorithmen möglich ist, ohne den tatsächlichen Ausbau der zu benutzenden CM-2 zu kennen bzw. kennen zu müssen. Bei der Connection Machine wird bereits auf einer sehr niedrigen Softwareebene das Konzept der **virtuellen Prozessoren** eingeführt. Eine gewisse Anzahl von ihnen wird dann von jeweils einem physikalischen Prozessor der Reihe nach simuliert. Hierbei zahlt es sich aus, daß die Prozessoren sehr einfach sind. Ihr Gesamtzustand zu einem Zeitpunkt ist ja allein durch die vier Flags gekennzeichnet. Dies erlaubt bei der Simulation der virtuellen Prozessoren einen sehr schnellen Kontextwechsel.

Das Kommunikationsnetz

Je 16 Prozessoren sind auf einem Chip zusammen mit einem Router integriert. Jeder der 4096 Router ist mit 12 anderen Routern direkt verbunden. Die Verbindungen sind so gewählt, daß sie einen zwölfdimensionalen Booleschen Hyperwürfel bilden. Und man kann sich vorstellen, daß die Prozessoren an den Ecken eines 16-dimensionalen Hyperwürfels angeordnet sind. Jeder Prozessor hat also eine eindeutige Adresse $a \in \mathbb{B}^{16}$ und zwei Prozessoren sind genau dann direkt miteinander verbunden, wenn die Hammingdistanz ihrer Adressen genau 1 ist. Der 16-dimensionale Hyperwürfel hat also $2^{16} \cdot 16 \cdot \frac{1}{2} = 524288$ Kanten.

Zu den Vorteilen von Hyperwürfeln zählt, daß sie einen kleinen Durchmesser haben. Er wächst logarithmisch mit der Anzahl der Knoten. Außerdem existieren zwischen je zwei Knoten immer mehrere disjunkte Wege. Als drittes sei schließlich erwähnt, daß sich einige andere „beliebte" Graphen, wie zum Beispiel binäre Bäume und mehrdimensionale Gitter in Hyperwürfeln als Teilgraphen wiederfinden lassen.

Ein deutlicher Nachteil von Hyperwürfeln besteht im Hinblick auf die Realisierung in Parallelrechnern darin, daß diese Topologien nicht „skalierbar" sind. Damit ist folgendes gemeint: Wenn man bereits einen Rechner etwa mit 256 Knoten besitzt und möchte ihn auf 512 Knoten ausbauen, dann müssen auch an der bereits vorhandenen Hardware Änderungen vorgenommen werden, da sich der Grad des Hyperwürfels, d.h. die Anzahl der von jedem Knoten ausgehenden Kanten, ändert.

Jeder Prozessor kann an jeden anderen Nachrichten versenden. Den Transport organisieren die Router. Dazu trägt jede Nachricht unter anderem die Differenz zwischen der Nummer des Routers, bei dem sie sich gerade befindet und der Nummer des Router, bei dem sich ihr Adressat befindet mit sich.

Zum Beispiel kann ein Prozessor einen Ausschnitt seines Speicherinhaltes an eine beliebige Stelle des Speichers eines beliebigen anderen Prozessors übertragen (lassen). Dabei kann es zu Schreibkonflikten kommen. Für deren Lösung können verschiedene Methoden angegeben werden, deren Durchführung durch Hardware unterstützt wird. Die Behandlung als Fehler ist ebenso möglich wie die automatische Verknüpfung der konkurrierenden Werte (Addition, logisches Oder, ...) oder die Vereinbarung, daß sich irgendein Wert „durchsetzen" soll.

Wir wollen hier nicht näher auf Fragen eingehen wie zum Beispiel die, was unternommen wird, wenn es zu „Stauungen" im Kommunikationsnetz kommt.

8.5   Die MasPar MP-1

Als letzten SIMD-Rechner wollen wir nun noch die MP-1 skizzieren. Dabei handelt es sich um eine verhältnismäßig neue Maschine, die noch nach dem AMT DAP auf den Markt kam.

Die Firma MasPar wurde im 1988 gegründet. Zwei Jahre später wurde die erste MP-1 installiert. Es gibt Versionen in unterschiedlichen Ausbaustufen. Die größten Maschinen besitzen 16384 PEs. Im Oktober 1992 wurde die MP-2 angekündigt (und noch im gleichen Jahr in mehreren Exemplaren ausgeliefert); auf sie werden wir im folgenden aber nicht eingehen, da die Unterschiede in der Architektur nicht sehr groß sind.

Die Hardware der MP-1

Abbildung 8.7 gibt einen Überblick über die Struktur einer MP-1. Ihre Parallelverarbeitungseinheit (DPU) wird an einem Front-End Rechner von DEC betrieben.

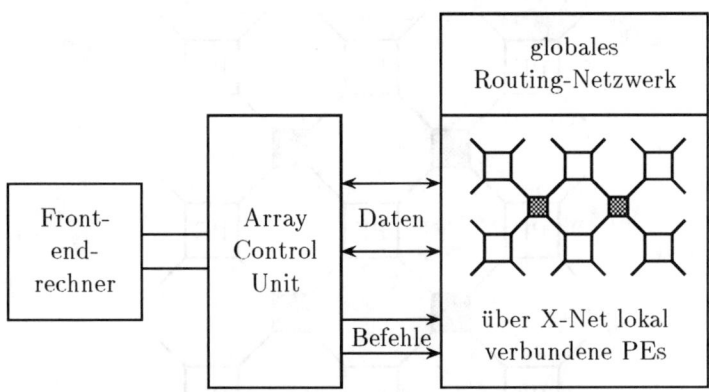

Abbildung 8.7: Grobstruktur einer MasPar MP-1.

Die Kommunikation zwischen beiden kann über gemeinsamen Speicher und mittels DMA durchgeführt werden. Die DPU besteht aus einer Array Control Unit (ACU), dem Feld der maximal 128 × 128 PEs mit dem X-Netz für lokale Kommuniaktion und einem Netzwerk für nicht lokale Kommunikation zwischen den PEs.

Die ACU ist über einen 48 Bits breiten Datenbus und einen 4 Bits breiten Befehlsbus mit den PEs verbunden. Sie ist ein RISC-Prozessor mit 128 KByte Daten- und 1 MByte Programmspeicher, der mit 12 MHz getaktet wird.

Der Aufbau der PEs

Die PEs sind mit jeweils 16 KByte lokalem Speicher ausgestattet. Sie haben ein Aktivitätsbit, 33 vom Programm benutzbare 32 Bits breite Register und Rechenwerke unter anderem für Ganzzahl- und Gleitkommaarithmetik. Diese können 32 und 64 Bits große Operanden verarbeiten. Die Datenpfade in den PEs sind aber nur 4 Bits breit. Die Spitzenleistung eines PEs ist daher auf ca. 35 KFlops/s (bei 64 Bits Genauigkeit) begrenzt.

Je 32 Prozessoren sind auf einem CMOS-Chip untergebracht.

Die PEs können über zwei verschiedene Netzwerke miteinander kommunizieren. Für die lokale Kommunikation zwischen im Gitter benachbarten PEs ist das X-Netz gedacht und für die Kommunikation zwischen entfernten PEs das globale Routing-Netz.

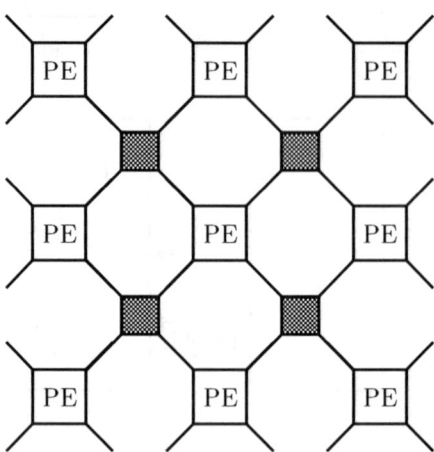

Abbildung 8.8: Das X-Netz der MP-1. An den „Rändern" ist es zyklisch geschlossen. Die (grau
dargestellten) Schalteinheiten sind immer alle im gleichen Zustand.

Das globale Routing-Netzwerk

Über dessen Aufbau ist nur sehr wenig bekannt. Es besteht aus drei Stufen, deren
interne Struktur hier aber im dunkeln bleiben muß. Je 4×4 Prozessoren bilden ein
sogenanntes Cluster. Von jedem Cluster führt eine 1 Bit breite Leitung zur ersten
Stufe des Routing-Netzwerkes. Wie die erste Stufe mit der zweiten und wie die
zweite mit der dritten verbunden ist, ist den Autoren unbekannt. Von der dritten
Stufe führt wiederum je eine 1 Bit breite Leitung zu jedem Cluster.

Leider sind die Angaben in [TW91] darüber, ob die drei Stufen so konfiguriert
werden können, daß jede beliebige Permutation von Quell- zu Zielclustern hergestellt werden kann, etwas widersprüchlich. Als Zeit für den Auf- und Abbau einer
Verbindung werden 4 Mikrosekunden angegeben. Klar ist auch, daß 16 Kommu-
nikationsschritte notwendig sind, wenn alle PEs eines Clusters mit PEs außerhalb
desselben kommunizieren müssen.

Das X-Netz

Das X-Netz wird bevorzugt für die Kommunikation zwischen benachbarten PEs
benutzt. Den schematischen Aufbau zeigt Abbildung 8.8. Je 2×2 PEs sind über
vier 1 Bit breite Leitungen an eine gemeinsame Schalteinheit angeschlossen. Die
Form, die sie zusammen bilden, haben dem X-Netz vermutlich seinen Namen gegeben. Die Schalteinheit kann wahlfrei zwei beliebige der ankommenden Leitungen

miteinander verbinden. Dadurch kann ein PE mit jedem seiner (bezüglich $M_1^{(2)}$-Raster) acht unmittelbaren Nachbarn direkt Daten austauschen. Es befinden sich aber immer alle Schalteinheiten des X-Netzes im gleichen Zustand. Wenn die aktiven PEs über das X-Netz Daten austauschen, dann also immer alle in der gleichen Richtung.

Jede Zustandsänderung der Schalteinheiten geschieht parallel zum Übertragen eines Befehles an die PEs, kostet also keine zusätzliche Zeit. Demgegenüber werden für den Auf- und wieder Abbau von Verbindungen über das globale Routing-Netz 50 Taktzyklen benötigt. Trotzdem haben Messungen ergeben, daß in Fällen, in denen nur relativ wenige PEs aktiv sind, es unter gewissen Umständen schneller ist, für lokale Kommunikation nicht das X-Netz sondern das globale Routing-Netz zu benutzen (Nicht immer! Man lese sorgfältig [Pre93]).

Literaturverzeichnis

[Gil81]   W.K. Giloi. *Rechnerarchitektur*. Springer-Verlag, Berlin, 1981.

[Hil85]   W.D. Hillis. *The Connection Machine*. MIT Press, Cambridge, 1985.

[HoJ88]   R.W. Hockney und C.R. Jesshope. *Parallel Computers 2*. IOP Publishing Ltd., Bristol, 1988.

[HwB85]   K. Hwang und F.A. Briggs. *Computer Architecture and Parallel Processing*. McGraw-Hill Inc., Singapur, 1985.

[Mac88]   A.R. Mackintosh. Dr. Atanasoff's computer. *Scientific American*, August 1988, 72–78.

[Pre93]   L. Prechelt. *Measurements of MasPar MP-1216A Communication Operations*. Technical Report 01/93, Universität Karlsruhe, 1993.

[TW91]   G. Trew und A. Wilson. *Past, Present, Parallel: A Survey of Available Parallel Computing Systems*. Springer-Verlag, London, 1991.

[Uhr84]   L. Uhr. *Algorithm-Structured Computer Arrays and Networks*. Academic Press, 1984.

[Ung58]   S.H. Unger. A computer oriented towards spatial problems. *Proc. Inst. Radio Eng.*, **46**, 1958, 1744–1750.

[Ung89]   T. Ungerer. *Innovative Rechnerarchitekturen — Bestandsaufnahme, Trends, Möglichkeiten*. McGraw-Hill Inc., Hamburg, 1989.

[Zus58]   K. Zuse. Die Feldrechenmaschine. *MTW-Mitteilungen*, **V**/4, 1958, 213–220.

9 MIMD-Rechner

Überblick

In diesem Kapitel werden wir uns mit sogenannten MIMD-Rechnern beschäftigen. Über deren Einschätzung sei aus der Ankündigung für die Konferenz MPPM-93, die auch zugleich eine Grobeinteilung beschreibt, zitiert:

> "The next generation of supercomputers will be massively parallel, distributed memory MIMD architectures with thousands or ten thousands of nodes. User acceptance demands that such systems should be programmable in an appropriate, easy-to-use, application-oriented style which, nevertheless, ensures the highest possible program efficiency. The currently dominating message-passing programming paradigm hardly meets those requirements. One approach to avoid explicit message passing in the program is the use of run time libraries that carry out the communication. Another, architectural solution is virtual shared memory that provides the user with a shared memory programming paradigm, hiding the actual message passing in the bowels of the system. The current problem with virtual shared memory is unsatisfactory performance. A better solution could be to have a parallelizing compiler that is smart enough to take a sequential program, partition it into communicating processes with the goal of optimal workload distribution, and insert the required inter-process communication constructs ... "

Im folgenden soll nicht versucht werden, eine Taxonomie von (Teilklassen von) MIMD-Rechnern vorzunehmen. (Was eigentlich MIMD ist, wurde schon und wird auch nicht gesagt.) Einteilungen der Form

> „Ein Rechner kann entweder vom Typ A sein oder vom Typ B oder vom Typ C. Die vom Typ A können entweder vom Typ A1 sein oder vom Typ A2 ... "

erweisen sich unseres Erachtens bei genauerem Hinsehen leider als weniger aussagekräftig als sie auf den ersten Blick scheinen. Zum einen besteht die Gefahr, daß man den Eindruck gewinnt, eine Aufzählung A, B, C sei vollständig, obwohl sie es nicht ist oder man es jedenfalls nicht genau weiß. Zum anderen ist mitunter nicht klar, inwieweit es „fließende Übergänge" zum Beispiel von A nach B gibt bzw. geben kann (siehe auch [AG94]).

Wir wollen uns daher im folgenden darauf beschränken, einige mehr oder weniger unabhängige Aspekte aufzuzeigen, anhand derer man Rechner voneinander unterscheiden kann. Dies sollte dann auch an den (hier immer nur skizzierten) Realisierungen der letzten Jahr(zehnt)e deutlich werden. Wegen der ungeheueren Vielzahl von Parallelrechnern wird die dabei getroffene Auswahl natürlich bruchstückhaft, aber in gewissem Maße auch einseitig bleiben. An der Architektur paralleler Rechner Interessierte seien ausdrücklich auf die diversen Bücher zu diesem Thema verwiesen, zum Beispiel von Almasi und Gottlieb [AG94], Giloi [Gil81], Hockney und Jesshope [HoJ88], Hwang und Briggs [HwB85], Trew und Wilson [TW91], Uhr [Uhr84] und Ungerer [Ung89].

9.1 Allgemeines zu MIMD-Rechnern

Die Rechner, mit denen wir uns in diesem Kapitel beschäftigen werden, sind dadurch gekennzeichnet, daß sie aus mehreren von-Neumann-Rechnern mit eigenem Steuer- und Rechenwerk und entweder einem jeweils eigenen Speicher oder einem gemeinsamen oder der Kombination aus beidem bestehen. Die Rechner müssen einander Informationen auf die eine oder andere Weise zugänglich machen. Man trifft wohl im wesentlichen auf zwei recht unterschiedliche Mechanismen, mit deren Hilfe das bewerkstelligt wird.

Von **Speicherkopplung** spricht man, wenn (wie im idealisierten Beispiel der PRAMs) jeweils mehrere Prozessoren „direkt" auf einen gemeinsamen Speicher (**shared memory**) zugreifen können. Bei **Nachrichtenkopplung** (engl. **message passing**) verfügen die Prozessoren über jeweils eigene („private") Speicher, und sie schicken sich Informationen zu. Die Unterschiede werden gelegentlich durch die (englischen) Bezeichnungen **multicomputer** bzw. **multiprocessor** hervorgehoben, wobei allerdings die Sprechweise uneinheitlich ist (siehe auch [Ung89]).

Obgleich sich diese beiden Konzepte nicht gegenseitig ausschließen, findet man aber üblicherweise nur eines realisiert. Insofern erscheint es angemessen, jedem von ihnen im folgenden einen Abschnitt zu widmen. In beiden Fällen müssen die Prozessoren auf die eine oder andere Weise miteinander verbunden sein.

Es gibt eine Vielzahl von Klassifikationen von Rechnersystemen, von denen im MIMD-Bereich die von Hockney [Hoc87] öfters benutzt wird. Sie ist gekennzeichnet durch eine Unterteilung in „geschaltete" oder dynamische und „vernetzte" oder statische Systeme. Da aber auch sie nach Bemmerl [Bem92] Mängel aufweist, wollen wir ihr hier nicht bedingungslos folgen, sondern sie lediglich zur Grobstrukturierung benutzen.

Das Hauptproblem bei speichergekoppelten Systemen stellt naturgemäß der Speicher dar, der leicht ein Engpaß werden kann. Bei nachrichtengekoppelten Systemen ist die Granularität der Aufgaben von entscheidender Bedeutung, wenn es nicht zur Verzögerung der Abarbeitung durch zu umfangreichen Informationsaustausch und damit u.U. beispielsweise auch zu Problemen mit beschränkten Puffergrößen kommen soll.

Die oben angedeuteten Einteilungsschwierigkeiten werden noch deutlicher, wenn man sich Rechnernetze, seien sie lokal oder gar im wörtlichen Sinne global, vor Augen hält. Sie enthalten vollständige Rechner, manchmal auch nur solche von einem Typ, und diese tauschen untereinander Informationen aus. Gelegentlich werden sie sogar zur Lösung *eines* Problems eingesetzt – und dennoch werden sie üblicherweise *nicht* als MIMD-Rechner angesehen. Dies mag einerseits daran liegen, daß sie im allgemeinen nicht über ein Betriebssystem verfügen, das das „verteilte Arbeiten" unterstützt, zum andern aber an dem sehr vordergründigen Aspekt, daß ein solches Netz nicht von vornherein als Ganzes fest konzipiert und installiert wird, sondern daß die Veränderbarkeit ein wesentliches Charakteristikum ist. Nach Ungerer [Ung89] spielen bei der Abgrenzung von Rechnernetzen gegenüber Multiprozessorsystemen für die Netze die große Entfernung der Verarbeitungseinheiten untereinander und die geringe Übertragungsgeschwindigkeit der Verbindungseinrichtung die entscheidende Rolle. Hinsichtlich der Übertragungsgeschwindigkeit sind aber Entwicklungen im Gange, die sie als Unterscheidungskriterium zweifelhaft werden lassen.

Die folgenden Bemerkungen sollen auch als weitere Hinweise darauf verstanden werden, daß eine Einordnung von Rechnern in einen der beiden Bereiche MIMD bzw. SIMD relativiert werden kann.

Betrachtet man MIMD-Rechner, die aus homogenen Einheiten aufgebaut sind und die untereinander beliebig gekoppelt sind, so ist es offensichtlich, daß man sie im SIMD-Modus betreiben kann: Alle Einzelrechner arbeiten nach demselben Programm. Wegen der üblicherweise wohl nicht streng synchronen Arbeitsweise muß die Vereinbarung darüber, was als „Resultat" angesehen werden kann, entsprechend modifiziert werden.

Andererseits können mit SIMD-Rechnern MIMD-Rechner mit konstantem zusätzlichem Aufwand emuliert werden: Zyklisch werden jeweils alle Befehle an alle Rechner übermittelt, und diese führen nur die ihnen „passenden" aus. Die dabei auftretende Verzögerung (bezogen auf den Zeitbedarf von MIMD-Rechnern) ist dann geringer als beim ersten Blick darauf zu erwarten ist, wenn man nicht alle „Elementarbefehle" eines Rechners berücksichtigt, sondern für einzelne Problemklassen spezifische Makrobefehle festlegt und u.U. auch noch das zyklische gleichgewichtige Abarbeiten bezüglich Reihenfolge und Ausführungshäufigkeit modifiziert. An einem Beispiel ist dies in Sanders [San93] beschrieben.

Dem Eindruck, daß die Verwendung von MIMD-Rechnern generell von Vorteil gegenüber der von SIMD-Rechnern sei, muß folgendes entgegengehalten werden: Arbeiten die Einzelrechner an einer gemeinsamen Aufgabe, so wird normalerweise ein Nachrichtenaustausch zwischen ihnen notwendig sein. Bei nachrichtengekoppelten Systemen kann es dabei zu einem Kommunikationsmehraufwand kommen. Bei einer Unterklasse von ihnen, den nach dem Rendezvous-Prinzip arbeitenden (siehe dazu z.B. 9.3), besteht außerdem verstärkt die Gefahr des Auftretens von Verklemmungen, d.h. von Situationen, in denen sich zwei oder mehrere Prozessoren gegenseitig blockieren. (Dieser Effekt kann allerdings auch in speichergekoppelten Systemen auftreten.) Um dies zu vermeiden, muß der Programmierer erhöhte Sorgfalt auf die Analyse der Dynamik verwenden.

Für MIMD- und SIMD-Rechner gemeinsam – wenn auch nach unterschiedlichen Gesichtspunkten – sind die Probleme

- der Granularität, d.h. der Größe der Aufgaben, die auf den einzelnen Rechnern zu bearbeiten sind
- der Ein- und Ausgabe, die oft sequentiell erfolgen muß und damit gemäß dem Gesetz von Amdahl die mögliche Beschleunigung gering hält
- der Lastverteilung und zwar sowohl zu Beginn der Arbeit als auch während der Bearbeitung.

9.2 Speicherkopplung

Im folgenden wird von Prozessoren und von Speichermodulen die Rede sein. Wir wollen davon ausgehen, daß immer eine klare Trennung zwischen ihnen möglich ist. (Tatsächlich ist das aber problematisch. Wo etwa zieht man die Grenze zwischen vielen (z.B. 4096) Registern eines Prozessors und 4 KByte lokalem Speicher? Außerdem werden wir sogenannte Caches völlig ignorieren.) Wenn davon die Rede ist, daß ein Speichermodul von einem Prozessor aus zugreifbar ist, so ist damit genauer direkte Adressierbarkeit gemeint.

Als erstes seien einige Beispielarchitekturen vorgestellt, anhand derer konzeptionelle Aspekte deutlich werden sollen.

C.mmp

Die C.mmp wurde 1971 an der Carnegie Mellon Universität entworfen und arbeitete von 1975 bis 1980. Sie hatte im Bereich der speichergekoppelten Rechner

Pionierfunktion. Wie Abbildung 9.1 zeigt, bestand sie aus 16 PDP-11-Prozessoren
(P0, ..., P15). Jeder von ihnen konnte auf jeden von 16 Speichermodulen (M0,
..., M15) über einen **Kreuzschienenverteiler** zugreifen. Sein Aufbau bei der
C.mmp ist in Abbildung 9.2 skizziert.

Außer dem „globalen" Speicher hatte jeder Prozessor auch noch privaten Speicher.
Da er einen anderen Adreßbus hatte, gab es zu jedem Prozessor eine sogenann-
te DMap-Einheit, die die virtuellen Adressen des Speicherwerkes in physikalische
Adressen entsprechend umsetzte.

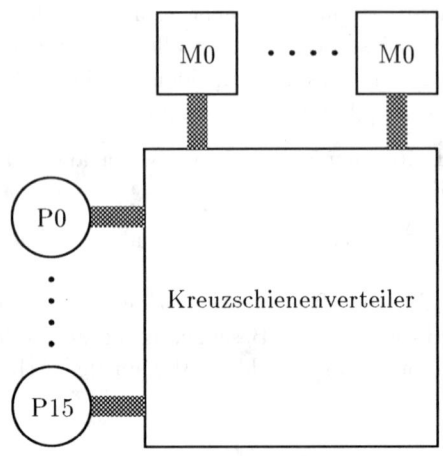

Abbildung 9.1: Grobstruktur der C.mmp.

Cm*

Die Cm*, die etwa 1975 ebenfalls an der Carnegie Mellon Universität entwickelt
und 1978 mit 50 LSI-11 Prozessoren in Betrieb genommen wurde, unterscheidet
sich deutlich von der C.mmp.

Die Maschine besteht aus mehreren Clustern, von denen jeder zwei Anschlüsse
an Intercluster-Busse besitzt. Wie die Cluster miteinander verbunden sind, ist *a
priori* nicht festgelegt, in der realisierten Version sind dies alle Cluster über einen
Intercluster-Bus. Zwei „kleinere" Intercluster-Busse ermöglichen eine Verbindung
jeweils einiger Cluster untereinander.

Den Aufbau innerhalb eines Clusters macht Abbildung 9.3 deutlich. Die sogenannte Kmap-Einheit verbindet die beiden Intercluster-Busse mit dem clusterinternen
Map-Bus. An ihn sind bis zu 14 Prozessormodule angeschlossen. Sie enthalten

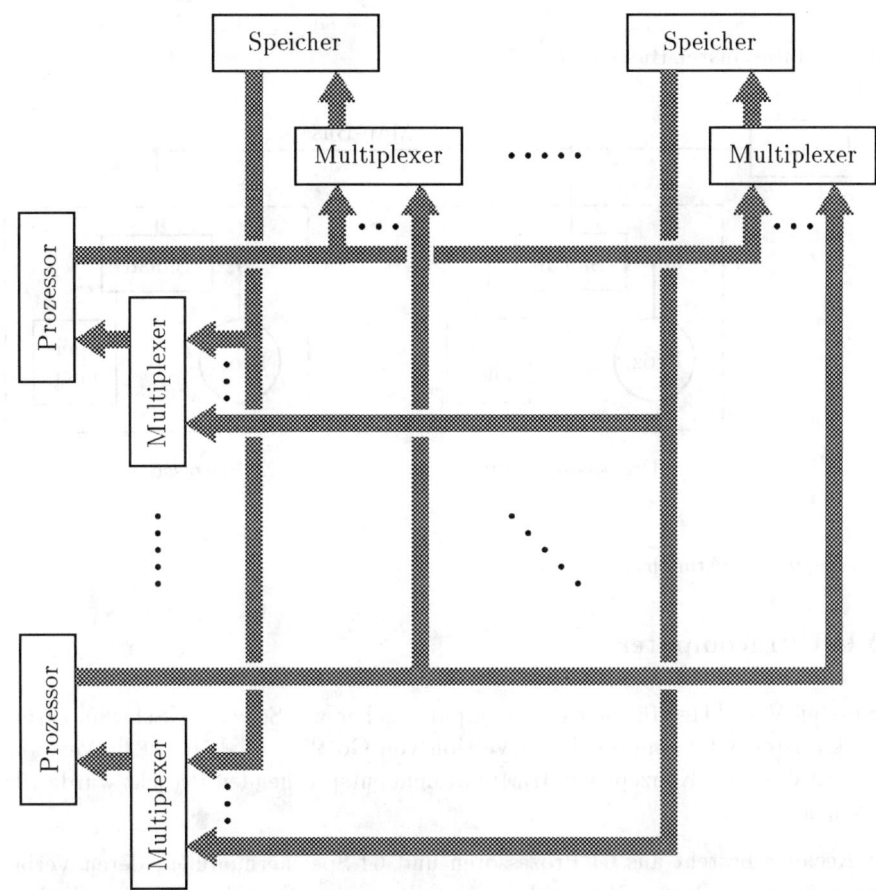

Abbildung 9.2: Aufbau des Kreuzschienenverteilers der C.mmp (siehe [HwB85]).

einen Prozessor und ein Speichermodul, die über eine Schaltereinheit miteinander verbunden sind. Diese Slocal-Einheit prüft bei jeder ankommenden Adresse, ob sie sich auf den lokalen Speicher bezieht. Ist das der Fall, wird der Speicherzugriff lokal durchgeführt. Ansonsten geht die Adresse an die clusterinterne Kmap-Einheit. Dort wird geprüft, ob sie sich auf den Speicher eines Prozessormoduls innerhalb des eigenen Clusters bezieht. Je nachdem, ob das Fall ist oder nicht, wird der Zugriff über den Map-Bus durchgeführt oder auf dem Umweg über einen Interclusterbus und eine andere Kmap-Einheit.

Diese hierarchische Organisation führte dazu, daß Speicherzugriffe je nach „Entfernung" 3, 9 oder 26 Mikrosekunden dauerten.

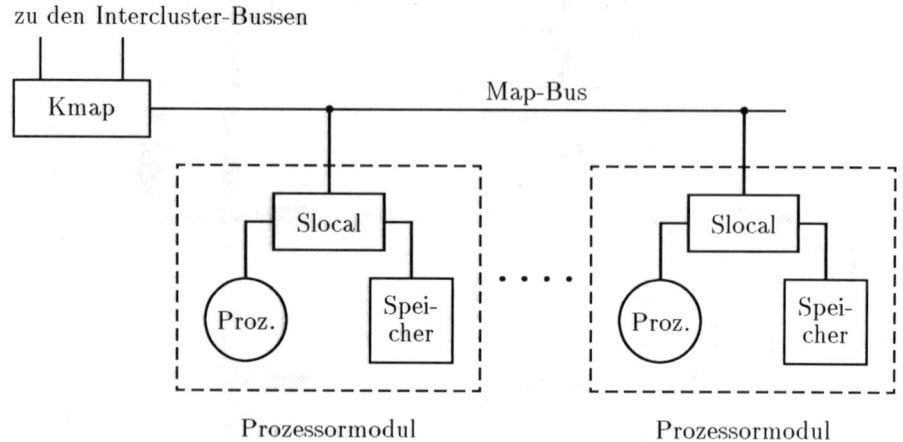

Abbildung 9.3: Struktur eines Clusters der Cm*.

NYU Ultracomputer

Die ersten Vorschläge für den Ultracomputer gehen auf Schwartz [Schw80] zurück. Wir skizzieren kurz eine revidierte Version von Gottlieb et al. [Got83]. Verwandt damit ist das RP3-Konzept von IBM; mit dem entsprechenden Projekt wurde 1985 begonnen.

Der Rechner besteht aus 64 Prozessoren und 64 Speichermodulen, deren Verbindungen über ein Omega-Netzwerk hergestellt werden. Für den kleineren Fall von $n = 8$ Einheiten ist das Netzwerk in Abbildung 9.4 dargestellt. Im allgemeinen besteht es aus $\frac{n}{2} \cdot \operatorname{ld} n$ Schaltereinheiten mit je zwei Eingängen und zwei Ausgängen, die „über Kreuz" oder „gerade" miteinander verbunden werden können. Numeriert man alle Ein- und Ausgänge jeder Spalte von oben nach unten von 0 bis $2^n - 1$ durch, so wird ein Ausgang mit Nummer i mit demjenigen Eingang verbunden, dessen Nummer sich durch zyklische Rotation der Dualzahldarstellung von i um eine Stelle nach rechts ergibt. Man kann sich überlegen, daß man zum Beispiel von jedem Eingang ganz links zu jedem Ausgang ganz rechts einen Weg schalten kann.

EGPA

Eine Architektur in Form von pyramidenförmig verknüpften Rechnern verkörpert EGPA (Erlangen General Purpose Array) (siehe z.B. [HHS76] und [HHHS84]).

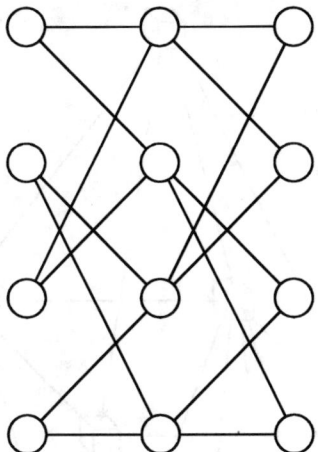

Abbildung 9.4: Ein Omega-Netzwerk mit $\frac{8}{2}\cdot$ld 8 Schaltereinheiten. Ein analoges größeres Netzwerk
verbindet beim NYU Ultracomputer die Prozessoren mit den Speichermodulen.

Eine etwa 1979 fertiggestellte Pilotversion, wie sie im oberen Teil von Abbildung
9.5 dargestellt ist, war aus fünf AEG 80/60–Rechnern aufgebaut.

Ein Prozessor (mit Speicher) an der Spitze der Pyramide hat Zugriff zu den Speichern der in der darunterliegenden Schicht befindlichen Rechner, die selbst auf
die Speicher der (in der Schicht) jeweils benachbarten beiden Rechner zugreifen
können. Die Skalierbarkeit (in gewissen Sprüngen) ist durch die Möglichkeit des
Hinzufügens weiterer Schichten gegeben, wobei dann noch zusätzliche Verbindungen vorgesehen sind. In der untersten Schicht erfolgt das eigentliche Bearbeiten von
Anwenderaufgaben, während die Rechner der darüberliegenden Schicht für die Ab-
laufüberwachung und den Datentransport zwischen Peripherie und „Arbeitsrech-
nern" zuständig sind. Um bei der Kommunikation zwischen den Schichten nicht auf
Abfragen beschränkt zu sein, wurde ein aktives Interprozessor–Kommunikations–
System, eine Interrupt–Kopplung, implementiert. Für gewisse Aufgabenklassen,
insbesondere für Matrixoperationen, wurden auf der Pilotpyramide Beschleuni-
gungen gegenüber einem Einzelrechner von 3 bis 4 erreicht.

Die Idee der pyramidenförmigen Anordnung wurde neuerdings bei der Konzeption
des „Aizu Supercomputers" [IM93] wieder aufgegriffen.

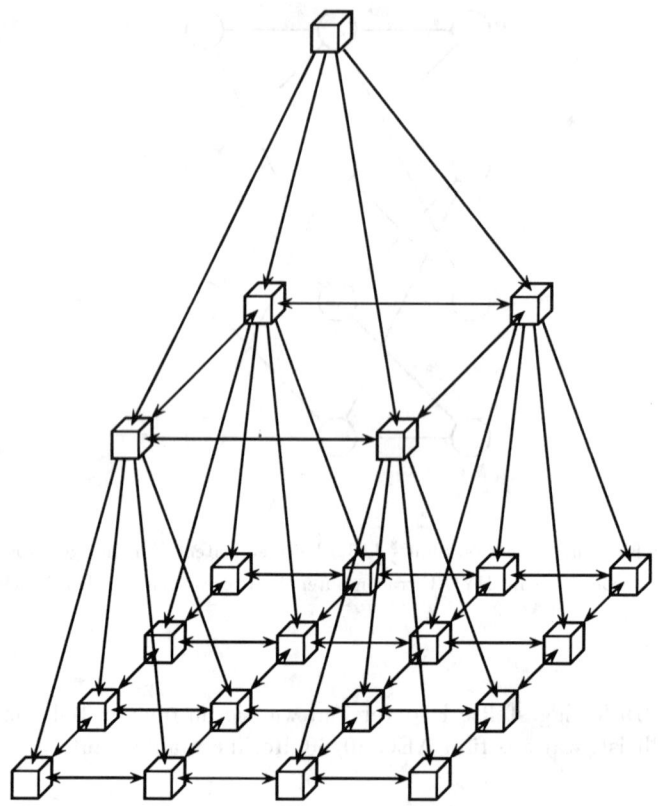

Abbildung 9.5: Die Struktur von EGPA. Jeder Würfel bedeutet einen Prozessor mit lokalem Speicher. Ein Pfeil von Würfel A zu Würfel B bedeutet, daß der Prozessor von A auf
den Speicher von B direkt zugreifen kann.

9.3   Nachrichtenkopplung

Wenn wir uns auch bezüglich taxonomischer Einordnungen sehr zurückhalten wollen, so kann doch zwischen zwei Prinzipien des Nachrichtenaustausches unterschieden werden, nämlich zwischen dem **asynchronen** und dem **synchronen**. Im ersten Fall schicken die Prozessoren Nachrichten ab, um deren weiteres Schicksal
sie sich nicht kümmern, sondern ihre Arbeit fortsetzen. Die Nachrichten werden in
einem Puffer abgelegt, aus dem sie der Empfänger entnehmen kann. Beim synchronen Nachrichtenaustausch kann ein Prozessor nur dann eine Nachricht übergeben,

wenn der angesprochene Prozessor empfangsbereit ist; man spricht hier auch vom **Rendezvous-Prinzip**. Damit wird auf einfache Weise eine Synchronisation vorgenommen.

Cosmic Cube

Der Cosmic Cube wurde am Caltech entwickelt und 1983 in Betrieb genommen. Bei den Knoten handelt es sich um 64 Prozessoren des Typs 8086, von denen jeder über 128 KByte privaten, d.h. nur von ihm zugreifbaren, Speicher verfügt. Die Prozessoren besitzen jeweils einen Sende- und einen Empfangsteil. Die Verbindungsstruktur ist die eines 6-dimensionalen Hyperwürfels.

Die Kommunikation erfolgt durch das Versenden von Nachrichten (mit einer Brutto-Rate von 2 MBit/s). Sie bestehen aus einem Kopfteil, der zum Beispiel die Zieladresse der Nachricht beinhaltet, und dem eigentlichen Datenteil. Auf allen Prozessoren arbeitet ein Betriebssystemkern, der unter anderem für das korrekte Weiterleiten ankommender Nachrichten sorgt. Unter ihm laufen auch die Benutzerprozesse, die die Absender und Empfänger von Nachrichten sind.

Intel iPSC

Als kommerzielle Weiterentwicklung des Cosmic Cube wurden von Intel 1985 das iPSC/1 System und Ende 1987 das iPSC/2 System produziert. In den maximal 128 Knoten werden dabei 80386 Prozessoren eingesetzt, die mit bis zu 16 MByte privatem Speicher ausgestattet sind.

Im Unterschied zum Cosmic Cube wird die Nachrichtenweiterleitung nicht mehr in Software vom Prozessor sondern von zusätzlicher Hardware, den sogenannten *direct connect routing modules* durchgeführt. Die maximale Übertragungsrate beträgt 2,8 MByte/s. Große Nachrichten werden (wie schon beim Cosmic Cube) in kleinere *Pakete* zerlegt, die nach der Strategie des *wormhole routing* übertragen werden, wobei der „Kopf" der Nachricht den Weg in der Verbindungseinheit bestimmt.

Als Konsequenz benötigt man nach [Ung89] für die Übertragung einer Nachricht zwischen zwei Knoten mit Entfernung 7 in einem 7-dimensionalen Hyperwürfel nur 10 Prozent mehr Zeit als zwischen zwei unmittelbar benachbarten Knoten.

Suprenum

Mit dem Suprenum-System wird (nach EGPA) eine weitere Entwicklung eines Parallelrechners in Deutschland beschrieben. An ihr waren von 1985–1990 neben der GMD u.a. eine Reihe von Universitätsinstituten beteiligt; leider führten sie nicht zu einem kommerziellen Erfolg. (Gründe dafür und die Geschichte des Projektes allgemein sind in [Tro94] zu finden.)

Eine sogenannte Suprenum-1 war 1990 als Prototyp fertiggestellt. In den darauffolgenden Jahren wurde die Busstruktur mehrfach geändert [McB94]; hier ist in Abbildung 9.6 die aus [Gil94] wiedergegeben. Die torusförmig angeordneten Cluster sind durch Busse verknüpft, die eine Übertragungsrate von 12,5 MByte/s erlauben. Jeder Cluster enthält 16 Prozessoren, zwei Kommunikationsknoten, ein Interface für den Anschluß von bis zu vier Platten und einen Diagnoseknoten. Der Nachrichtenaustausch innerhalb der Cluster erfolgt ebenfalls über (zwei) Busse. Bei gleichzeitiger Kommunikation aller Knoten des Clusters wird noch eine Übertragungsrate von 40 MByte/s pro Bus erreicht.

Die Prozessoren selbst setzen sich aus drei Einheiten zusammen:

- einer CPU, die auf einem Motorola MC68020-Prozessor basiert und der noch ein Coprozessor beigefügt ist,
- einem Pipelinerechner vom Typ Weitek WTL 2264/2265 und
- einer Kommunikationseinheit.

In dieser Auslegung erreicht Suprenum eine theoretische Höchstleistung von 5 GFlops und war damit nach [Gil94] „die leistungsfähigste MIMD-Architektur der 'ersten Generation'".

Neben der Geschwindigkeit wurde der Fehlertoleranz in Suprenum ein hoher Wert beigemessen, wozu u.a. folgende Systemmerkmale beitrugen: In den einzelnen Clustern werden Selbsttestprozeduren eingesetzt, und der Zustand des Clusters wird vom Diagnoseknoten regelmäßig dem zentralen Diagnoserechner mitgeteilt. Die Busse zwischen den Clustern sind so ausgelegt, daß auch beim Ausfall einzelner im allgemeinen noch eine Verbindung über andere aufrechterhalten werden kann. Hier spielt auch die Zweifachauslegung des Kommunikationsknotens in jedem Cluster eine Rolle.

Parsytec SuperCluster

Die folgende Darstellung ist etwas breiter gehalten als viele vorangehenden, da für die meisten wohl am ehesten die Chance besteht, Zugriff zu einem solchen System zu erlangen. Aus Transputern aufgebaute Rechner sind nämlich an deutschen Universitäten recht verbreitet, ja man kann mit B. Monien sagen, daß durch sie Parallelverarbeitung im akademischen Bereich populär wurde. Mit dazu beigetragen hat sicherlich auch die Programmiersprache Occam, deren Entwicklung zu der der Hardware parallel lief, so daß eine gegenseitige Beeinflussung stattfand. In Occam sind Konzepte aus CSP von Hoare verwirklicht. Die Parallelausführung

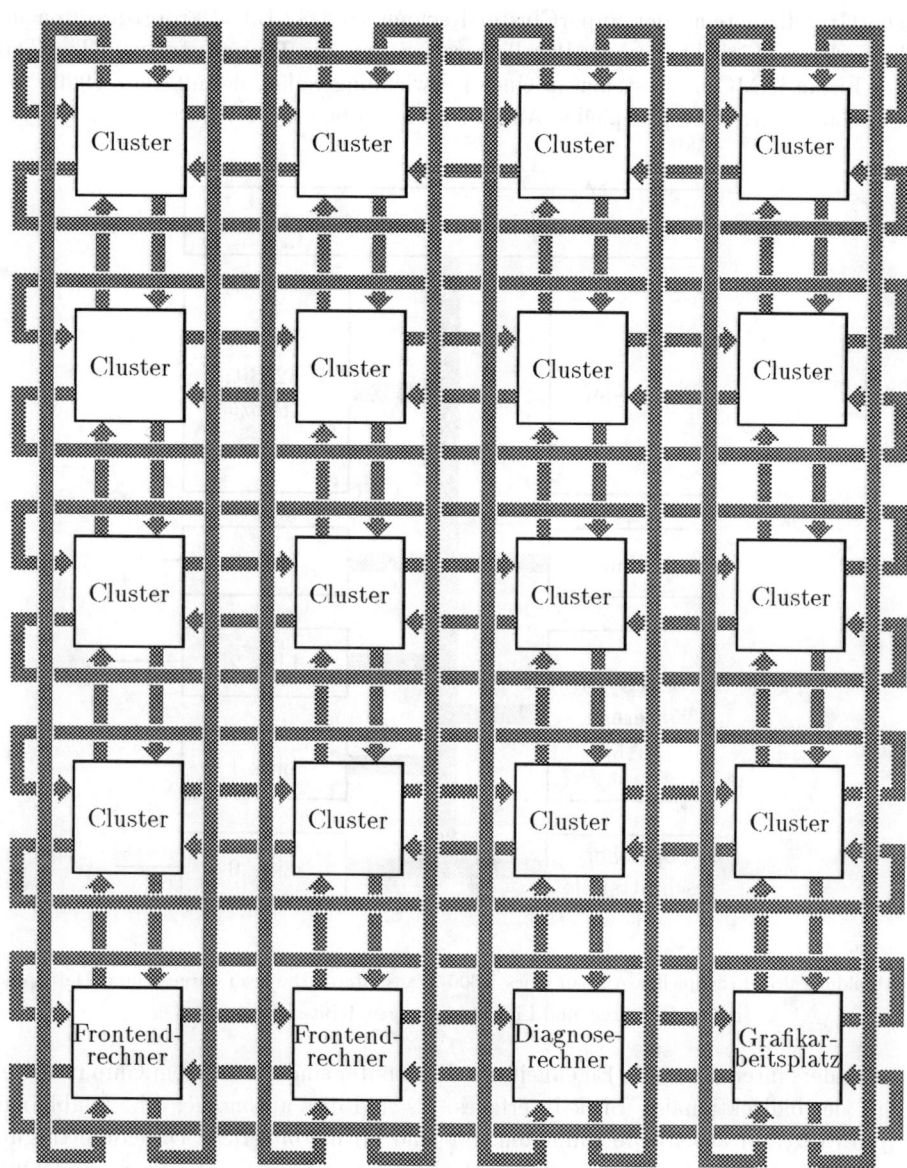

Abbildung 9.6: Schema der Verbindungsstruktur von Suprenum.

sogenannter Prozesse und deren Kommunikation läßt sich darin auf elegante Weise erreichen.

Die Grundbausteine der SuperCluster-Rechner sind 32-Bit-Mikroprozessoren mit besonderen Möglichkeiten der Parallelverarbeitung, die **Transputer** vom Typ T800 der Firma INMOS. Sie stehen in einer Entwicklungsreihe, die mit dem T9000 weitergeführt wird. Ihr prizipieller Aufbau ist in Abbildung 9.7 dargestellt. Die hier

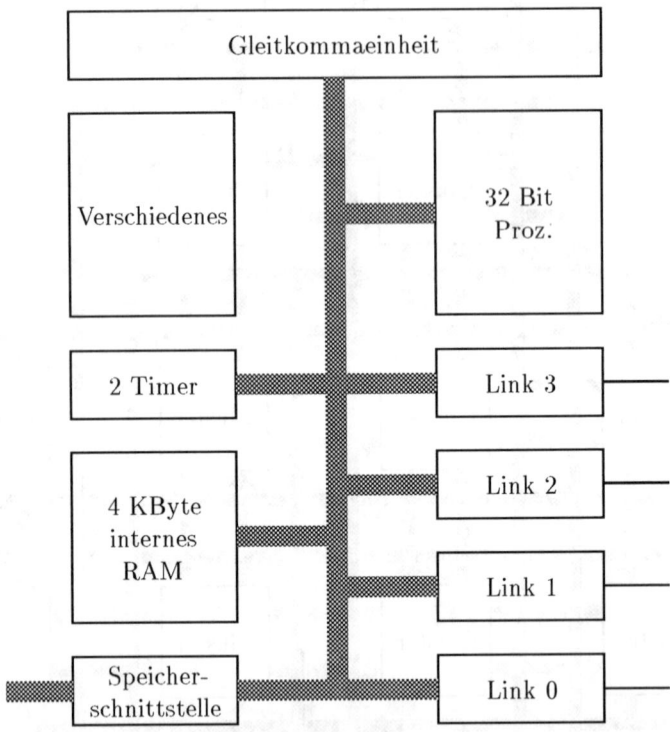

Abbildung 9.7: Prinzipieller Aufbau eines T800 Transputers. Die grau dargestellten Datenpfade sind 32 Bits breit und Linkverbindungen 1-Bit-seriell.

besonders interessierende Eigenheit der Transputer sind die auf dem Chip integrierten vier bidirektionalen **Link**-Interfaces. Es sind dies autonome, d.h. unabhängig vom Prozessor arbeitende Einheiten. Sie sind für die bitserielle Datenübertragung mit nominell 20 MBit/s ausgelegt. Berücksichtigt man Start-, Stop- und Quittierungsbits, bleibt eine maximale Rate von ca. 1,8 MByte/s je Richtung für die Nutzdaten.

Zwei Transputer (oder auch zwei Interfaces eines Transputers) können durch einen aus zwei Drähten bestehenden Link miteinander verbunden werden. Eine Übertragung kommt erst dann zustande, wenn

1. die CPU auf der Senderseite ein Linkinterface aufgefordert hat, eine gewisse Anzahl Bytes ab einer bestimmten Adresse aus dem Speicher (zu lesen und) zu übertragen und

2. die CPU auf der Empfängerseite das korrespondierende Linkinterface aufgefordert hat, eine gewisse Anzahl Bytes zu empfangen und ab einer bestimmten Adresse im Speicher abzulegen.

Da die Bereitschaft beider Übertragungsenden zum Datenaustausch vorhanden sein muß, spricht man – wie bereits erwähnt – vom Rendezvous-Prinzip. Das Bemerkenswerte bei den Transputern besteht darin, daß die eigentliche Übertragung der Daten von Linkinterfaces autonom, d.h. ohne Mitwirkung der CPU nebenläufig durchgeführt wird.

Die CPU ist – wie bereits oben erwähnt – ein 32-Bit-RISC-Prozessor. Daneben enthält der T800 eine 64-Bit-Gleitkommaeinheit und einen schnellen 4 KByte-Speicher. Außerdem befinden sich auf dem Chip zwei interne Uhren, eine Einheit zur Abwicklung externer Ereignisse und eine Schnittstelle zum Anschluß von externem Speicher. Alle diese Einheiten sind über einen 32-Bit-Bus miteinander verbunden. In der Abbildung 9.7 sind noch Systemeinheiten, u.a. zum Rücksetzen und Laden, aufgeführt. Angemerkt sei außerdem noch, daß auch die Gleitkommaeinheit unabhängig vom Prozessor arbeitet.

Diese Struktur – insbesondere die Unabhängigkeit der Kommunikationseinrichtungen – macht den Transputer zu einem sehr geeigneten Grundbaustein von Multiprozessorsystemen mit verteiltem Speicher. Innerhalb der durch die Anzahl der vier Links gegebenen Möglichkeiten lassen sich beliebige Topologien verwirklichen, so z.B. auch eine zweidimensionale Gitterstruktur nach dem H_1-Raster. Die Verbindungen zwischen den Prozessoren können entweder fest sein oder über einen elektronisch konfigurierbaren Kreuzschienenverteiler vorgenommen werden; durch ihn sind Verbindungen zwischen 32 Ein- und Ausgängen realisierbar.

Ein Parsytec SuperCluster 64 besteht aus vier sogenannten *Computingclustern*. Ein Computingcluster beinhaltet eine sogenannte NCU. Dabei handelt es sich um einen elektronischen konfigurierbaren **Kreuzschienenverteiler** der Größe 96×96. An die NCU sind 16 Transputer mit ihren 64 Links angeschlossen. Bei jedem der vier Computingcluster sind also zunächst noch 32 Anschlüsse frei verfügbar. Über jeweils 16 sind sie mit zwei zusätzlichen NCUs verbunden, so daß sich insgesamt die Struktur aus Abbildung 9.8 ergibt.

Über die Kreuzschienenverteiler kann jeweils (in gewissen Grenzen) die Rechnertopologie dem zu bearbeitenden Problem angepaßt werden. Allerdings bezahlt man für diese Flexibilität mit einer deutlich verringerten Übertragungsrate über die Links.

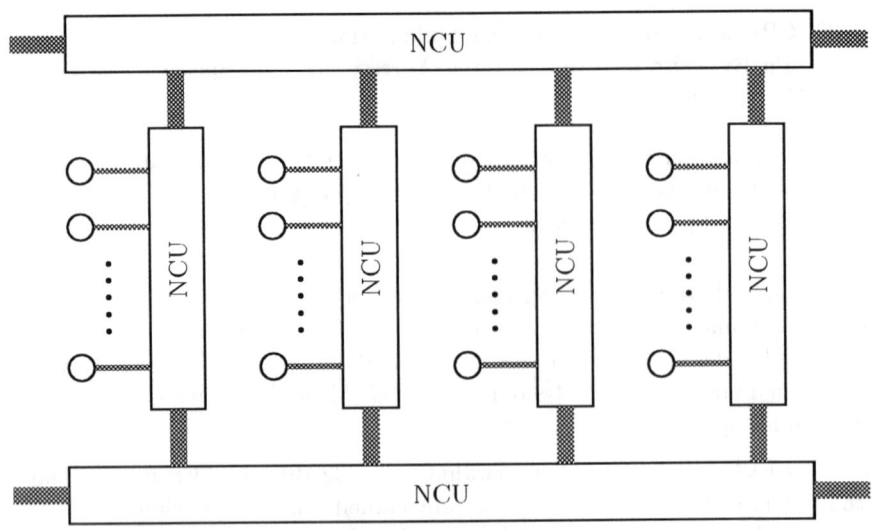

Abbildung 9.8: Die Struktur eines SuperCluster 64. Die breiten Datenpfade bestehen aus 16 Links,
während die schmalen jeweils die vier Links sind, die einen Transputer mit einer
NCU verbinden.

Zusammenfassung

Schematisch kann man den Unterschied zwischen speichergekoppelten und nachrichtengekoppelten Systemen nach Ungerer [Ung89] gemäß Abbildung 9.9 darstellen.

Wie wir oben gesehen haben, sieht die Realität des öfteren anders aus. Bezüglich der Speicheraufteilung muß man folgende drei Fragen beachten:

1. Gibt es nur einen gemeinsamen Speicher oder haben die Prozessoren auch noch privaten?

2. Von wievielen Prozessoren sind gemeinsame Speichermodule adressierbar? Von allen, jeweils nur von zweien, ...?

3. Sind gemeinsame Speichermodule von allen angeschlossenen Prozessoren gleich schnell zugreifbar?

Beim C.mmp ist die letzte Frage positiv zu beantworten, während bei der Cm* die Speichermodule auch von allen Prozessoren zugreifbar sind, jedoch unterschiedliche Zeiten auftreten, da jedes Speichermodul lokal zu einem Prozessor ist. In EGPA ist der Zugriff zu den den Prozessoren zugeordneten Speichern jeweils nur von einigen

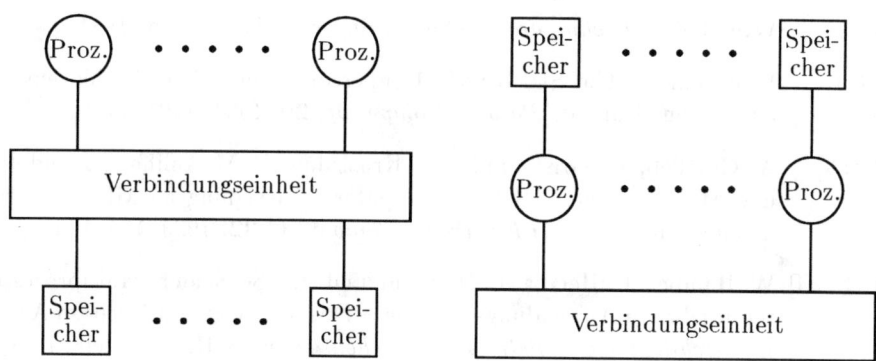

Abbildung 9.9: Schemata von speichergekoppelten (links) und nachrichtengekoppelten (rechts) Systemen (nach [Ung89]).

Prozessoren möglich. Auch die im obigen Schema skizzierten Verbindungseinheiten können sehr unterschiedlicher Art sein.

Wie bereits in Abschnitt 9.1 erwähnt, kann man unter anderem nach dynamischen und statischen Verbindungseinheiten unterscheiden, eine Einteilung, die nichts mit der in speichergekoppelte und nachrichtengekoppelte zu tun hat. Der mehrfach erwähnte Kreuzschienenverteiler wurde in Systemen von beiderlei Typ eingesetzt, wobei er im Parsytec SuperCluster üblicherweise als statisch eingestuft wird, da er in ihm nur zu Beginn einer Berechnung konfiguriert wird, während er prinzipiell – so auch in der C.mmp – dynamisch geschaltet werden kann. Busse findet man ebenfalls häufig in Systemen, in Cm* und in Suprenum in zwei Hierarchiestufen. Als typisches Beispiel für eine dynamische Verbindungseinheit kann das Omega-Netzwerk des NYU Ultracomputers angesehen werden, während Hyperwürfel wiederum als statische Einheiten aufzufassen sind.

Verbindungsstrukturen bilden – wie bereits oben erwähnt – die Grundlage für zahlreiche Klassifikationsversuche von Rechnersystemen und werden deshalb auch ausführlich in der Literatur behandelt (siehe z.B. [Ung89]).

Literaturverzeichnis

[AG94]   G.S. Almasi und A. Gottlieb. *Highly Parallel Computing*. Benjamin/Cummings Publ. Co., zweite Auflage, 1994.

[Bem92]   Th. Bemmerl. *Programmierung skalierbarer Multiprozessoren.* BI Wissenschaftsverlag, Mannheim, 1992.

[Gil81]   W.K. Giloi. *Rechnerarchitektur.* Springer-Verlag, Berlin, 1981.

[Gil94]   W.K. Giloi. The SUPRENUM supercomputer: Goals, achievements and lessons learned. *Parallel Computing,* **20**, 1994, 1407–1425.

[Got83]   A. Gottlieb, R. Grishman, C.P. Kruskal, K.P. McAuliffe, L. Rudolph und M. Snir. The NYU ultracomputer — designing an MIMD shared memory computer. *IEEE Trans. Comput.,* **C-32**, 1983, 175–189.

[HHHS84] W. Händler, U. Herzog, F. Hofmann und H.J. Schneider. Multiprozessoren für breite Anwendungsbereiche – Erlangen General Purpose Array. In: *Architektur und Betrieb von Rechensystemen* (H. Wettstein, Hrsg.), Band 78 aus der Reihe *IFB*, 195–208. Springer-Verlag, Berlin, 1984.

[HHS76]   W. Händler, F. Hofmann und H.J. Schneider. A general purpose array with a broad spectrum of applications. In: *Computer Architecture* (W. Händler, Hrsg.), Band 4 aus der Reihe *IFB*, 311–335. Springer-Verlag, Berlin, 1976.

[Hoc87]   R.W. Hockney. Classification and evaluation of parallel computer systems. In: *Parallel Computing in Science and Engineering* (R. Dierstein, D. Müller-Wichards und H.-M. Wacker, Hrsg.). Springer-Verlag, 1987.

[HoJ88]   R.W. Hockney und C.R. Jesshope. *Parallel Computers 2.* IOP Publishing Ltd., Bristol, 1988.

[HwB85]   K. Hwang und F.A. Briggs. *Computer Architecture and Parallel Processing.* McGraw-Hill Inc., Singapur, 1985.

[IM93]   T. Ikedo und N. Mirenkov. *Aizu Supercomputer: A Reality Problem Engine.* Technical Report 93-2/1-016, Universität Aizu, Aizu-Wakamatsu City, 1993.

[McB94]   O.A. McBryan. SUPRENUM: Perspectives and performance. *Parallel Computing,* **20**, 1994, 1427–1442.

[San93]   P. Sanders. *Suchalgorithmen auf SIMD-Rechnern — Weitere Ergebnisse zu Polyautomaten.* Diplomarbeit, Universität Karlsruhe, 1993.

[Schw80] J.T. Schwartz. Ultracomputers. *ACM Trans. Prog. Lang. Syst.,* **2**, 1980, 484–521.

[Tro94]   U. Trottenberg. Some remarks on the SUPRENUM project. *Parallel Computing,* **20**, 1994, 1397–1406.

[TW91]   G. Trew und A. Wilson. *Past, Present, Parallel: A Survey of Available Parallel Computing Systems.* Springer-Verlag, London, 1991.

[Uhr84]   L. Uhr. *Algorithm-Structured Computer Arrays and Networks.* Academic Press, 1984.

[Ung89]   T. Ungerer. *Innovative Rechnerarchitekturen — Bestandsaufnahme, Trends, Möglichkeiten.* McGraw-Hill Inc., Hamburg, 1989.

10 Pipelinerechner

Überblick

Dieses Kapitel verlangt zunächst eine Erklärung zur Namensgebung: Nach [Qui88] ist ein Vektorrechner ein Computer mit einer Befehlsmenge, die sowohl Operationen mit Vektoren als auch mit Skalaren zuläßt. Danach gibt es zwei Wege zur Konstruktion solcher Rechner, nämlich den des arrayförmigen Aufbaus, in dem dann jedes Vektorelement von einem eigenen Prozessor bearbeitet wird und den des Durchlaufens der Vektorelemente durch eine Prozessor-Pipeline. Letztere heißen bei Quinn „pipelined vector processors". Über einige von ihnen wird in diesem Kapitel etwas gesagt werden. Die Bezeichnung „Vektorrechner" wird vermieden, weil sie – da ein „Vektor" *eine* Einheit verkörpert – eine gleichzeitige Verarbeitung eines eindimensionalen Feldes suggeriert, die in den von uns als Pipelinerechner bezeichneten Maschinen nicht gegeben ist.

Im Anschluß an einige prizipielle Bemerkungen gehen wir auf einen Rechner der Cray-Serie ein. Über andere Pipelinerechner wie etwa die der Cyber-Familie von Control Data, SX 10 von NEC, die VP-Serie von Fujitsu usw. findet man Informationen in zahlreichen Büchern, von denen hier explizit die von Giloi [Gil81], Hockney und Jesshope [HoJ88], Hwang und Briggs [HwB85], Trew und Wilson [TW91] und Ungerer [Ung89] genannt seien.

10.1 Prinzipielle Bemerkungen zum Pipelining

Die Ausführungen in Kapitel 6 haben wohl deutlich gemacht, welche Vorteile aus theoretischer Sicht eine Pipelineverarbeitung mit sich bringt. Da wir dort aber von idealisierten Annahmen ausgingen – gleiche Länge der Eingaben, gleiche Verarbeitungszeit für jeden „Schritt" – soll hier kurz diskutiert werden, in welcher Art und für welche Aufgaben von dieser Vorgehensweise Gebrauch gemacht werden kann.

Ist eine bestimmte Befehlsfolge auf zahlreiche, voneinander unabhängige Elemente (z.B. eines Vektors) anzuwenden, so kann man dies überlappend tun, wenn man z.B. für jeden Befehl der Folge eine eigene Bearbeitungseinheit vorsieht. Es ist unmittelbar einsichtig, daß bei der Verarbeitung *eines* Elementes kein Zeitgewinn erzielt wird, wohl aber die Gesamtbearbeitungszeit in Abhängigkeit von der Anzahl der Bearbeitungsstationen und von der Länge des Vektors gekürzt wird. Nach einer sogenannten **Anlauf-** oder **Rüstzeit** wird jeweils nach einer Zeit, die gleich dem Maximum der Operationszeiten der einzelnen Stationen ist, ein Ergebnis vorliegen. Diese Größe wird auch als **Pipelineperiode** bezeichnet. Sie bestimmt auch den Abstand, in dem die zu bearbeitenden Elemente eingegeben werden können. In der Realität sind die Verhältnisse häufig etwas komplizierter, weil z.B. die Bearbeitungszeit vom Wert des betroffenen Elements abhängt. Dies muß dann durch geeignete Maßnahmen ausgeglichen werden.

Im folgenden soll nochmals kurz auf einfache Beispiele für Pipelining eingegangen werden, wobei zunächst auf die schon in Kapitel 6 erwähnte Multiplikation von Gleitkommazahlen hingewiesen sei.

Typisch für Pipelineprozessoren ist der Aufbau von Bearbeitungseinheiten für (manche) arithmetischen und logischen Operationen in Form von Pipelines. Die Anzahl der Stufen hängt natürlich von der Operation ab und variiert bei den einzelnen Maschinen. So werden z.B. für die Gleitkomma-Addition in der Cray-1 6 Stufen vorgesehen, bei der Cyber 205 dagegen 26.

Um den Pipeline-Effekt nutzen zu können, müssen die zu verarbeitenden Zahlen entsprechend schnell nacheinander zur Verfügung stehen. Dies ist nicht möglich, wenn sie aus dem Hauptspeicher geladen werden müssen. In den Prozessoren sind daher viel schnellere sogenannte **Vektorregister** vorhanden, von denen jedes einen ganzen „Vektor" von zum Beispiel 64 Zahlen aufnehmen kann.

Um nicht im Falle kurzer Vektoren bzw. von einzelnen Werten, den sogenannten **Skalaren** den Preis einer höheren Verarbeitungszeit zahlen zu müssen, ist neben der Vektorarithmetik häufig auch noch eine skalare Arithmetikeinheit vorhanden.

Ein weiteres einfaches Beispiel ist das des Befehlsablaufes in einer CPU. Die Ausführung eines Maschinenbefehles vollzieht sich in mehreren Phasen, die man z.B. in der folgenden Weise unterscheiden kann:

1. Befehl holen

2. Befehl decodieren

3. Operanden holen

4. Befehl ausführen

5. Ergebnis abspeichern

Diese einzelnen Operationen können dann von verschiedenen Hardwareeinheiten im Pipelinemodus ausgeführt werden. Daß diese Darstellung stark vereinfacht ist, wird spätestens dann offensichtlich, wenn man sich die Problematik der Sprungbefehle klar macht.

Ein drittes Beispiel ergibt sich im Bereich der Nachrichtenübertragung: In Prozessornetzen müssen Datenmengen von einem Start- zu einem Zielknoten mitunter über mehrere Zwischenstationen übertragen werden. Hier können die Leitungen zwischen benachbarten Prozessoren als Bearbeitungsstationen modelliert werden. Es ist dann möglich, die zu übertragenden Informationen in mehr oder weniger viele Datenpakete zu zerlegen. Die Größe der Pakete legt die Pipelineperiode fest. Bei der bisherigen einfachen Sicht bedeuten viele kleine Pakete, daß die Übertragung schneller ist. In der Praxis fällt aber in jedem Knoten für jedes Paket Verwaltungsarbeit an, weshalb man deren Zahl nicht beliebig ohne Zeitverlust vergrößern kann.

Schließlich kann auch eine Form der Speicherorganisation, von der gerade in Pipelinerechnern häufig Gebrauch gemacht wird, unter dem Aspekt der Pipelineverarbeitung gesehen werden: Eine Aufteilung des Speichers in verschiedene „Bänke" erlaubt eine im Mittel kürzere Zugriffszeit, wenn sich mehrere aufeinanderfolgende Adressen auf jeweils unterschiedliche Speicherbänke beziehen.

10.2   Cray-1

Die Cray-Rechner setzten mit ihrer ersten Auslieferung (1976) einen Maßstab auf dem Gebiet des „number crunching". Ihre Leistungsfähigkeit verdanken sie sowohl ihren Architekturmerkmalen als auch dem Einsatz einer hochentwickelten Technik. Sie repräsentieren die bekanntesten und wohl am weitesten verbreitete Art von „großen" Pipelinerechnern. Im folgenden soll der erste Rechner dieser Serie, die Cray-1, näher beschrieben werden, da an ihm exemplarisch die Struktur solcher Rechner dargelegt werden kann.

Die Cray-1 wird mit einem Front-End-Rechner betrieben, der die Systemverwaltung übernimmt. In Abbildung 10.1 ist weder dieser Rechner noch die Ein- und Ausgabe skizziert, wie sie überhaupt als sehr vereinfachte Darstellung zu verstehen ist. Das Herzstück der Cray-1 wird von den 12 Funktionseinheiten gebildet, die voneinander unabhängig und im Pipelinemodus arbeiten. Ein Charakteristikum dieser Einheiten besteht darin, daß sie Daten nur aus Registern beziehen und Ergebnisse auch nur in Register übermitteln. Der damit ermöglichte Geschwindigkeitsgewinn ist umso bedeutsamer, als die Bandbreite der Speicher-Register-Verbindungen relativ niedrig ist, nämlich 80 MWörter/s, obwohl der 1 MWörter (zu 64 Bits) umfassende Speicher in 16 Bänke aufgeteilt ist. Das Ausnutzen der (noch) in Registern vorhandenen Operanden setzt eine sorgfältige Programmierung voraus. Die Befehlspuffer

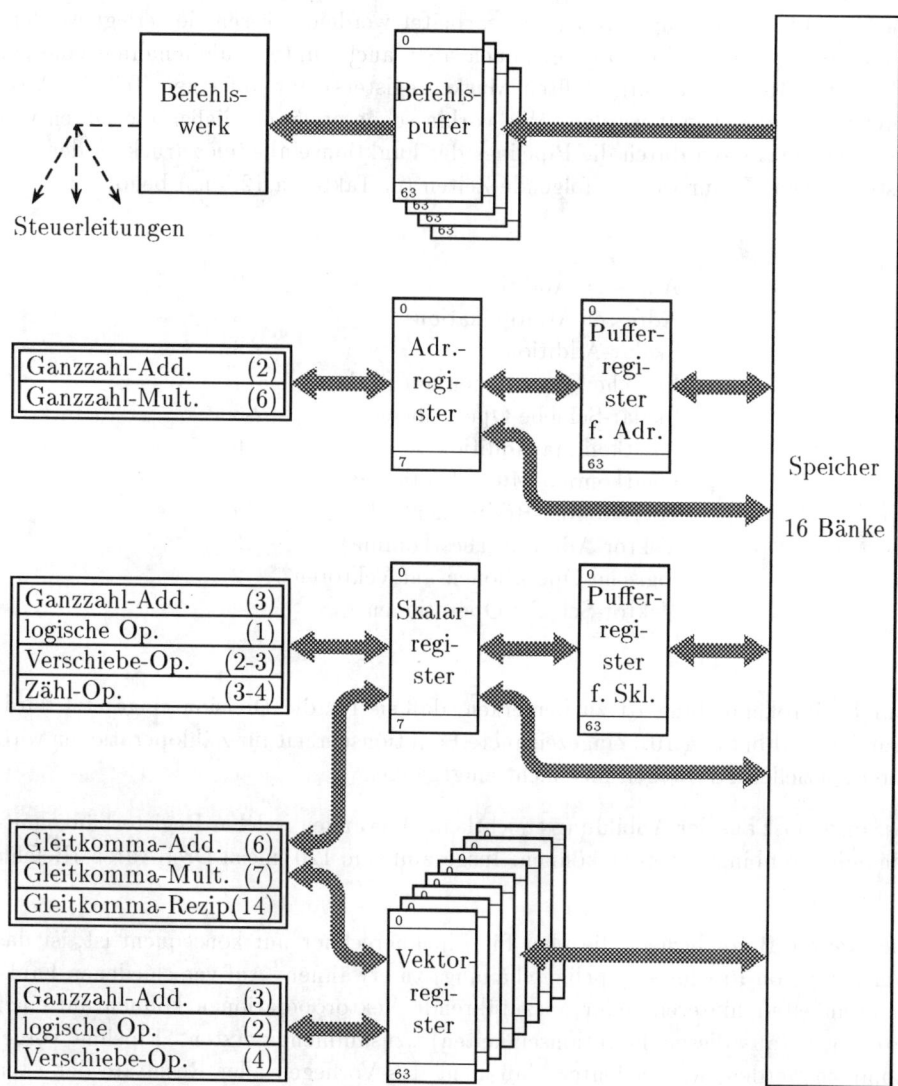

Abbildung 10.1: Grobstruktur einer Cray-1. Die Zahlen in den 12 Funktionseinheiten geben (nach
[AG94]) die Anzahl der Pipelinestationen an, die jeweils eine Taktzeit von 12,5
ns besitzen.

können über eine eigene Schnittstelle Daten mit einer Übertragungsgeschwindigkeit
von 320 MWörtern/s aus dem Speicher lesen.

Die Cray-1 enthält 8 Vektorregister mit je 64 Komponenten (zu 64 Bits). Sollen Vektoren einer Länge größer 64 bearbeitet werden, müssen sie zerlegt werden. Andererseits können Vektoroperationen aber auch (unter Zuhilfenahme eines in Abbildung 10.1 nicht dargestellten Maskenregisters) nur auf einen Teil der Vektorelemente angewandt werden. Wie vorhin schon erwähnt, fließen die Daten von den Registerblöcken durch die Pipelines der Funktionseinheiten zurück zu den Registerblöcken. Dafür werden folgende Zeiten (in Takten à 12,5 ns) benötigt:

Adressen-Addition	2
Adressen-Multiplikation	6
Skalar-Addition	3
logische Operationen auf Skalaren	1
Skalar-Schiebe-Operationen	2-3
Gleitkomma-Addition	6
Gleitkomma-Multiplikation	7
Gleitkomma-Reziprokenbildung	14
Vektor-Addition (Festkomma)	3
logische Operationen auf Vektoren	2
Vektor-Schiebe-Operationen	4

Zur Reziprokenbildung ist zu bemerken, daß sie für die Division eingesetzt wird. Auf die in Abbildung 10.1 eingezeichnete Funktionseinheit für Zähloperationen wird ihrer speziellen Art wegen hier nicht eingegangen.

Ansonsten ist aus der Abbildung ersichtlich, Operanden welcher Registerbänke miteinander kombiniert werden können. Insgesamt sind 120 (meist Drei-Adreß-)Befehle vorhanden.

Als weitere Besonderheit, die aber für Pipelinerechner nur konsequent ist, ist das Verketten von Pipelines (pipeline chaining) zu erwähnen: Auf verschiedenen Funktionseinheiten hintereinander auszuführende Vektoroperationen können auf einer sozusagen (aus diesen Funktionseinheiten) „zusammengesetzten" Pipeline vorgenommen werden, was bedeutet, daß nicht das Vorliegen aller Resultate der i-ten Vektoroperation abgewartet werden muß, sondern die $(i+1)$-te Operation unmittelbar nach dem Fertigwerden des ersten Teilergebnisses starten kann. Das dadurch erreichbare Zeitverhalten ist in Abbildung 10.2 dem der strikten Hintereinanderausführung gegenübergestellt.

Abschließend sei noch angemerkt, daß im weiteren Verlauf der Serie Prozessoren der gerade beschriebenen Art als Bausteine für Multiprozessorsysteme verwandt wurden.

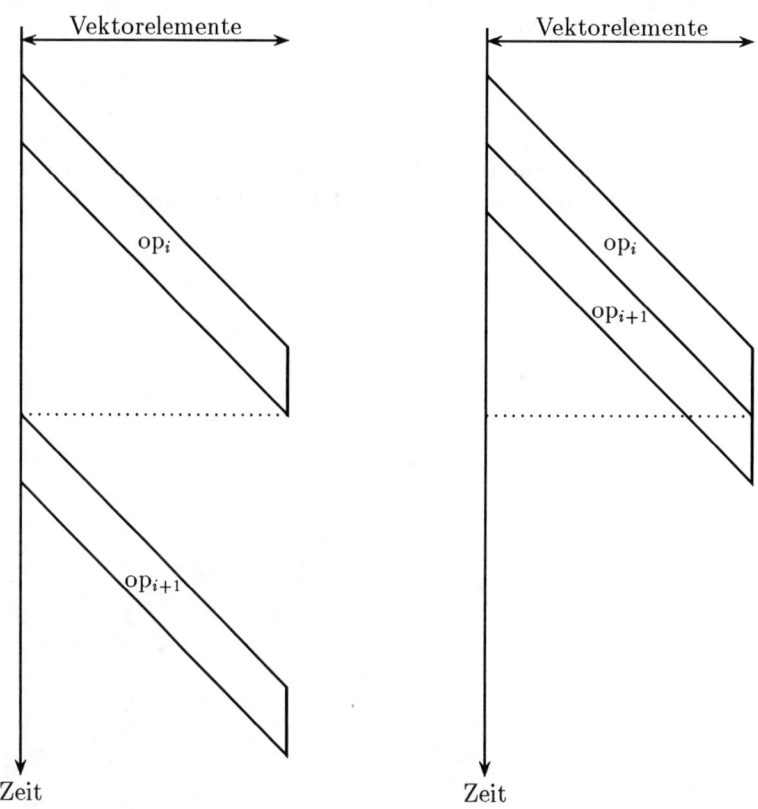

Abbildung 10.2: Zeitverlauf zweier Vektoroperationen ohne Verkettung der Pipelines (links) und
mit Verkettung (rechts).

Literaturverzeichnis

[AG94]   G.S. Almasi und A. Gottlieb. *Highly Parallel Computing.* Benja-
         min/Cummings Publ. Co., zweite Auflage, 1994.

[Gil81] W.K. Giloi. *Rechnerarchitektur.* Springer-Verlag, Berlin, 1981.

[HoJ88] R.W. Hockney und C.R. Jesshope. *Parallel Computers 2.* IOP Publishing
         Ltd., Bristol, 1988.

[HwB85] K. Hwang und F.A. Briggs. *Computer Architecture and Parallel Proces-
         sing.* McGraw-Hill Inc., Singapur, 1985.

[Qui88]   M.J. Quinn. *Designing Efficient Algorithms for Parallel Computers.* Mc-
          Graw Hill, New York, zweite Auflage, 1988.

[TW91]   G. Trew und A. Wilson. *Past, Present, Parallel: A Survey of Available
          Parallel Computing Systems.* Springer-Verlag, London, 1991.

[Ung89]   T. Ungerer. *Innovative Rechnerarchitekturen — Bestandsaufnahme,
          Trends, Möglichkeiten.* McGraw-Hill Inc., Hamburg, 1989.

A Einige allgemeine Definitionen und Schreibweisen

A.1 Definition

Mit $\mathbb{B}$ bezeichnen wir die Menge $\{0, 1\}$. Auf $\mathbb{B}$ sind die einstellige Operation $\neg$ und die zweistelligen Operationen $\wedge$ und $\vee$ definiert, deren Werteverlauf man der folgenden Tabelle entnehmen kann:

x	y	$\neg x$	$x \wedge y$	$x \vee y$
0	0	1	0	0
0	1	1	0	1
1	0	0	0	1
1	1	0	1	1

A.2 Definition

Mit $\mathbb{N}_0$ bezeichnen wir die Menge der natürlichen Zahlen einschließlich Null. Die Menge der ganzen Zahlen bezeichnen wir wie üblich mit $\mathbb{Z}$, die der rationalen mit $\mathbb{Q}$ und die der reellen mit $\mathbb{R}$. Für die jeweiligen Teilmengen der echt positiven Zahlen schreiben wir $\mathbb{N}_+$, $\mathbb{R}_+$ usw.

Für ein endliches Anfangsstück $\{1, 2, \ldots, k\}$ von $\mathbb{N}_+$ schreiben wir auch $\mathbb{N}_k$.

A.3 Definition

*Ist M irgendeine Menge und $T \subseteq M$, so heißt die Abbildung $c_T : M \to \mathbb{B}$ mit $c_T(m) = 1 \iff m \in T$ die **charakteristische Funktion** von T.*

A.4 Vereinbarung

Prinzipiell sind alle Funktionen, die reelle Zahlen als Werte annehmen, so definiert, daß sie auf ihrem Definitionsbereich positiv sind, und dementsprechend ist als Zielmenge stets $\mathbb{R}_+$ angegeben. (Dies tun wir auch dann, wenn eine Abbildung zum Beispiel nur ganzzahlige Werte liefern kann. Dies sollte zu keinen Verwirrungen Anlaß geben.)

Zum Beispiel bezeichnen wir mit $\mathrm{id}_\mathbb{N}$ die kanonische Injektion

$$\mathrm{id}_\mathbb{N} : \mathbb{N}_+ \to \mathbb{R}_+$$
$$n \mapsto n$$

A.5 Definition
Die Potenzmenge einer Menge M bezeichnen wir mit $\mathfrak{P}(M)$.

A.6 Definition
Den Logarithmus zur Basis 2 bezeichnen wir mit ld. *Da sich die Logarithmen des gleichen Wertes zu unterschiedlichen Basen nur um einen konstanten Faktor unterscheiden und wir uns des öfteren nur für größenordnungsmäßiges Wachstum interessieren, schreiben wir häufig nur* log, *ohne auf ein bestimmte Basis Bezug zu nehmen.*

A.7 Definition
In diesem Buch werden zwei Arten von „Potenzen" einer Funktion f benötigt. Ist f von der Form $f : M \to \mathbb{R}_+$, so definieren wir für $r \in \mathbb{R}_+$ die Funktion

$$
\begin{aligned}
f^r : M &\to \mathbb{R}_+ \\
m &\mapsto (f(m))^r .
\end{aligned}
$$

Kann andererseits eine Funktion $f : M \to M$ auf ihre eigenen Funktionswerte angewendet werden, so sei für alle $k \in \mathbb{N}_0$ festgelegt:

$$
\begin{aligned}
{}^0 f : M &\to M \\
m &\mapsto m \\
{}^{k+1} f : M &\to M \\
m &\mapsto f({}^k f(m))
\end{aligned}
$$

Für alle $n \geq 3$ gilt dann zum Beispiel: ${}^2 \mathrm{ld}\, n < \mathrm{ld}\, n < \mathrm{ld}^2 n$.

A.8 Definition
Mit Hilfe des Logarithmus zur Basis zwei wird noch die folgende sehr langsam wachsende Funktion definiert:

$$
\begin{aligned}
\mathrm{ld}^* : \mathbb{N}_+ &\to \mathbb{N}_+ \\
n &\mapsto \min\{k \mid {}^k \mathrm{ld}(n) \leq 1\}
\end{aligned}
$$

A.9 Definition

Gelegentlich benutzen wir die „Landauschen Symbole". Wir beschränken uns dabei ausschließlich auf Funktionen von N_+ nach $\mathbb{R}_+$ und wollen für solche f die Mengen $O(f)$, $\Theta(f)$, $\Omega(f)$ und $o(f)$ wie folgt verstanden wissen:

$$O(f) \quad := \quad \{g : N_+ \to \mathbb{R}_+ \mid \exists\, c \in \mathbb{R}_+ \exists\, m \in N_+ \forall\, n > m : g(n) \leq cf(n)\}$$

$$\Theta(f) \quad := \quad \{g : N_+ \to \mathbb{R}_+ \mid \exists\, c, d \in \mathbb{R}_+ \exists\, m \in N_+ \forall\, n > m : d\,f(n) \leq g(n) \leq cf(n)\}$$

$$\Omega(f) \quad := \quad \{g : N_+ \to \mathbb{R}_+ \mid \forall\, c \in \mathbb{R}_+ \forall\, m \in N_+ \exists\, n > m : g(n) \geq cf(n)\}$$

$$o(f) \quad := \quad \{g : N_+ \to \mathbb{R}_+ \mid \forall\, c \in \mathbb{R}_+ \exists\, m \in N_+ \forall\, n > m : g(n) < cf(n)\}$$

A.10 Definition

Für jedes $f : N_+ \to \mathbb{R}$ sei

$$\mathrm{Pol}(f) \quad := \quad \bigcup_{k \in N_+} O(f^k)$$

$$\mathrm{Exp}(f) \quad := \quad \bigcup_{k \in N_+} O(k^f)$$

A.11 Definition

Die Komponenten eines n-Tupels x bezeichnen wir mit $x[1]$, $x[2]$, ... $x[n]$. Für jedes Wort $w \in A^+$ ist zum Beispiel $w = w[1]w[2]\cdots w[|w|]$.

A.12 Definition

*Für jedes $m \in N_+$ ist die m-**adische Zahldarstellung** wie folgt definiert: Jede nichtnegative ganze Zahl wird durch ein Wort über dem Alphabet $\{1, 2, \ldots, m\}$ repräsentiert. Das leere Wort stellt die 0 dar. Ein Wort $z_{k-1} \cdots z_1 z_0$ der Länge k stellt die Zahl $\sum_{i=0}^{k-1} z_i m^i$ dar.*

Zum Beispiel ist 121 die 2-adische Darstellung von $1 \cdot 2^2 + 2 \cdot 2^1 + 1 \cdot 2^0 = 9$. Gegenüber der normalen Dualzahldarstellung hat die 2-adische (genauer gesagt: haben alle m-adischen Darstellungen) den Vorteil, daß es für jede nichtnegative ganze Zahl *genau eine* Darstellung gibt.

B   Literaturverzeichnis

[AG94]   G.S. Almasi und A. Gottlieb. *Highly Parallel Computing.* Benjamin/Cummings Publ. Co., zweite Auflage, 1994.

[Bal67]   R.M. Balzer. An 8-state minimal time solution to the firing squad synchronization problem. *Information and Control*, **10**, 1967, 22–42.

[Bem92]   Th. Bemmerl. *Programmierung skalierbarer Multiprozessoren.* BI Wissenschaftsverlag, Mannheim, 1992.

[Bor77]   A. Borodin. On relating time and space to size and depth. *SIAM Journal Comput.*, **6**, 1977, 733–744.

[CGS84a]   K. Culik II, J. Gruska und A. Salomaa. Systolic trellis automata I. *International Journal of Computer Mathematics*, **15**, 1984, 195–212.

[CGS84b]   K. Culik II, J. Gruska und A. Salomaa. Systolic trellis automata II. *International Journal of Computer Mathematics*, **16**, 1984, 3–22.

[CGS86]   K. Culik II, J. Gruska und A. Salomaa. Systolic trellis automata: Stability, decidability and complexity. *Information and Control*, **71**, 1986, 218–230.

[ChC84]   C. Choffrut und K. Culik II. On real time cellular automata and trellis automata. *Acta Informatica*, **21**, 1984, 393–407.

[ChS76]   A.K. Chandra und L.J. Stockmeyer. Alternation. In: *Proc. 17th Annual IEE Symposium on FOCS*, 98–108. IEEE, 1976.

[CKP93]   D.E. Culler, R.M. Karp, D.A. Patterson, A. Sahay, K.E. Schauser, E. Santos, R. Subramonian und T. von Eicken. LogP: Towards a Realistic Model of Parallel Computation. In: *Proc. Fourth ACM SIGPLAN Symposium on Principles and Practice of Parallel Programming*, 1–12, 1993.

[CKS81]   A.K. Chandra, D.C. Kozen und L.J. Stockmeyer. Alternation. *Journal of the Association for Computing Machinery*, **28**, 1981, 114–133.

[Coo79]   S.A. Cook. Deterministic CFL's are accepted simultaneously in polyno-
           mial time and log square space. In: *Proc. 11th STOC*, 338–345, 1979.

[CSW84]   K. Culik II, A. Salomaa und D. Wood. Systolic tree acceptors (VLSI
           systolic trees as acceptors). *RAIRO Informatique théorique*, **18**, 1984,
           53–69.

[DyC80]   P.W. Dymond und S.A. Cook. Hardware complexity and parallel com-
           putation. In: *Proc. 21st Annual IEEE Symposium on FOCS*, 360–372.
           IEEE, 1980.

[DyT85]   P.W. Dymond und M. Tompa. Speedups of deterministic machines
           by synchronous parallel machines. *Journal of Computer and System
           Sciences*, **30**, 1985, 149–161.

[Emd84]   P. van Emde Boas. *The second machine class: models of parallelism*,
           Band 9 aus der Reihe *CWI Syllabus*, 133–161. Centrum voor Wiskunde
           en Informatica, Universität Amsterdam, 1984.

[Emd90]   P. van Emde Boas. *Machine Models and Simulations*, Band A aus der
           Reihe *Handbook of Theoretical Computer Science*, 1–66. Elsevier, 1990.

[FoW78]   S. Fortune und J. Wyllie. Parallelism in random access machines. In:
           Proc. 10th STOC, 114–118, 1978.

[Ger87]   H.-D. Gerken. *Über Synchronisationsprobleme bei Zellularautomaten*.
           Diplomarbeit, Technische Universität Braunschweig, 1987.

[Gil81]   W.K. Giloi. *Rechnerarchitektur*. Springer-Verlag, Berlin, 1981.

[Gil94]   W.K. Giloi. The SUPRENUM supercomputer: Goals, achievements
           and lessons learned. *Parallel Computing*, **20**, 1994, 1407–1425.

[Gilm86]   P.A. Gilmore. The massively parallel processor (MPP). In: *Supercom-
           puters*, 183–219. Elsevier Science Publishers (North-Holland), 1986.

[Gol82]   L.M. Goldschlager. A universal interconnection pattern for parallel com-
           puters. *Journal of the Association for Computing Machinery*, **29**, 1982,
           1073–1086.

[Got83]   A. Gottlieb, R. Grishman, C.P. Kruskal, K.P. McAuliffe, L. Rudolph
           und M. Snir. The NYU ultracomputer — designing an MIMD shared
           memory computer. *IEEE Trans. Comput.*, **C-32**, 1983, 175–189.

[Gur89]   E.M. Gurari. *An Introduction to the Theory of Computation*. Computer
           Science Press, 1989.

[Har68]   J. Hartmanis. Computational complexity of one-tape Turing machine computations. *Journal of the Association for Computing Machinery*, **15**(2), 1968, 325–339.

[HaS74]   J. Hartmanis und J. Simon. On the power of multiplication in random access machines. In: *Proc. 15th Ann. IEEE Conf. on Switching and Automata Theory*, 13–23, 1974.

[Hem79]   A. Hemmerling. Systeme von Turing-Automaten und Zellularräume auf rahmbaren Pseudomustermengen. *Elektronische Informationsverarbeitung und Kybernetik (jetzt J. Inf. Process. Cybern. EIK)*, **15**(1/2), 1979, 47–72.

[Hen65]   F. Hennie. One-tape, off-line Turing machine computations. *Information and Control*, **8**, 1965, 553–578.

[HHHS84] W. Händler, U. Herzog, F. Hofmann und H.J. Schneider. Multiprozessoren für breite Anwendungsbereiche – Erlangen General Purpose Array. In: *Architektur und Betrieb von Rechensystemen* (H. Wettstein, Hrsg.), Band 78 aus der Reihe *IFB*, 195–208. Springer-Verlag, Berlin, 1984.

[HHS76]   W. Händler, F. Hofmann und H.J. Schneider. A general purpose array with a broad spectrum of applications. In: *Computer Architecture* (W. Händler, Hrsg.), Band 4 aus der Reihe *IFB*, 311–335. Springer-Verlag, Berlin, 1976.

[Hil85]   W.D. Hillis. *The Connection Machine*. MIT Press, Cambridge, 1985.

[HiS86]   W.D. Hillis und G.L. Steele Jr. Data parallel algorithms. *Communications of the ACM*, **29**(12), 1986, 1170–1183.

[Hoc87]   R.W. Hockney. Classification and evaluation of parallel computer systems. In: *Parallel Computing in Science and Engineering* (R. Dierstein, D. Müller-Wichards und H.-M. Wacker, Hrsg.). Springer-Verlag, 1987.

[HoJ88]   R.W. Hockney und C.R. Jesshope. *Parallel Computers 2*. IOP Publishing Ltd., Bristol, 1988.

[Hon86]   J.-W. Hong. *Computation: Computability, Similarity and Duality*. Pitman, London, 1986.

[HwB85]   K. Hwang und F.A. Briggs. *Computer Architecture and Parallel Processing*. McGraw-Hill Inc., Singapur, 1985.

[IM93]   T. Ikedo und N. Mirenkov. *Aizu Supercomputer: A Reality Problem Engine*. Technical Report 93-2/1-016, Universität Aizu, Aizu-Wakamatsu City, 1993.

[Kun82]   H.T. Kung. Why systolic architectures? *Comput. Magazine*, **15**(1), 1982, 37–46.

[LKTZ88]   T. Legendi, E. Katona, J. Tóth und A. Zsótér. Megacell machine. *Parallel Computing*, **8**, 1988, 195–199.

[Mac88]   A.R. Mackintosh. Dr. Atanasoff's computer. *Scientific American*, August 1988, 72–78.

[McB94]   O.A. McBryan. SUPRENUM: Perspectives and performance. *Parallel Computing*, **20**, 1994, 1427–1442.

[MoL68]   F.R. Moore und G.C. Langdon. A generalized firing squad problem. *Information and Control*, **12**, 1968, 212–220.

[Neu66]   J. v. Neumann. *Theory of Self-Reproducing Automata*. Herausgegeben und vervollständigt von A. W. Burks, University of Illinois Press, 1966.

[PiF79]   N.J. Pippenger und M.J. Fischer. Relations among complexity measures. *Journal of the Association for Computing Machinery*, **26**, 1979, 361–381.

[Pip79]   N.J. Pippenger. On simultaneous resource bounds (preliminary version). In: *Proc. 20th Annual Symposium on FOCS*, 307–311. IEEE, 1979.

[Pre93]   L. Prechelt. *Measurements of MasPar MP-1216A Communication Operations*. Technical Report 01/93, Universität Karlsruhe, 1993.

[PrS76]   V.R. Pratt und L.J. Stockmeyer. A characterization of the power of vector machines. *Journal of Computer and System Sciences*, **12**, 1976, 198–221.

[Qui88]   M.J. Quinn. *Designing Efficient Algorithms for Parallel Computers*. McGraw Hill, New York, zweite Auflage, 1988.

[Rei90]   K.R. Reischuk. *Einführung in die Komplexitätstheorie*. B. G. Teubner, 1990.

[Ruz81]   W. Ruzzo. On uniform circuit complexity. *Journal of Computer and System Sciences*, **22**(3), 1981, 365–383.

[Sal85]   A. Salomaa. *Computation and Automata*. Cambridge University Press, 1985.

[San93]   P. Sanders. *Suchalgorithmen auf SIMD-Rechnern — Weitere Ergebnisse zu Polyautomaten*. Diplomarbeit, Universität Karlsruhe, 1993.

[Sav70]   W.J. Savitch. Relationships between nondeterministic and deterministic
            tape complexities. *Journal of Computer and System Sciences*, **4**, 1970,
            177–192.

[Sav77]   W.J. Savitch. Recursive Turing machines. *International Journal of
            Computer Mathematics*, **6**, 1977, 3–31.

[Sav78]   W.J. Savitch. Parallel and nondeterministic time complexity classes.
            In: *Proc. 5th ICALP*, 411–424, 1978.

[Sch83]   A.R. Schorr. Physical parallel devices are not much faster than sequen-
            tial ones. *Information Processing Letters*, **17**, 1983, 103–106.

[Schw80]   J.T. Schwartz. Ultracomputers. *ACM Trans. Prog. Lang. Syst.*, **2**, 1980,
            484–521.

[Sei79]   S.R. Seidel. *Language Recognition and the Synchronization of Cellular
            Automata*. PhD thesis, University of Iowa, 1979.

[Shi74]   I. Shinahr. Two- and three-dimensional firing squad sychronization pro-
            blems. *Information and Control*, **24**, 1974, 163–180.

[Sue90]   T. Suel. *Zur Zustandsänderungskomplexität von Zellularautomaten*. Di-
            plomarbeit, Technische Universität Braunschweig, 1990.

[Szw82]   H. Szwerinski. Time-optimal solution of the firing-squad-synchroni-
            zation problem for n-dimensional rectangles with the general at an ar-
            bitrary position. *Theoretical Computer Science*, **19**, 1982, 305–320.

[TM88]   T. Toffoli und N. Margolus. *Cellular Automata Machines*. MIT Press,
            dritte Auflage, 1988.

[Tro94]   U. Trottenberg. Some remarks on the SUPRENUM project. *Parallel
            Computing*, **20**, 1994, 1397–1406.

[Tur36]   A. Turing. On computable numbers, with an application to the Ent-
            scheidungsproblem. *Proceedings of the London Mathematical Society*,
            42, 1936, 230–265.

[TW91]   G. Trew und A. Wilson. *Past, Present, Parallel: A Survey of Available
            Parallel Computing Systems*. Springer-Verlag, London, 1991.

[Uhr84]   L. Uhr. *Algorithm-Structured Computer Arrays and Networks*. Acade-
            mic Press, 1984.

[UMS82] H. Umeo, K. Morita und K. Sugata. Deterministic one-way simulation of two-way real-time cellular automata and its related problems. *Information Processing Letters*, **14**(4), 1982, 158–161.

[Ung58] S.H. Unger. A computer oriented towards spatial problems. *Proc. Inst. Radio Eng.*, **46**, 1958, 1744–1750.

[Ung89] T. Ungerer. *Innovative Rechnerarchitekturen — Bestandsaufnahme, Trends, Möglichkeiten*. McGraw-Hill Inc., Hamburg, 1989.

[Val90] L.G. Valiant. A bridging model for parallel computation. *Communications of the ACM*, **33**, 1990, 103–111.

[Vol78] R. Vollmar. On two modified problems of synchronization in cellular automata. *Acta Cybernetica*, **3**, 1978, 293–300.

[Vol79] R. Vollmar. *Algorithmen in Zellularautomaten*. B. G. Teubner, 1979.

[Vol81] R. Vollmar. On cellular automata with a finite number of state changes. *Computing, Suppl. vol.*, **3**, 1981, 181–191.

[Vol87] R. Vollmar. Some remarks on pipeline processing by cellular automata. *Computers and Artificial Intelligence*, **6**, 1987, 263–278.

[WaW86] K. Wagner und G. Wechsung. *Computational Complexity*, erschienen in der Reihe *Mathematics and its Applications*. D. Reidel, 1986.

[Wie84] J. Wiedermann. *Parallel Turing Machines*. Technical Report RUU-CS-84-11, Univ. of Utrecht, 1984.

[Wor91] Th. Worsch. *Komplexitätstheoretische Untersuchungen an myopischen Polyautomaten*. Dissertation, Technische Universität Braunschweig, 1991.

[Zus58] K. Zuse. Die Feldrechenmaschine. *MTW-Mitteilungen*, **V**/4, 1958, 213–220.

C Stichwortverzeichnis

Erhard/Fey
Parallele digitale optische Recheneinheiten

In den letzten Jahren wurden verstärkt Anstrengungen unternommen, Methoden der Optik für die Datenverarbeitung einzusetzen. Erste Anwendungen wurden insbesondere im Bereich der Kommunikation realisiert. Verstärkt wird aber auch versucht, die Verarbeitung von Daten optisch zu realisieren. Neben dem Nahziel, optische Datenübertragung und elektronische Datenverarbeitung in einem im weiteren als »hybrid« bezeichneten Rechensystem zu koppeln, wird in diesem Buch auch das Fernziel einer *rein optischen* Datenverarbeitung untersucht.
Die Schwerpunkte der Darstellung liegen in der Darstellung und Bewertung der unterschiedlichen Möglichkeiten optischer Datenverarbeitung. Dabei werden neben der reinen Hardware auch Bezüge zu darauf zu realisierenden Algorithmen hergestellt. Das Buch integriert neueste Forschungsergebnisse auf diesem Gebiet und ist im deutschen Sprachraum bisher in dieser Form und mit diesem Inhalt einmalig. Es ist aus der interdisziplinären Arbeit zwischen Informatikern und Physikern entstanden.

Von Prof. Dr.
Werner Erhard
und Dr.-Ing.
Dietmar Fey
Friedrich-Schiller-
Universität Jena

1994. 293 Seiten.
16,2 x 22,9 cm.
Kart. DM 42,–
ÖS 328,– / SFr 42,–
ISBN 3-519-02293-1

Preisänderungen vorbehalten.

B. G. Teubner Stuttgart